全国高校城市规划专业学生优秀作业选

四年级

高等学校城市规划专业指导委员会 编

中国建筑工业出版社

图书在版编目(CIP)数据

全国高校城市规划专业学生优秀作业选. 四年级／高等学校城市规划专业指导委员会编. —北京：中国建筑工业出版社，2005
ISBN 7-112-07345-6

Ⅰ.全... Ⅱ.高... Ⅲ.城市规划－建筑设计－高等学校－教学参考资料 Ⅳ.TU984

中国版本图书馆 CIP 数据核字(2005)第 032194 号

责任编辑：郭洪兰
责任设计：赵　力
责任校对：刘　梅　王金珠

全国高校城市规划专业学生优秀作业选
(四年级)
高等学校城市规划专业指导委员会　编
*
中国建筑工业出版社出版、发行(北京西郊百万庄)
新华书店经销
北京广厦京港图文有限公司制作
北京二二○七工厂印刷
*
开本：889 × 1194 毫米　1/16　印张：7　字数：220 千字
2005 年 7 月第一版　2005 年 7 月第一次印刷
印数：1-2000 册　　定价：65.00 元
ISBN 7-112-07345-6
(13299)

本社网址：http://www.china-abp.com.cn
网上书店：http://www.china-building.com.cn

序

《全国高校城市规划专业学生优秀作业选》正式出版了，这是各个院校师生共同努力的成果，是一次大交流、大观摩，也是一种纪念。

该选集包括有住宅与住宅群设计、居住小区的规划设计、城市公共空间的城市设计（公共中心的规划设计、广场规划设计等）、控制性详细规划、城镇总体规划以及毕业设计等各教学环节的作业。

这些都是在本科五年学习过程中，根据教学计划安排的课程设计作业，不是在教学计划以外组织的学生设计竞赛，所以能更真实地反映教学的水平和经验，更利于在互相观摩交流中彼此学习，取长补短。这些作品毕竟是学生的习作，水平有限，但也许正因为与学生的程度贴近，学习过程遇到的问题反而容易引起共鸣，经过教师的点评后更能明白和吸收，也许比面对高作的一知半解更有收获。

该选集的出版在今天显得很有必要。因为从1998年城市规划专业指导委员会成立至今仅短短的六年中，我国设置有城市规划专业的院校从30多所猛增到了100多所。对于大量涌现的年轻学校而言，该选集不论对于年轻教师还是学生都颇具参考价值。

随着我国从计划经济走向市场经济，城市规划的许多基础理论，以及城市规划工作的内容，都已发生或正在发生重大的变化，要求更多地关注非物质的、非形态的问题。但作为城市规划工作，永远也不会抛开空间规划这个专业的基本内容。特别是在我国正处在快速城市化的历史时期，城市在不断扩大，新城镇在不断地产生，大量的城市建设都需要进行物质空间的规划与设计，这些都和发达国家城市化已成熟的历史背景存在着很大的差异。因此在本科教学中安排较多的课程设计作业是十分必要的。无疑该选集的出版对提高规划设计教学的水平和质量一定有所帮助。

当然由于各种原因，本集还只收集了12所院校的作业，我想这只是个开端，相信在今后出版时一定会更加丰富，水平更高。

高等学校城市规划专业指导委员会 主任

陳秉钊

2005年2月8日除夕夜 于同济大学

目 录

当涂县城市总体规划(2002–2020)–1

学校 东南大学
分类 城市总体规划
学生 江 泓、马 宁、史丽霞、李 堑、邹维志(四年级)
指导教师 王海卉

教师点评

本规划方案对城市空间拓展作了较深入的研究，在预测城市不同发展阶段相应的城市规模的基础上，选择从连续的空间生长到主轴线生长的模式转换，并通过楔形绿地的设置，保证了城市的生态环境和可持续发展的要求。整个设计过程较多地采纳了远景规划的构思，以适应城市弹性发展。

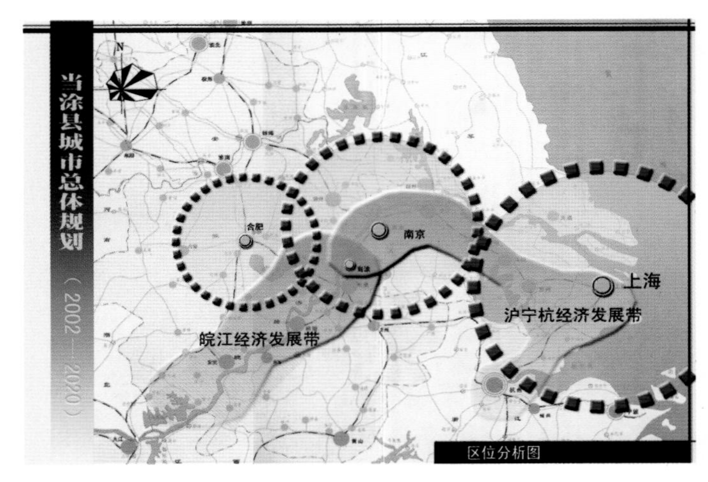

区位分析图

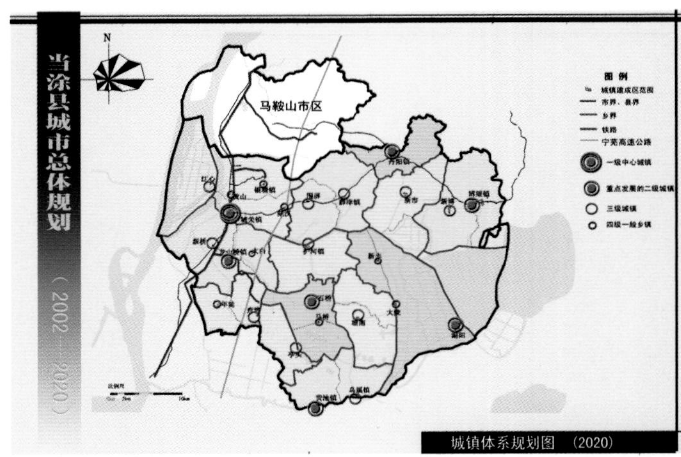

城镇体系规划图 (2020)

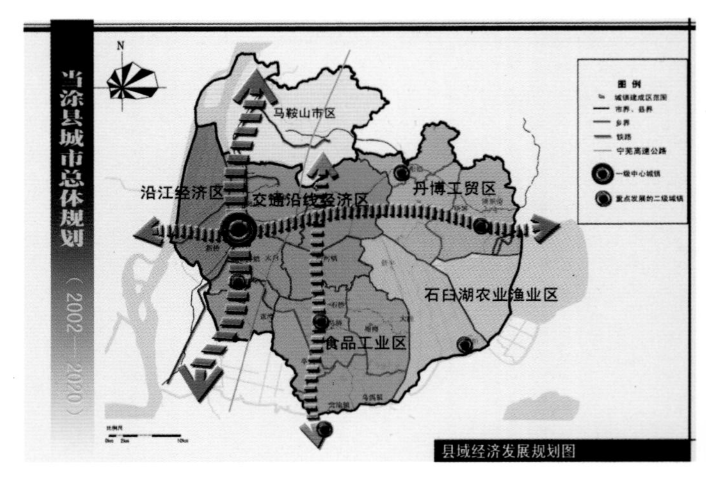

县域经济发展规划图

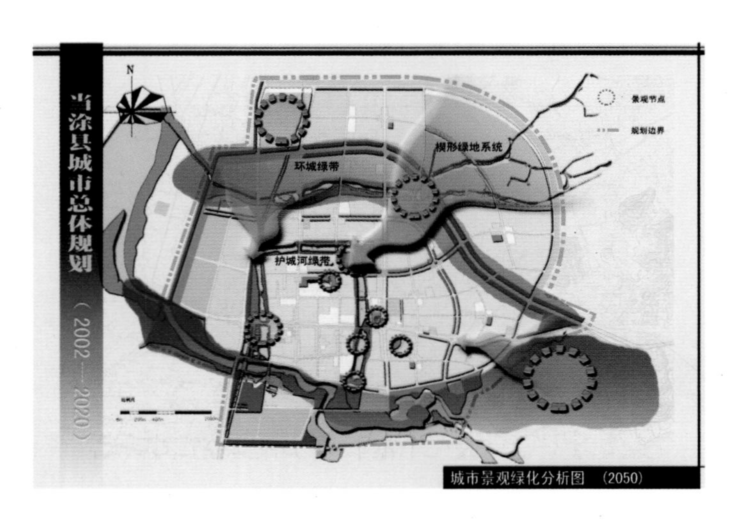

城市景观绿化分析图 (2050)

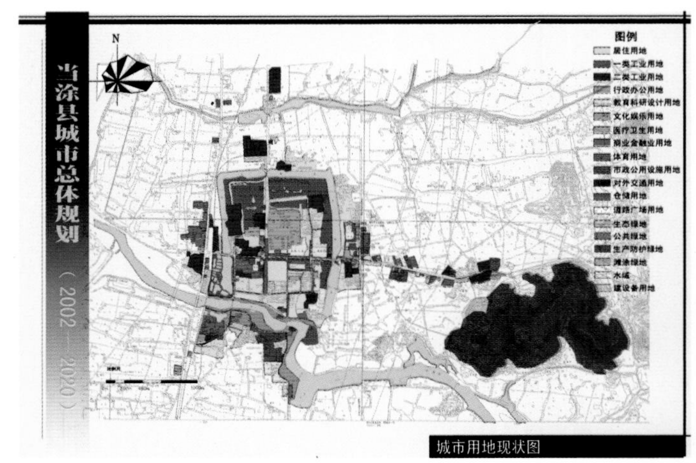

城市用地现状图

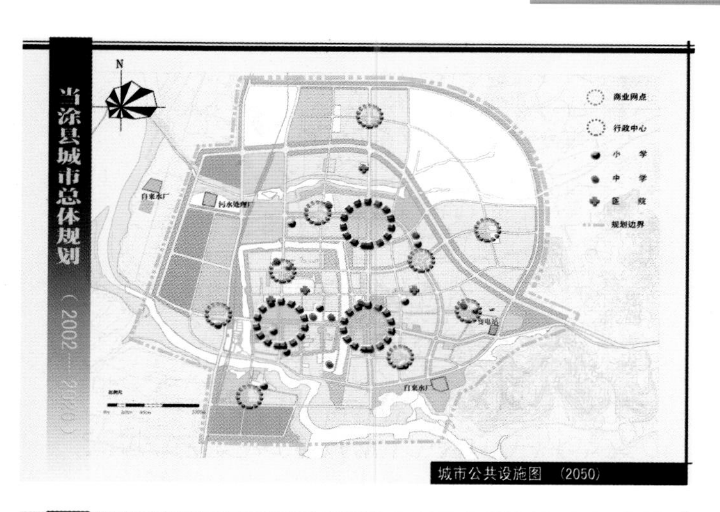

城市公共设施图 （2050）

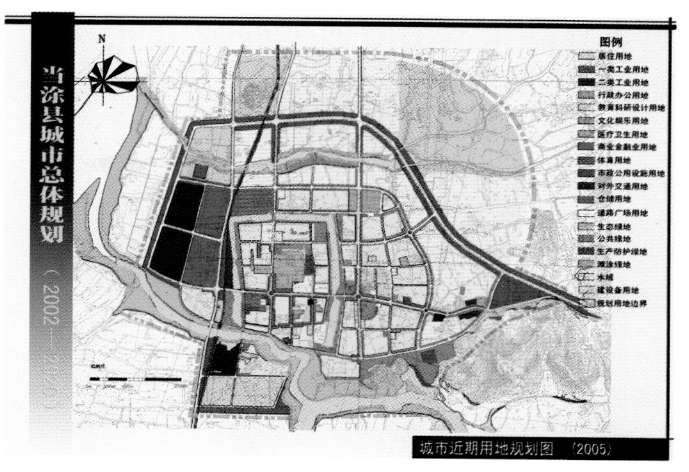

城市近期用地规划图 （2005）

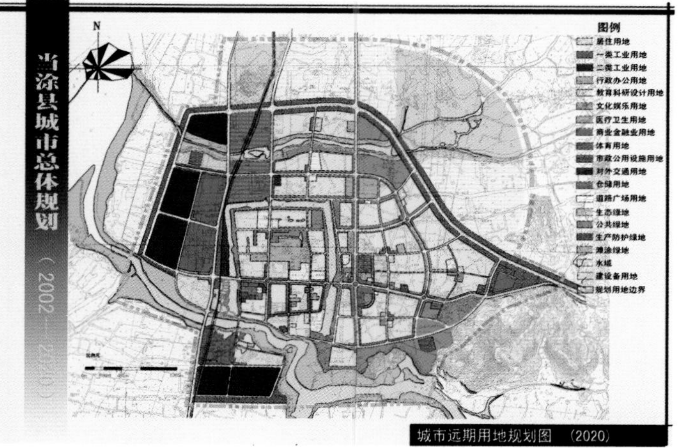

城市远期用地规划图 （2020）

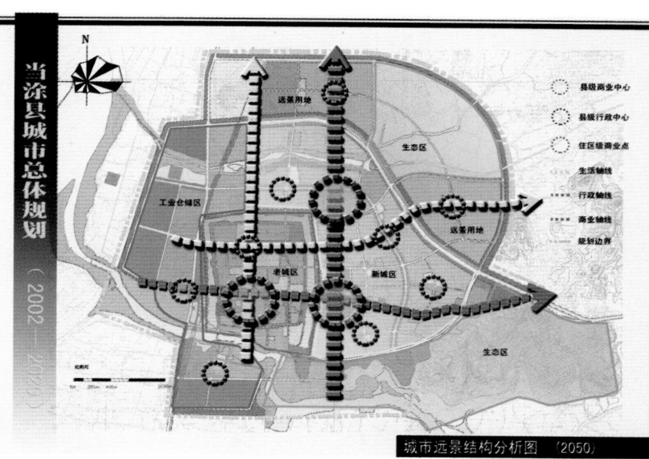

城市远景结构分析图 （2050）

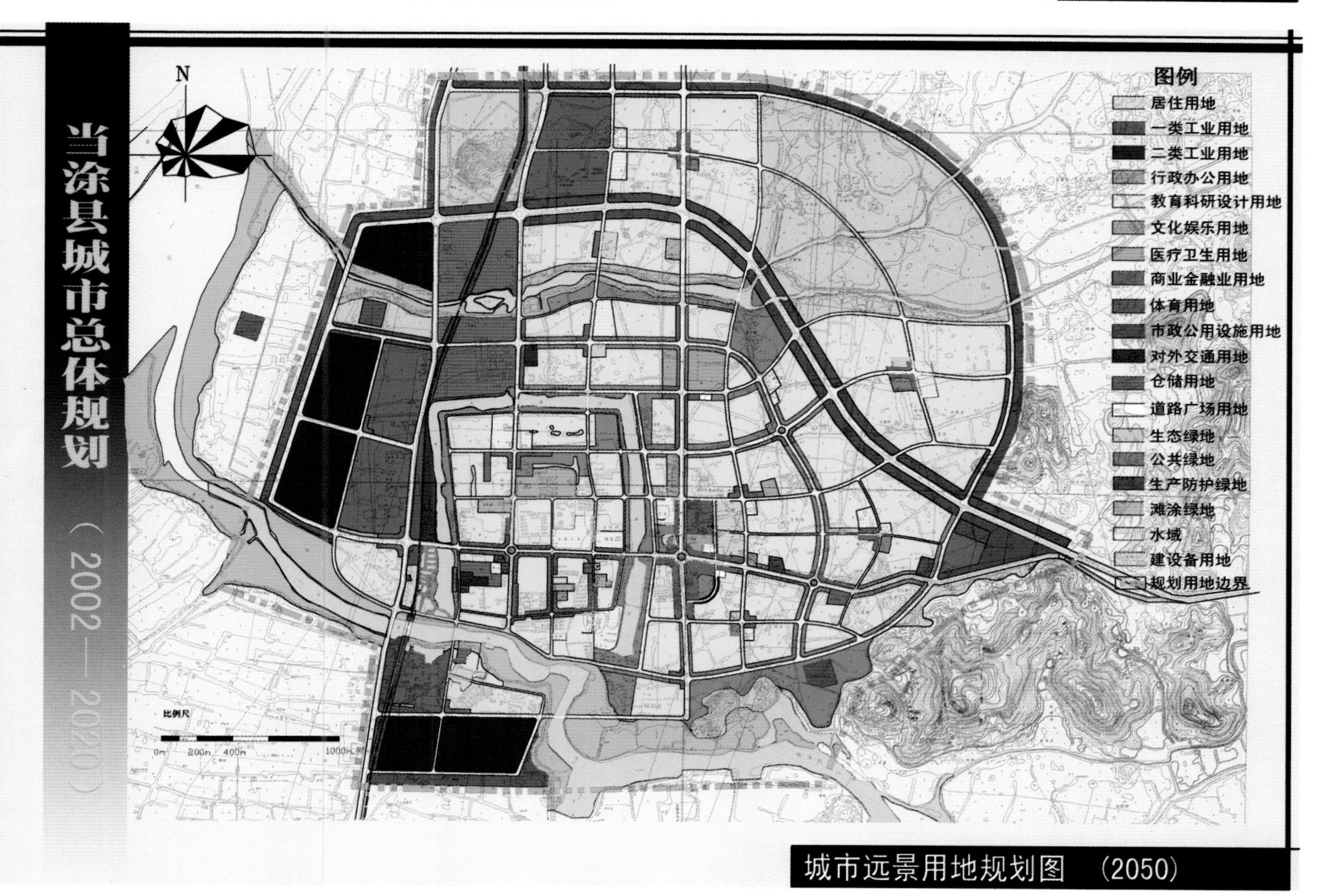

城市远景用地规划图 （2050）

当涂县城市总体规划(2002-2020)-2

学校 东南大学

分类 城市总体规划

学生 李 扬、李琳琳、黄雅玲、汪晓春、余 威(四年级)

指导教师 权亚玲

教师点评

本规划方案强调城市功能布局的适应性。在对城市基本活动——生产和生活进行分析和协调的基础上，选择了城市多个生长点的发展模式，跨越了静态、单纯的功能布局形态。同时，规划方案突出景观设计和生态保护内容，塑造了独具特色的城镇风貌。

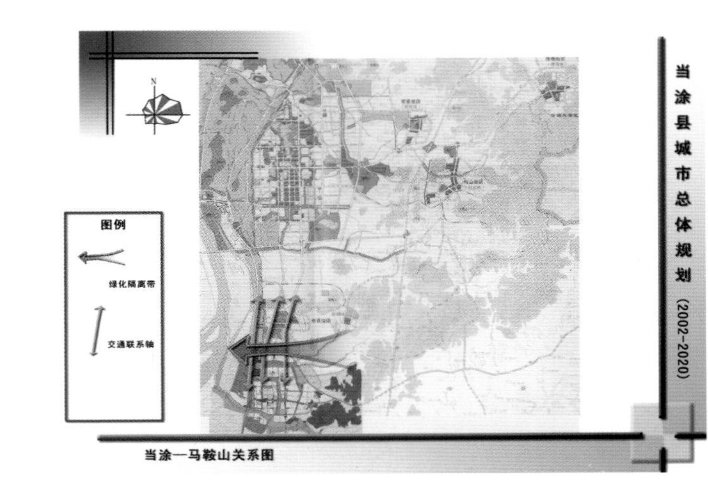

当涂—马鞍山关系图

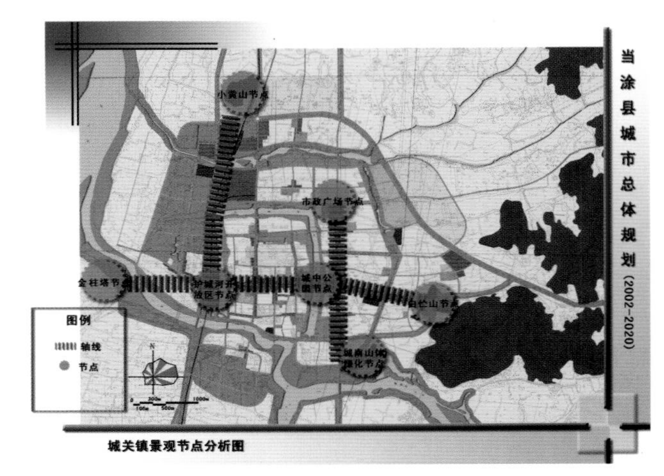

城关镇景观节点分析图

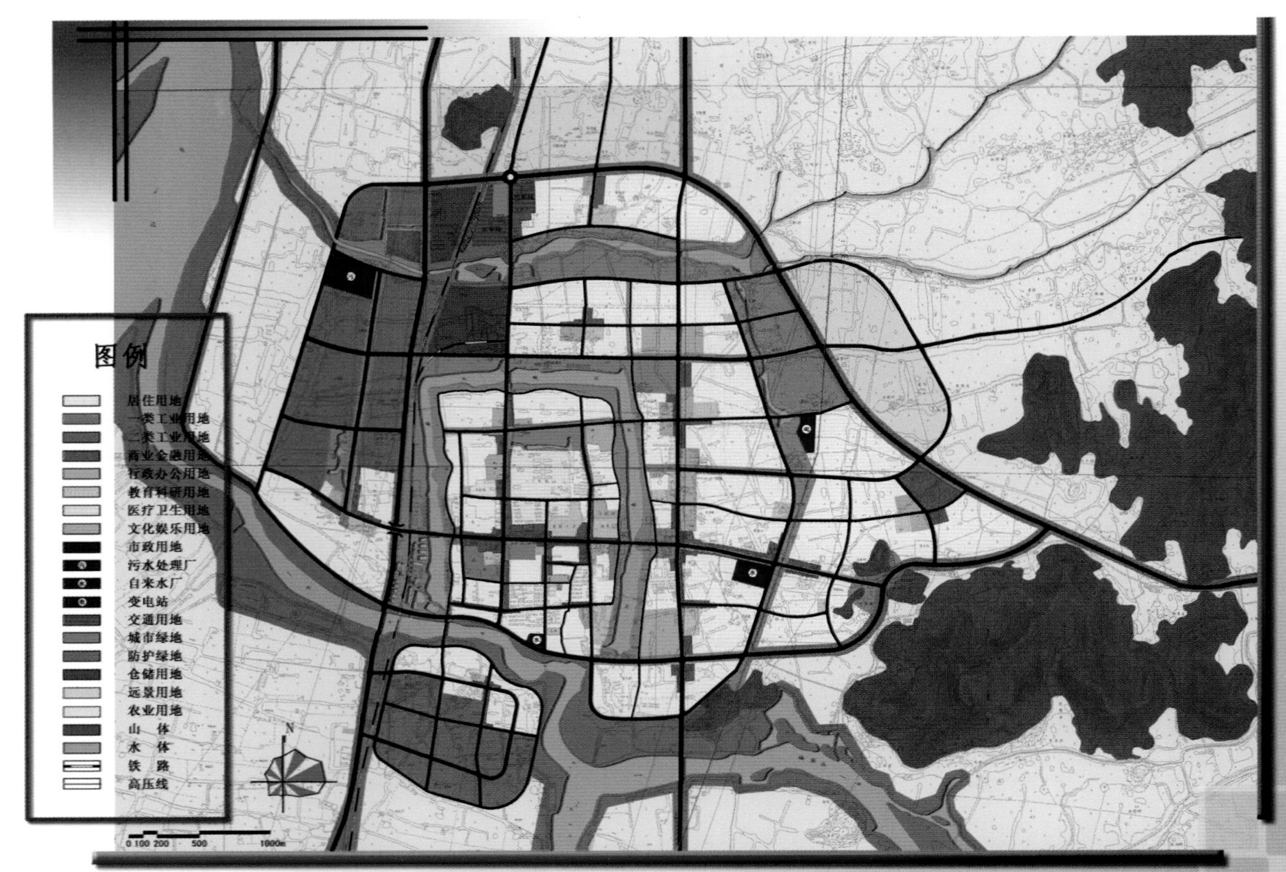

城关镇远期总体规划平面图

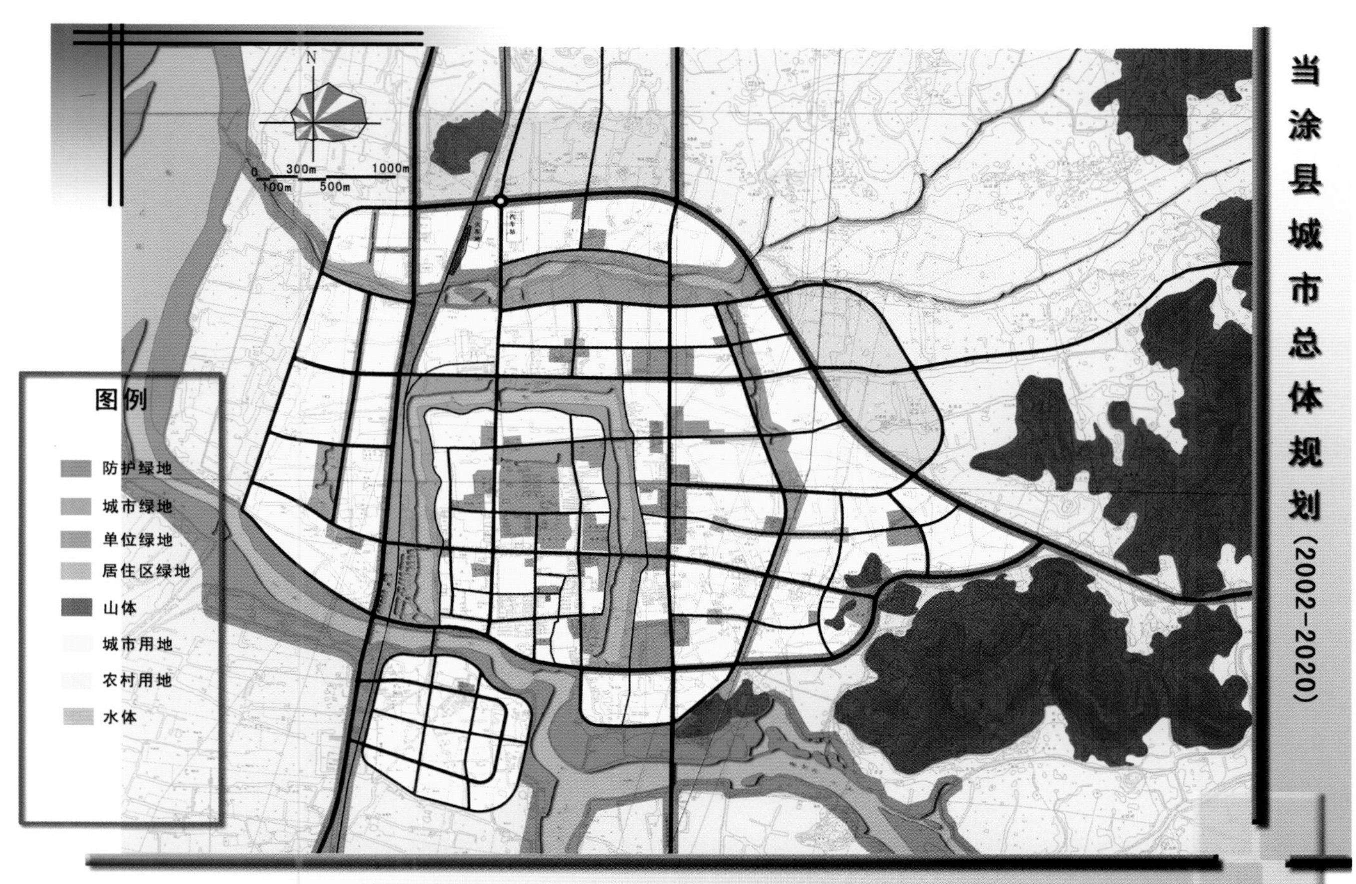

城关镇绿地系统规划图

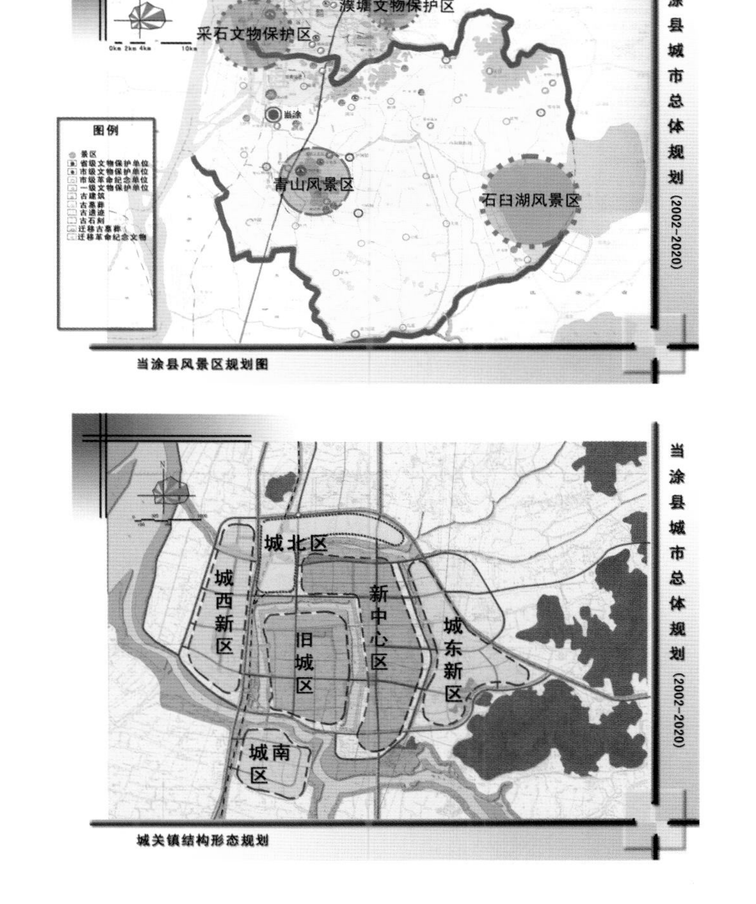

当涂县风景区规划图

城关镇结构形态规划

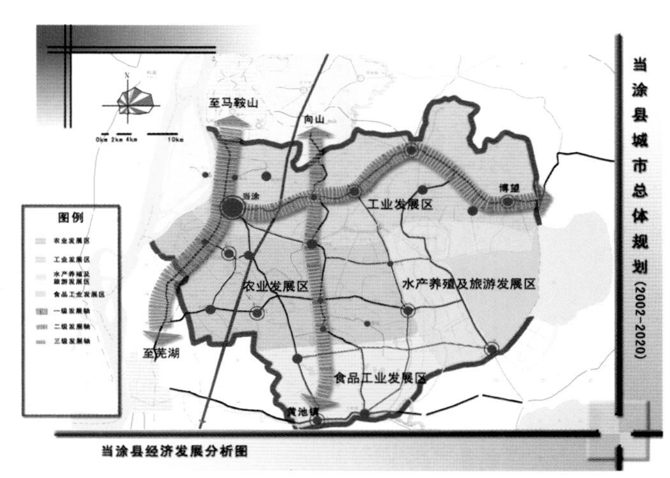

当涂县经济发展分析图

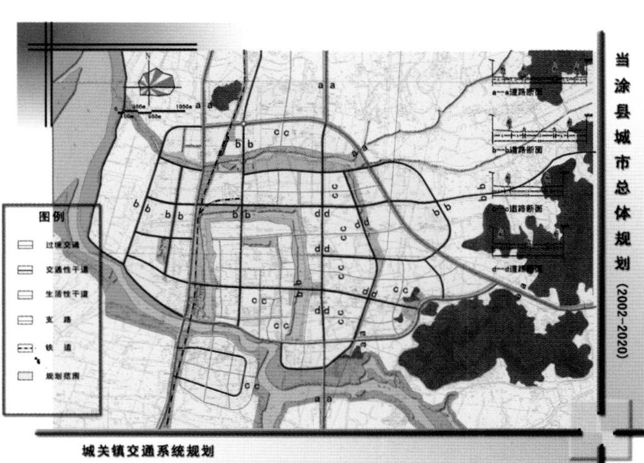

城关镇交通系统规划

当涂县城市总体规划(2002－2020)－3

学校　东南大学

分类　城市总体规划

学生　章　伟、江　北、张　彬、陆勇峰、朱小祥、
房　硕(四年级)

指导教师　孔令龙

教师点评

本规划对城市发展现状、条件与潜力进行了较全面而深入的分析研究，乡镇撤并与城镇体系布局方案现实可行。城市用地发展方向和总体布局基本合理，注意了社会经济发展与空间发展的对应关系。规划对古城格局、水系和生态环境进行了合理保护与利用。成果表达的规范性有待改善。

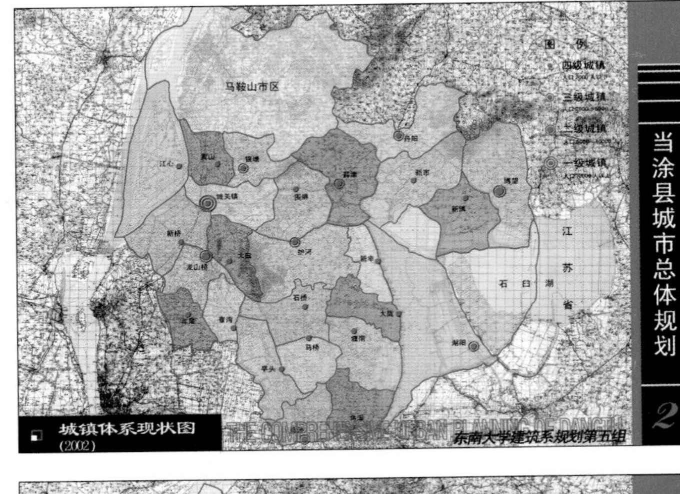

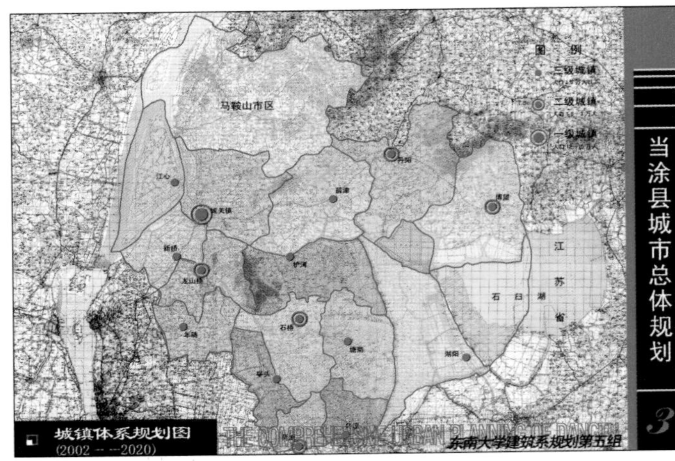

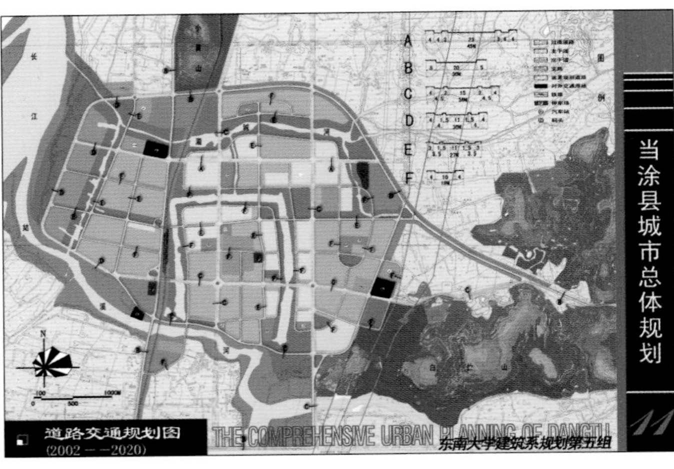

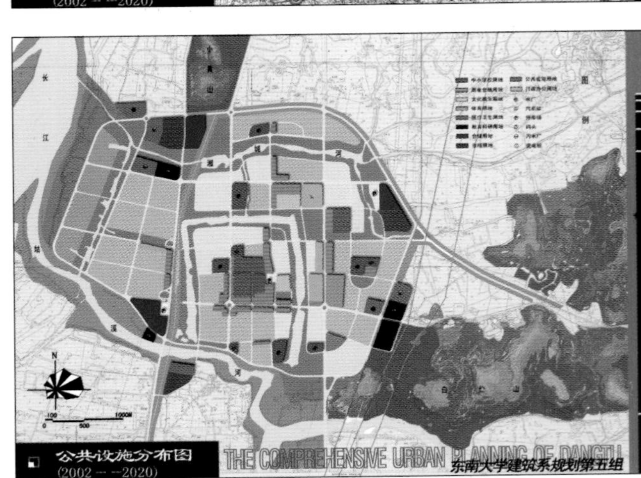

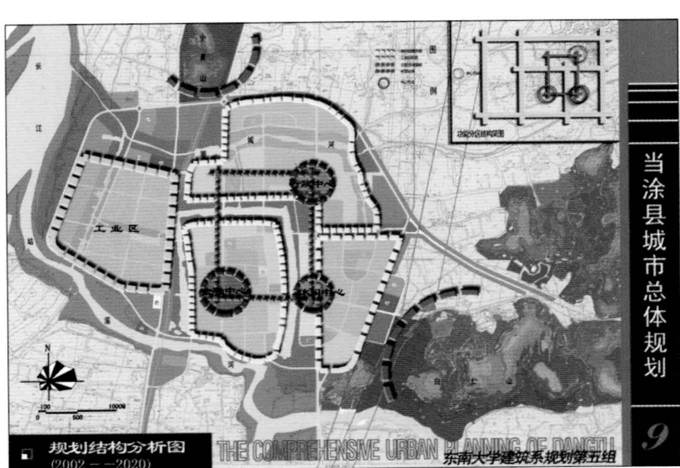

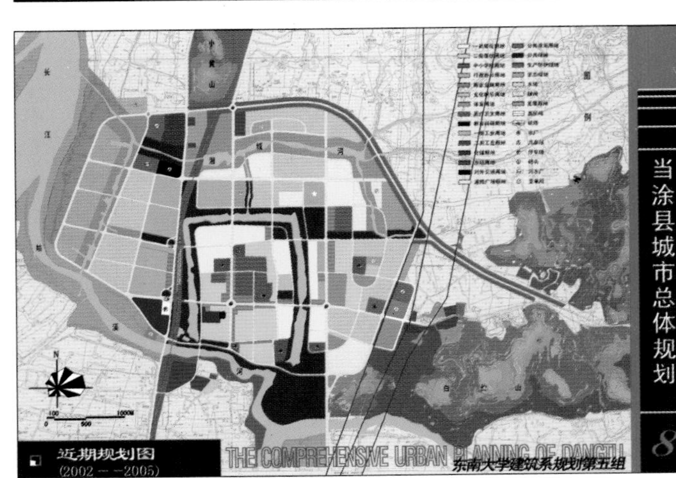

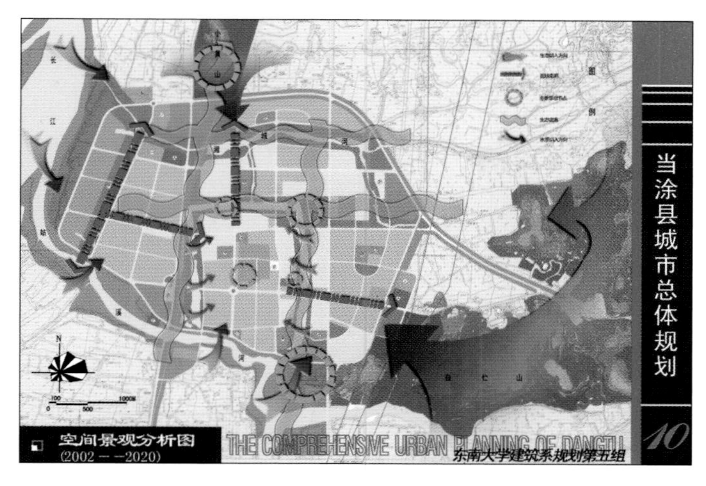
当涂县城市总体规划
空间景观分析图
(2002——2020)
THE COMPREHENSIVE URBAN PLANNING OF DANGTU
东南大学建筑系规划第五组
10

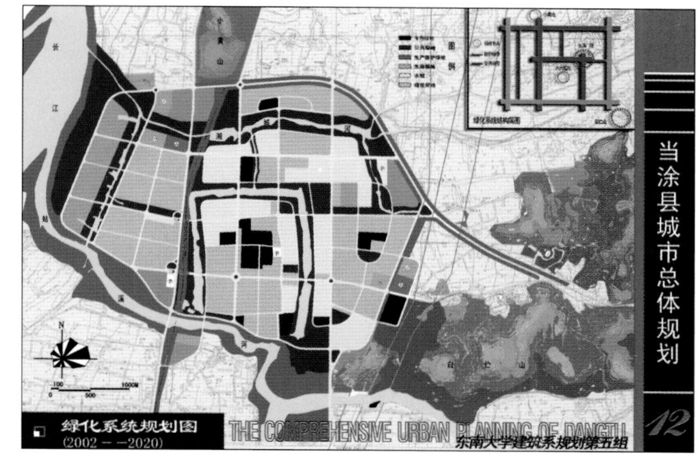
当涂县城市总体规划
绿化系统规划图
(2002——2020)
THE COMPREHENSIVE URBAN PLANNING OF DANGTU
东南大学建筑系规划第五组
12

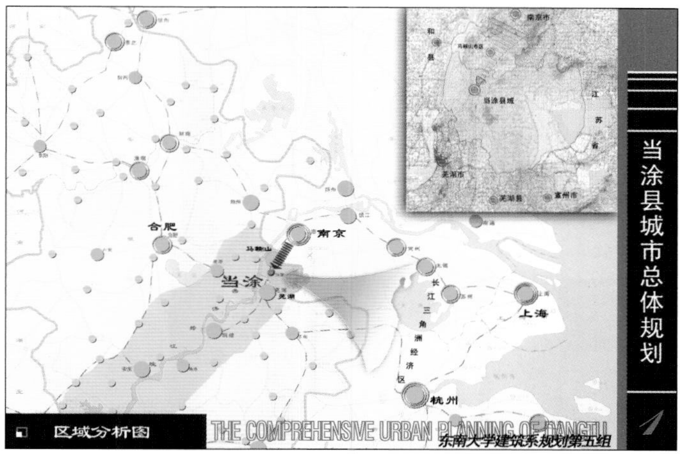
合肥
南京
当涂
上海
杭州
长江三角洲经济区
当涂县城市总体规划
区域分析图
THE COMPREHENSIVE URBAN PLANNING OF DANGTU
东南大学建筑系规划第五组
1

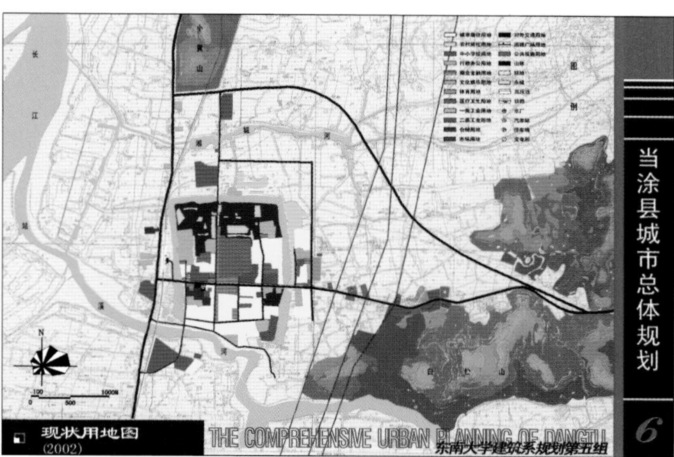
当涂县城市总体规划
现状用地图
(2002)
THE COMPREHENSIVE URBAN PLANNING OF DANGTU
东南大学建筑系规划第五组
6

长江
姑溪河
小黄山
湘城河
白纻山
图例
一类居住用地
二类居住用地
中小学校用地
行政办公用地
商业金融用地
文化娱乐用地
体育用地
医疗卫生用地
教育科研用地
一类工业用地
二类工业用地
仓储用地
市场用地
对外交通用地
道路广场用地
公共设施用地
公共绿地
生产防护绿地
生态绿地
水域
耕地
远景发展用地
高压线
铁路
水厂
汽车站
停车场
码头
污水厂
变电所
N
100
1000M
0
500
当涂县城市总体规划
总体规划图
(2002——2020)
THE COMPREHENSIVE URBAN PLANNING OF DANGTU
东南大学建筑系规划第五组
7

新街口城市中心区规划设计 -1

学校　东南大学
分类　城市设计
学生　李琳琳（四年级）
指导教师　刘博敏

教师点评

本方案从地块所处城市中心的地段层次来考虑问题，将原有居住功能置换，代之以文化商业街区，形成自西南至东北部的公共活动开敞空间，并以此成为联系商业、文化、娱乐等多种复合功能的纽带。在环境塑造上，注重层次与变化，并冠以“绿色自然”的理念，规划结构清晰，形式简洁，图面表达完整、规范。

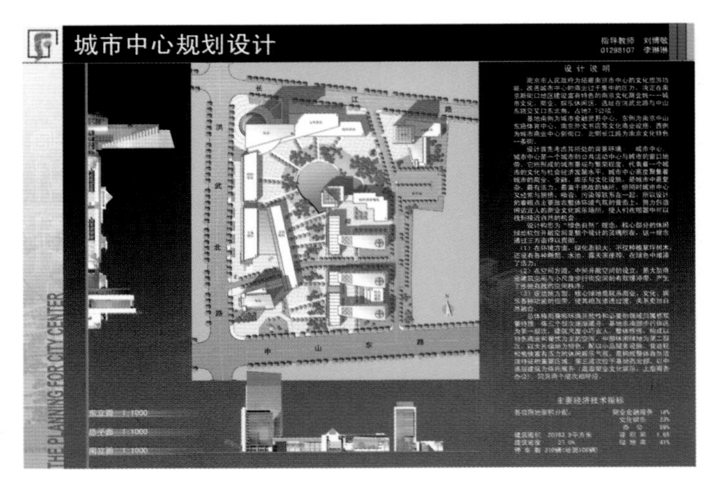

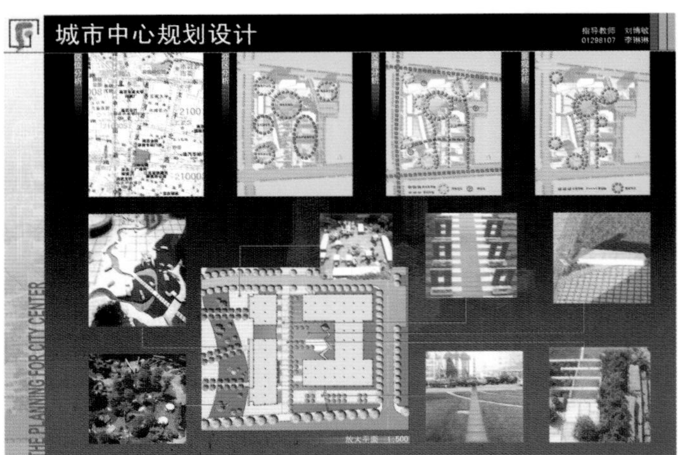

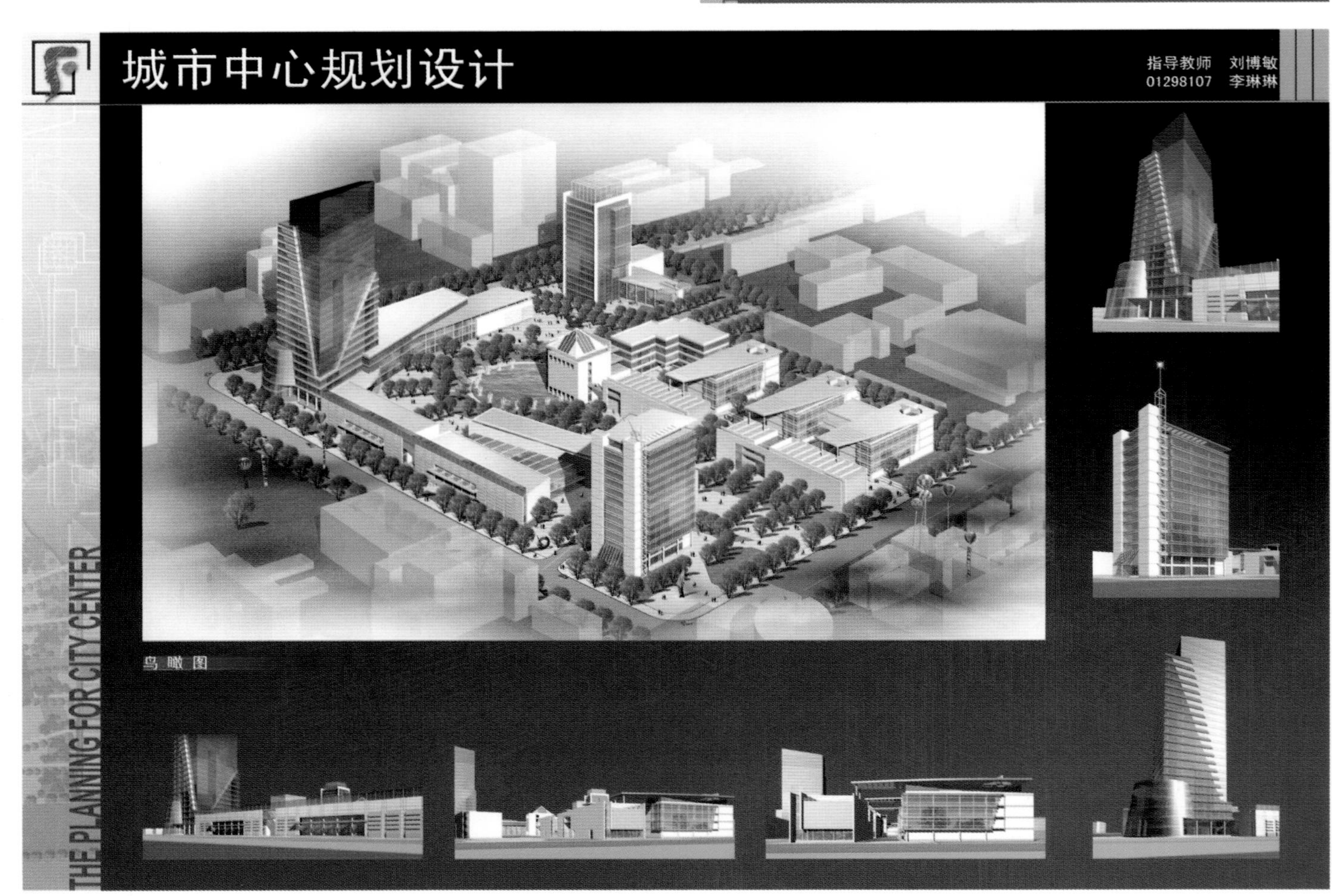

新街口城市中心区规划设计 -2

学校　东南大学
分类　城市设计
学生　李　扬(四年级)
指导教师　权亚玲

教师点评

这是一个富于新意的探索方案，既满足了现代城市中心在开发强度、交通组织以及街道景观等方面的需求，又在街区内部营造出延续传统的市井风貌，宜人的尺度辅以特色的经营，勾起人们对历史的记忆，有益于城市个性的塑造。同时规划还保留有部分居住功能，体现了一种人性的关怀。

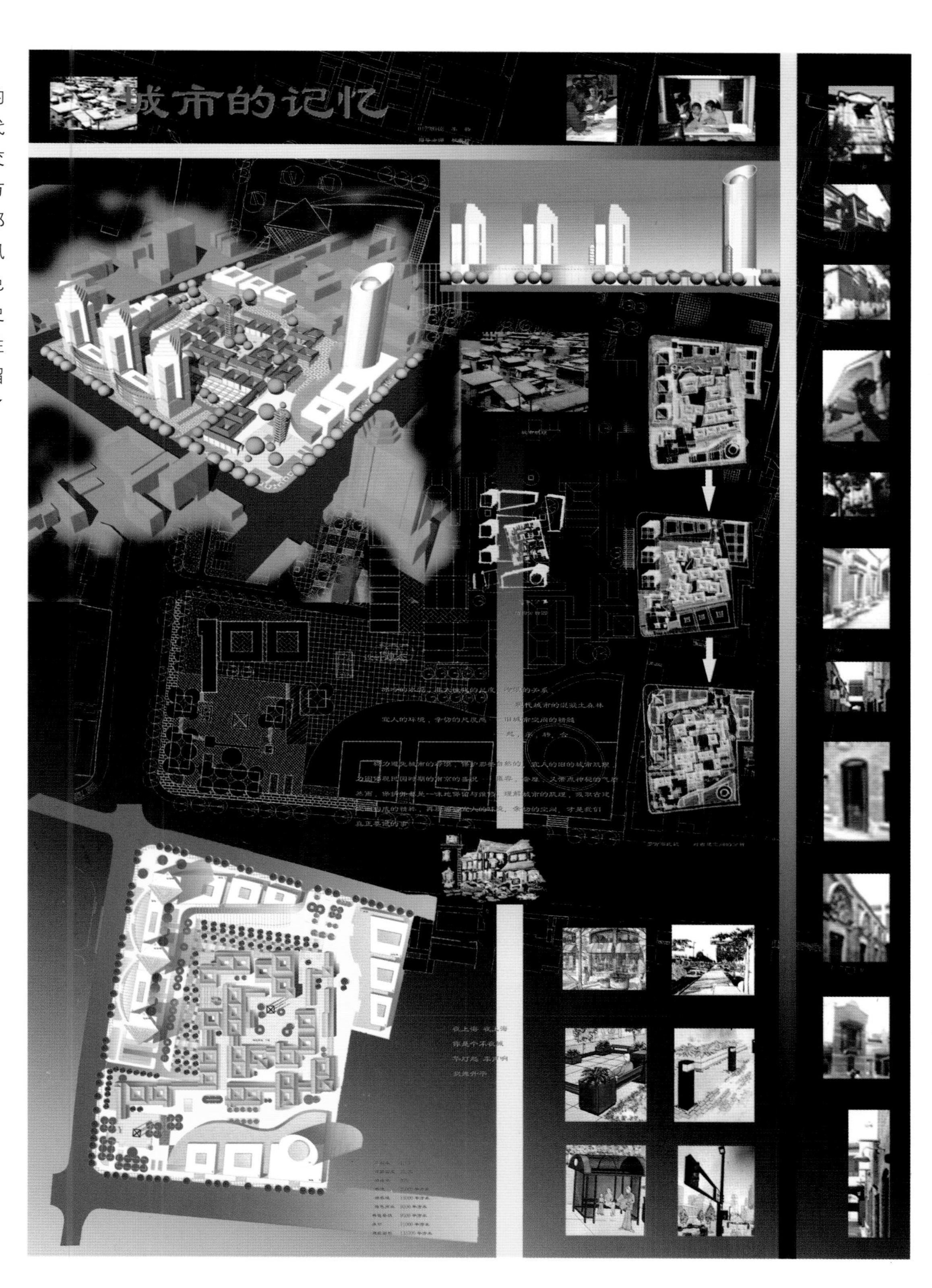

新街口城市中心区规划设计 -3

学校 东南大学
分类 城市设计
学生 马 宁(四年级)
指导教师 刘博敏

教师点评

本方案采用“内广场式”的结构组织方式，构图紧凑而富于秩序感，总体格局兼顾环境开放性与必要的领域归属感双重特性，公共空间力求对外开敞，有较强导入性，广场核心建筑起到统领整体空间的作用。存在的问题是外部空间由于尺度大，其围合感及明确的限定、引导性显得不够。

大兴安岭呼中区呼中镇总体规划

学校 哈尔滨工业大学
分类 城市总体规划
学生 刘 磊、高宏宇、谢羽佳、刘继华、齐 鹏、
许光华(四年级)
指导教师 冷 红、袁 青

教师点评

呼中镇地处黑龙江省大兴安岭地区中心腹地，是较为典型的北方寒地林区小城镇。规划充分考虑到适应寒冷地区的地域特点，以及合理开发保护现有林业生态资源和实现可持续发展的需要，确定城镇体系空间布局和职能结构规划，并通过城镇建设用地的合理布局，强化林业城镇的主要职能，同时为林业小城镇生态景观建设提供设计指导。设计中针对现状问题分析全面，规划构思清晰。

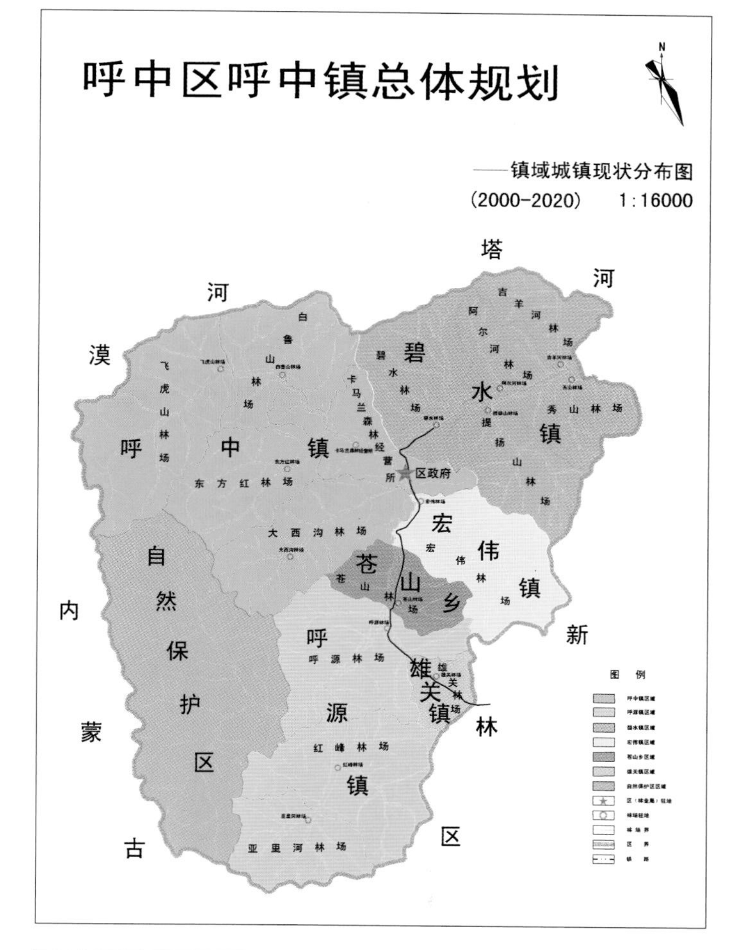

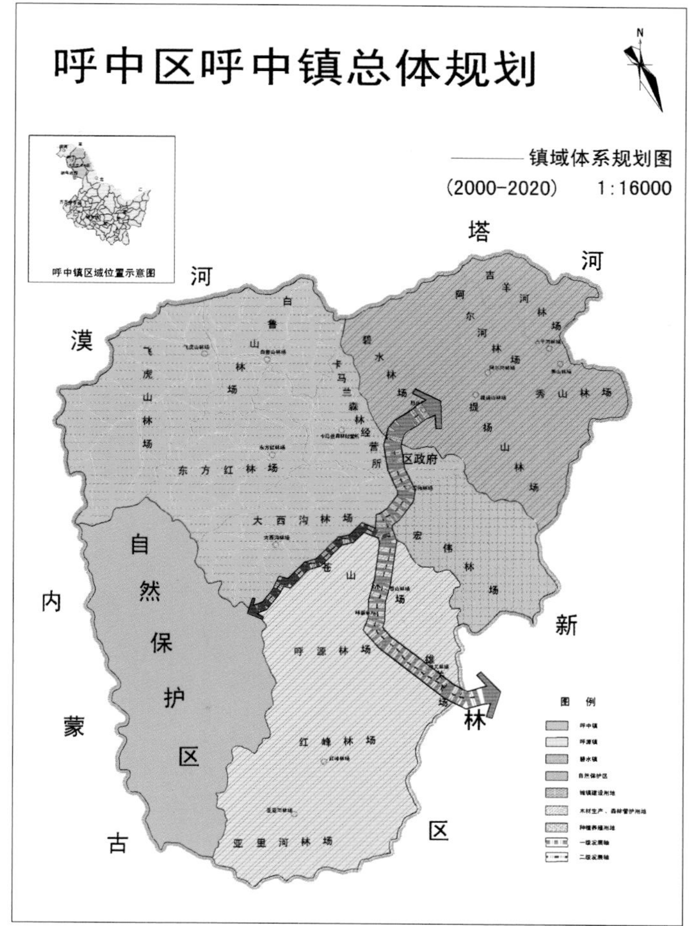

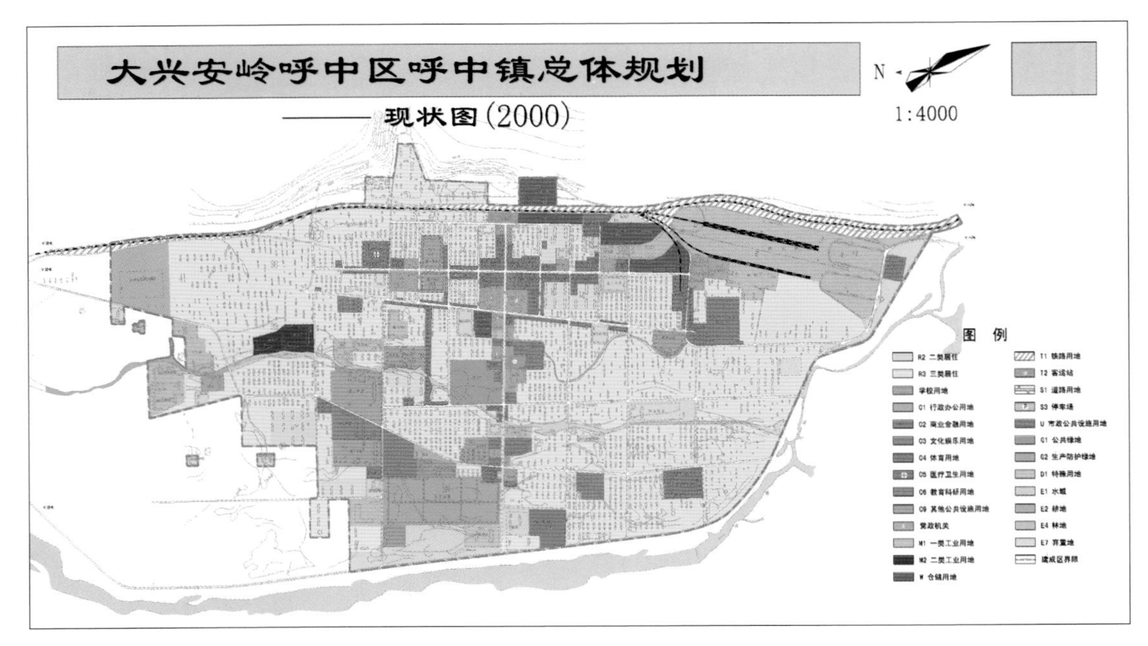
大兴安岭呼中区呼中镇总体规划
——现状图(2000)
N
1:4000
图例
R2 二类居住
R3 三类居住
学校用地
C1 行政办公用地
C2 商业金融用地
C3 文化娱乐用地
C4 体育用地
C5 医疗卫生用地
C6 教育科研用地
C9 其他公共设施用地
党政机关
M1 一类工业用地
M2 二类工业用地
W 仓储用地
T1 铁路用地
T2 客运站
S1 道路用地
S3 停车场
U 市政公共设施用地
G1 公共绿地
G2 生产防护绿地
D1 特殊用地
E1 水域
E2 耕地
E4 林地
E7 弃置地
建成区界限

大兴安岭呼中区呼中镇总体规划
——道路系统规划图(2000-2020)
N
1:4000
图例
T1 铁路用地
T2 客运站
S1 道路用地
S2 广场用地
S3 停车场
E1 水面
规划区界限
一级道路（32米）
一级道路（24米）
一级道路（25米）
二级道路（21米）
三级道路（14米）
加油站

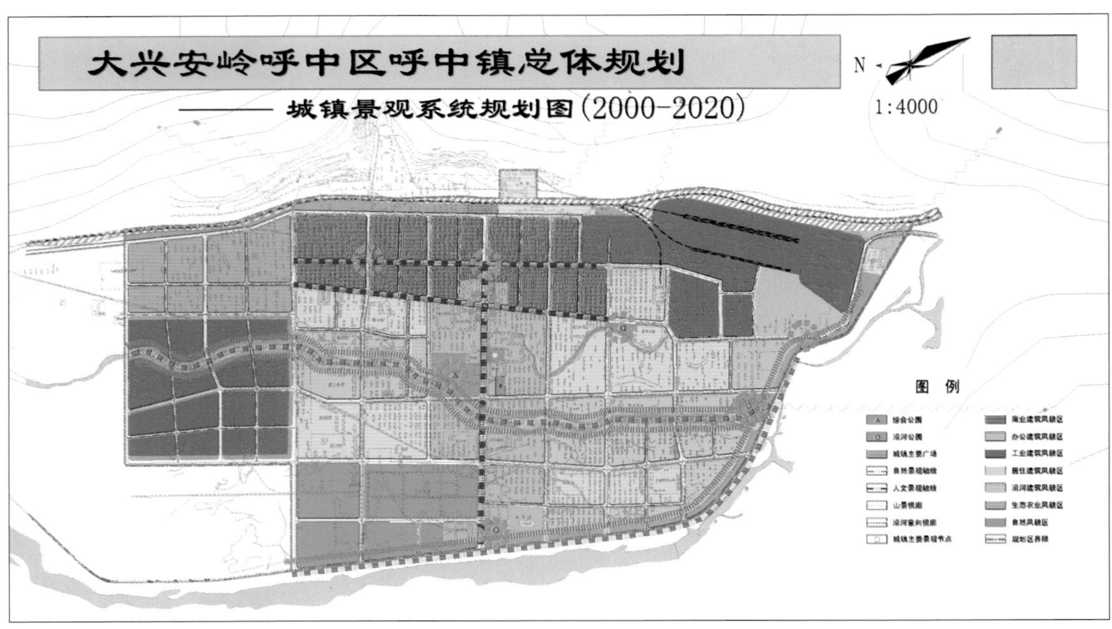
大兴安岭呼中区呼中镇总体规划
——城镇景观系统规划图(2000-2020)
N
1:4000
图例
综合公园
沿河公园
城镇主要广场
自然景观轴线
人文景观轴线
山景视廊
沿河景向视廊
城镇主要景观节点
商业建筑风貌区
办公建筑风貌区
工业建筑风貌区
居住建筑风貌区
沿河建筑风貌区
生态农业风貌区
自然风貌区
规划区界限

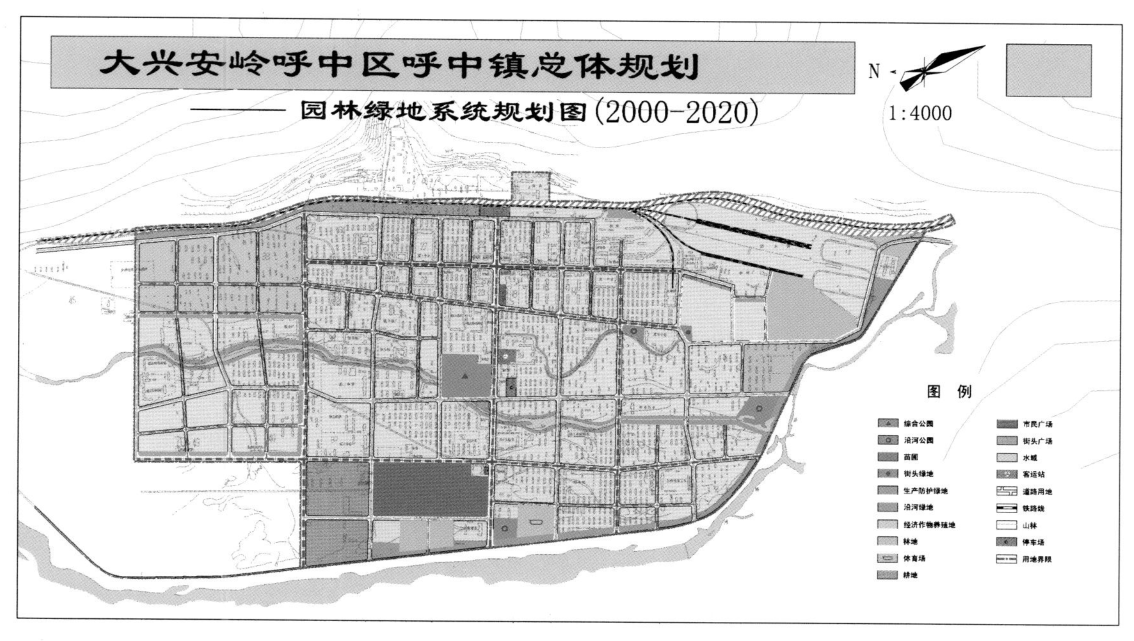
大兴安岭呼中区呼中镇总体规划
——园林绿地系统规划图(2000-2020)
N
1:4000
图 例
综合公园
沿河公园
苗圃
街头绿地
生产防护绿地
沿河绿地
经济作物养殖地
林地
体育场
耕地
市民广场
街头广场
水域
客运站
道路用地
铁路线
山林
停车场
用地界限

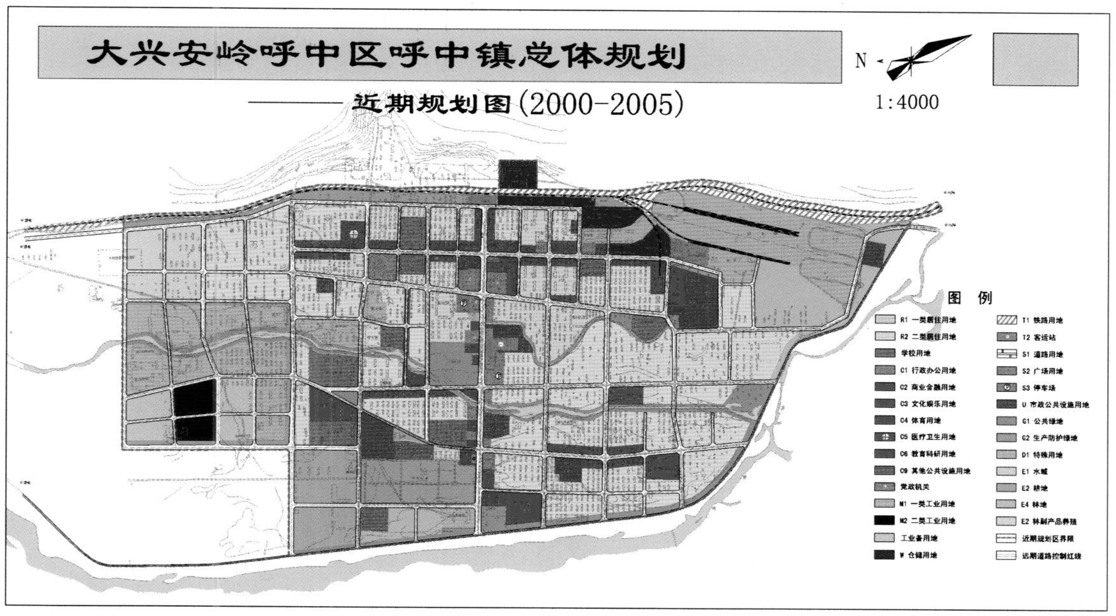
大兴安岭呼中区呼中镇总体规划
——近期规划图(2000-2005)
N
1:4000
图 例
R1 一类居住用地
R2 二类居住用地
学校用地
C1 行政办公用地
C2 商业金融用地
C3 文化娱乐用地
C4 体育用地
C5 医疗卫生用地
C6 教育科研用地
C9 其他公共设施用地
党政机关
M1 一类工业用地
M2 二类工业用地
工业备用地
W 仓储用地
T1 铁路用地
T2 客运站
S1 道路用地
S2 广场用地
S3 停车场
U 市政公共设施用地
G1 公共绿地
G2 生产防护绿地
D1 特殊用地
E1 水域
E2 耕地
E4 林地
E2 林副产品养殖
近期规划区界限
远期道路控制红线

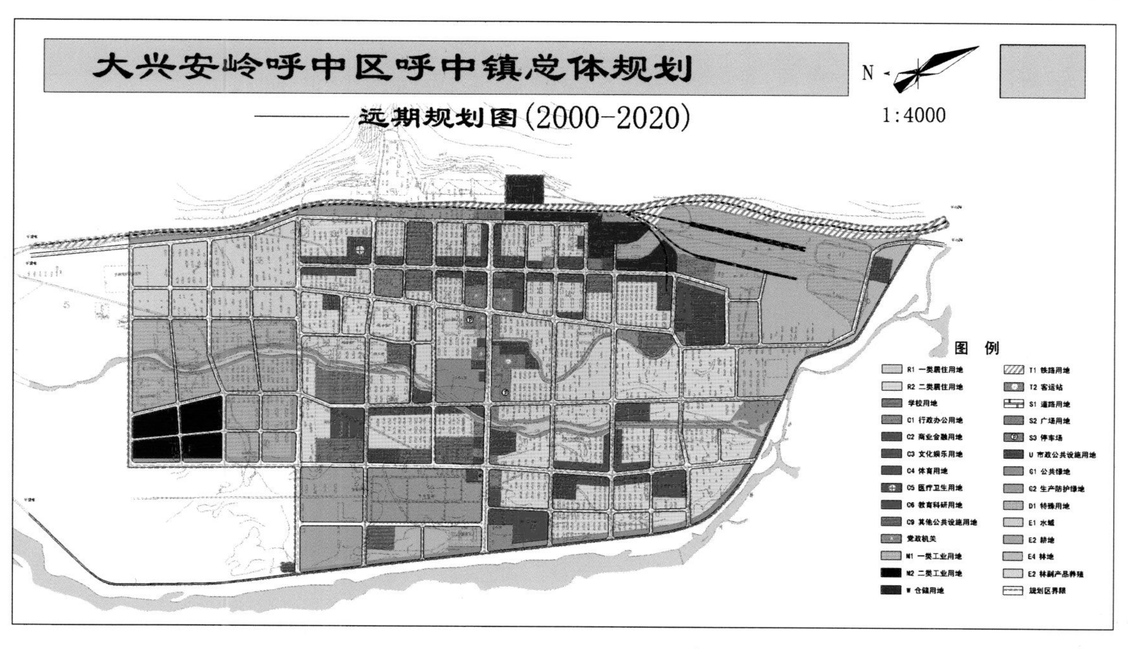
大兴安岭呼中区呼中镇总体规划
——远期规划图(2000-2020)
N
1:4000
图 例
R1 一类居住用地
R2 二类居住用地
学校用地
C1 行政办公用地
C2 商业金融用地
C3 文化娱乐用地
C4 体育用地
C5 医疗卫生用地
C6 教育科研用地
C9 其他公共设施用地
党政机关
M1 一类工业用地
M2 二类工业用地
W 仓储用地
T1 铁路用地
T2 客运站
S1 道路用地
S2 广场用地
S3 停车场
U 市政公共设施用地
G1 公共绿地
G2 生产防护绿地
D1 特殊用地
E1 水域
E2 耕地
E4 林地
E2 林副产品养殖
规划区界限

肇州县丰乐镇集镇建设规划
(1999—2020)

学校 哈尔滨工业大学
分类 城市总体规划
学生 齐 颖、赵宇昕、王飞虎(四年级)
指导教师 赵天宇、冷 红

教师点评

规划选取黑龙江省较为典型的一个农业型小城镇，在经过细致的现状调研基础上，设计者提出以建设功能分区明确、交通流畅、生活舒适、景色怡人的北方寒冷地区小城镇作为设计目标，通过对各项建设用地比例的合理调整和道路交通网络的有效组织，优化集镇用地结构。设计中尤其对寒地小城镇空间景观环境的塑造，以及不同类型居住组团的设计进行了较为深入地探讨。设计思路清晰，图面表达明确。

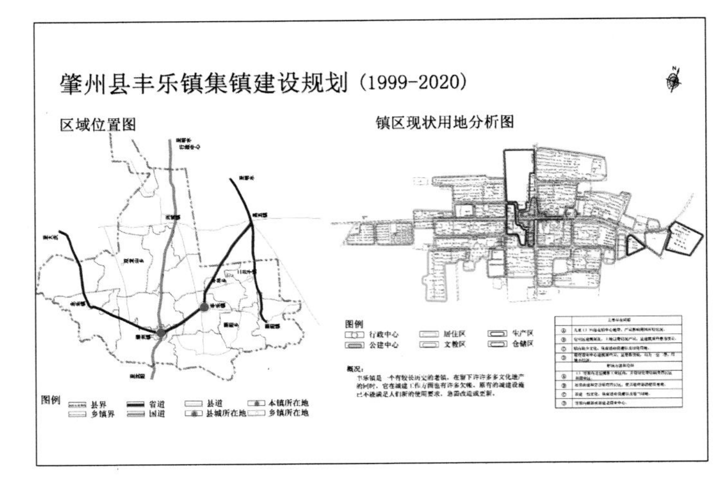

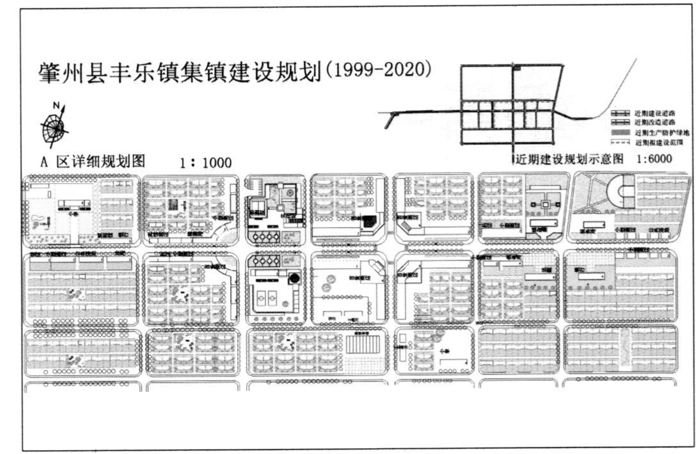

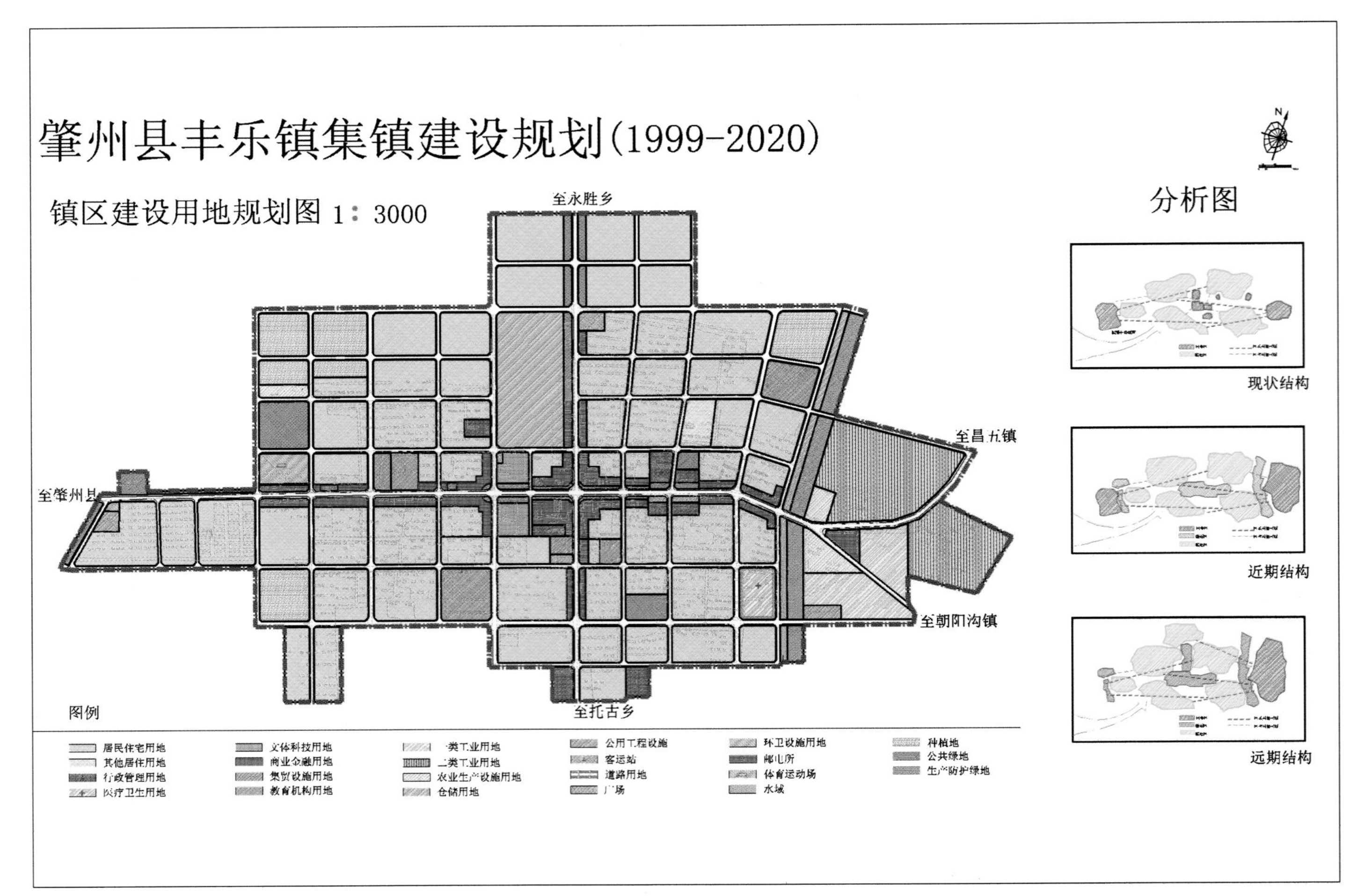

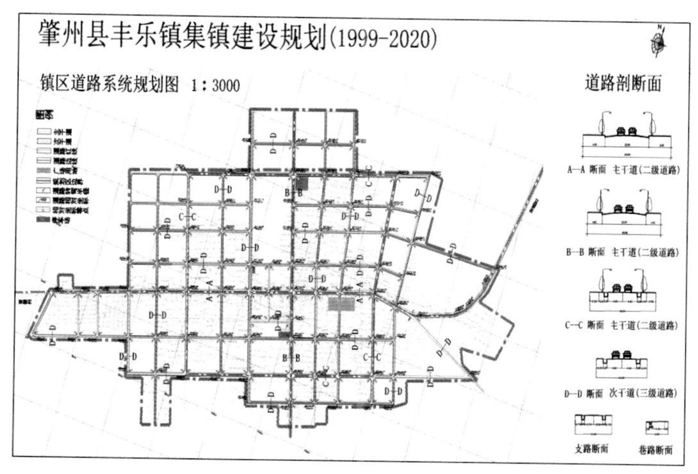

肇州县丰乐镇集镇建设规划(1999-2020)
镇区道路系统规划图 1：3000
道路剖断面
A—A 断面 主干道(二级道路)
B—B 断面 主干道(二级道路)
C—C 断面 主干道(二级道路)
D—D 断面 次干道(三级道路)
支路断面
巷路断面

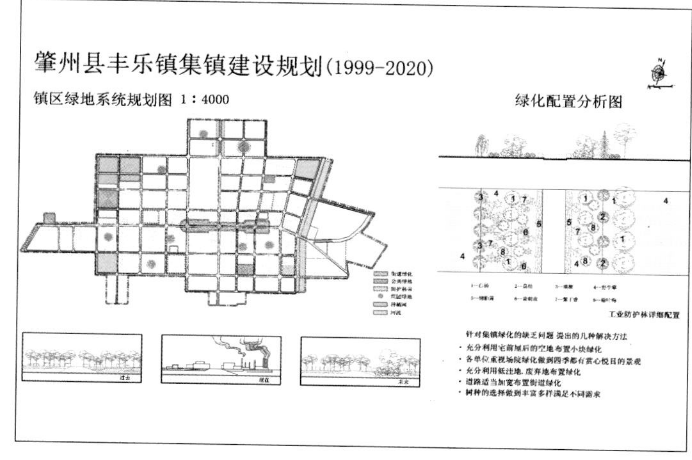

肇州县丰乐镇集镇建设规划(1999-2020)
镇区绿地系统规划图 1：4000
绿化配置分析图
工业防护林详细配置

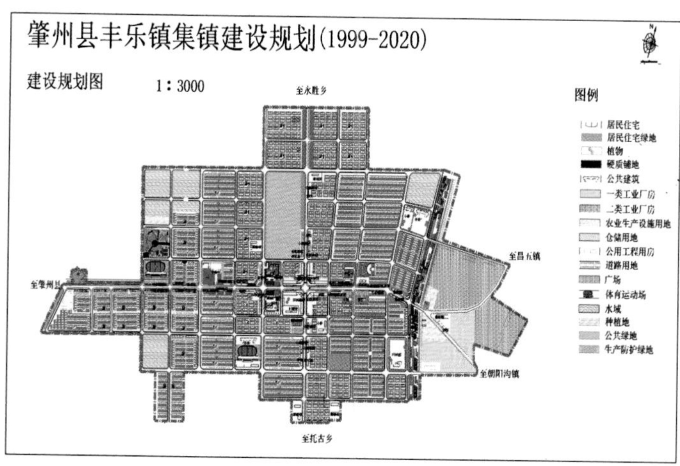

肇州县丰乐镇集镇建设规划(1999-2020)
建设规划图 1：3000
至永胜乡
至昌五镇
至肇州县
至朝阳沟镇
至托古乡
图例
居民住宅
居民住宅绿地
植物
硬质铺地
公共建筑
一类工业厂房
二类工业厂房
农业生产设施用地
仓储用地
公用工程用房
道路用地
广场
体育运动场
水域
种植地
公共绿地
生产防护绿地

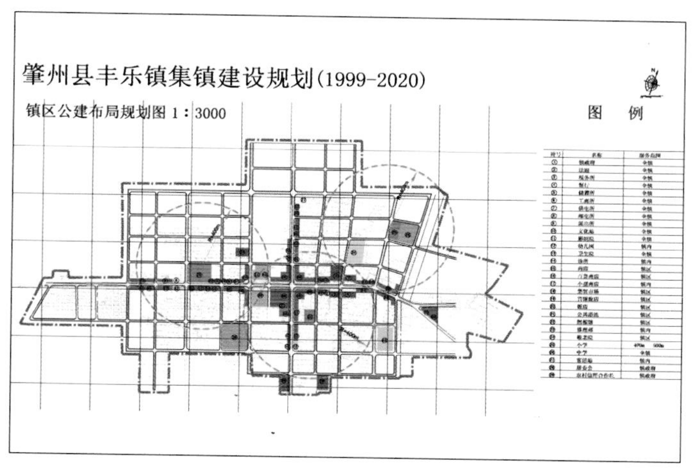

肇州县丰乐镇集镇建设规划(1999-2020)
镇区公建布局规划图 1：3000
图 例

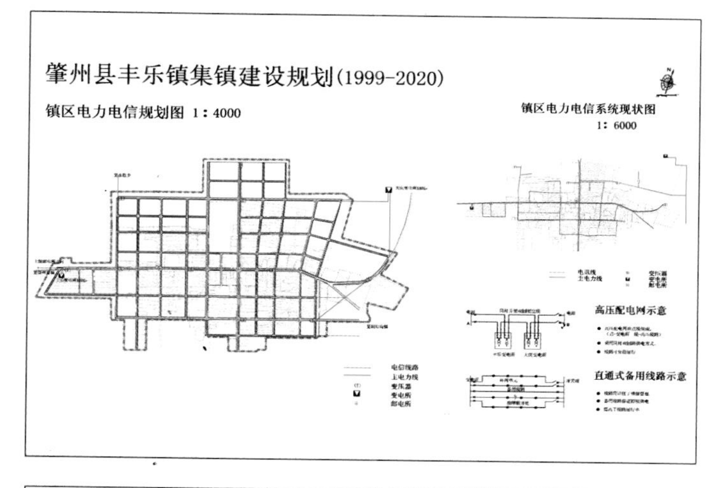

肇州县丰乐镇集镇建设规划(1999-2020)
镇区电力电信规划图 1：4000
镇区电力电信系统现状图
1：6000
高压配电网示意
直通式备用线路示意

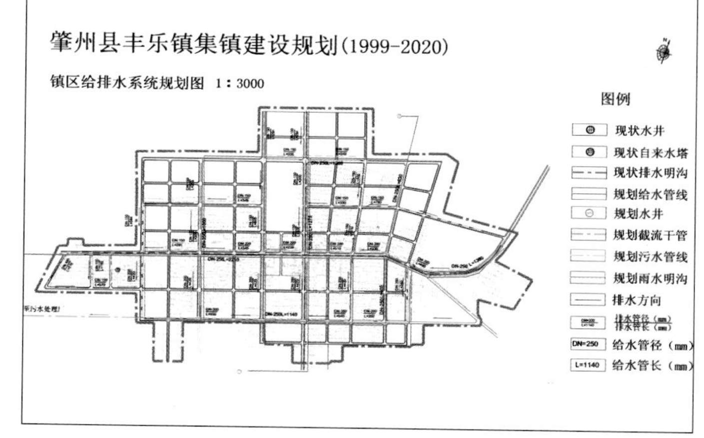

肇州县丰乐镇集镇建设规划(1999-2020)
镇区给排水系统规划图 1：3000
图例
现状水井
现状自来水塔
现状排水明沟
规划给水管线
规划水井
规划截流干管
规划污水管线
规划雨水明沟
排水方向
DN=250 给水管径（mm）
L=1140 给水管长（mm）

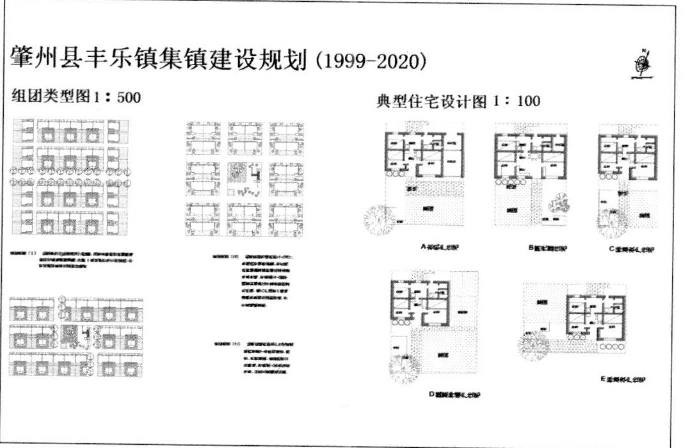

肇州县丰乐镇集镇建设规划 (1999-2020)
组团类型图 1：500
典型住宅设计图 1：100

顺德市北滘镇总体规划

学校 华南理工大学

分类 城市总体规划

学生 莫宁波、蔡妍丰、侯文熹、黄利剑、 蒋日彬(四年级)

指导教师 汤黎明、王世福、阎 瑾、赵红红

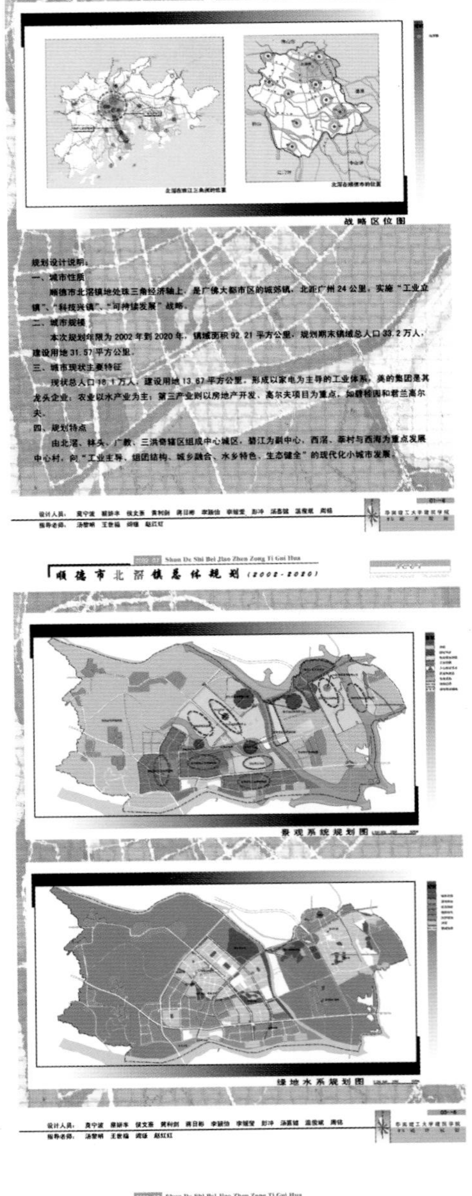

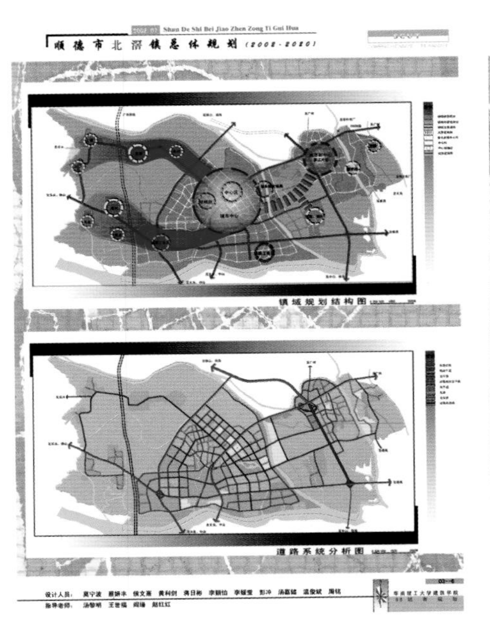

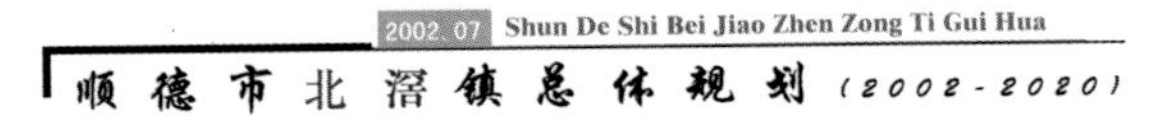

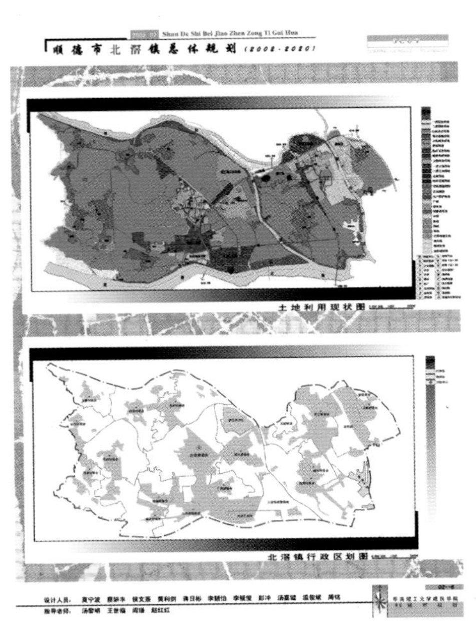

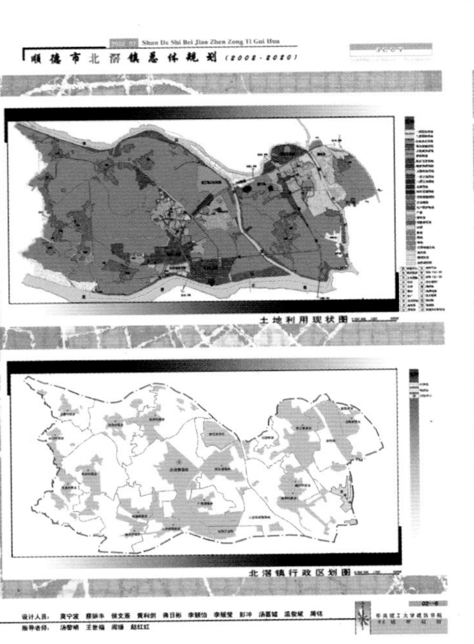

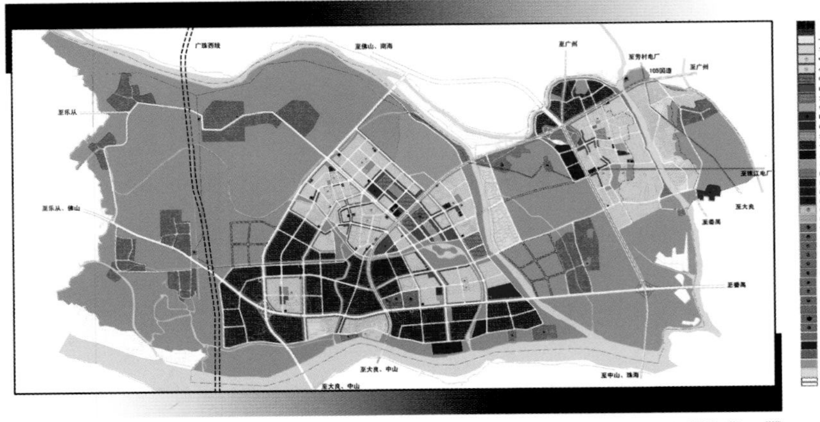

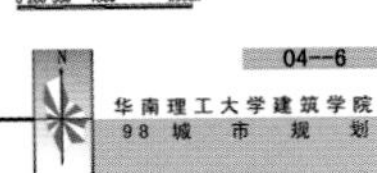

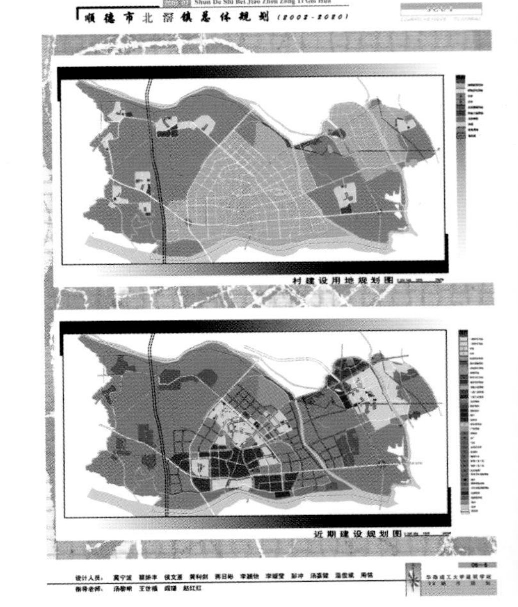

广东顺德市新城市中心区城市设计

学校 华南理工大学

分类 城市设计

学生 李 伟、甄国斌、王荣彪、蔡妍丰、李媛莹(四年级)

指导教师 汤黎明

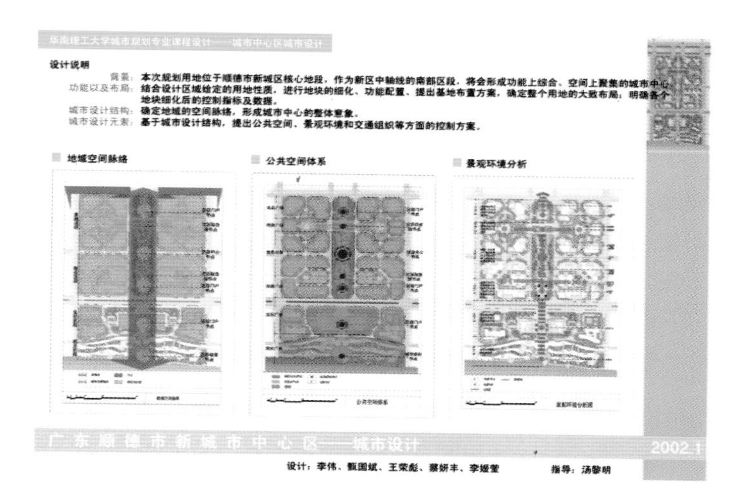

教师点评

城市中心规划设计属城市设计的工作性质。设计在功能布局基础上，对交通组织、公共空间体系、景观环境做了较深入的分析，形成城市中心整体意象，并由此建立了街坊整体建筑形态、建筑界面等城市设计要素的控制。

对中心区与城市的关系以及地块的开发模式的考虑仍显不够。

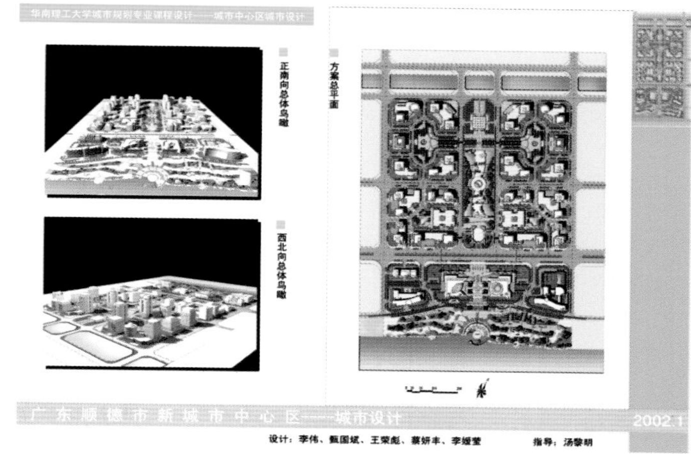

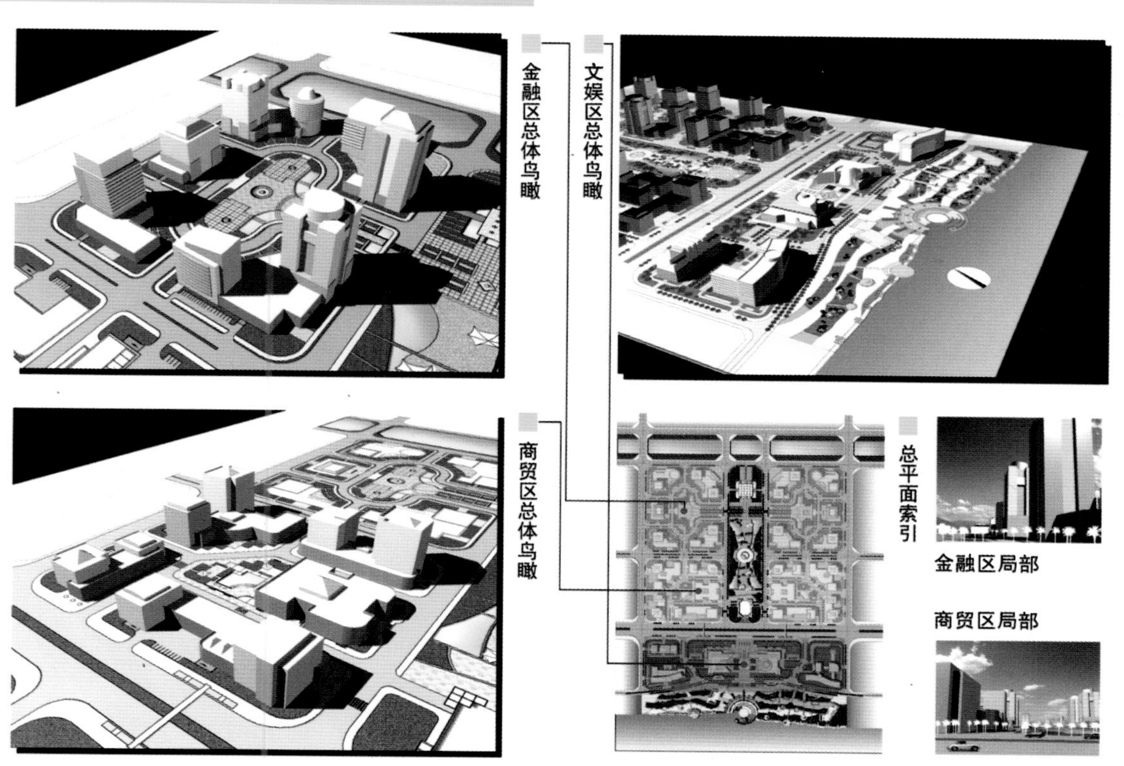

华工校园中轴线城市设计

学校　华南理工大学

分类　城市设计

学生　戚冬瑾（四年级）

指导教师　汤黎明、王世福、阎　瑾

教师点评

在实地调研的基础上，本方案运用城市设计的方法对主校门区环境、空间进行改造。

通过对主次轴线的强化、道路断面的改造、节点部位的绿化以及对沿路建筑立面的调整，塑造了一个既保持历史文脉的延续性，同时又具有新时代特质的高校入口空间环境。

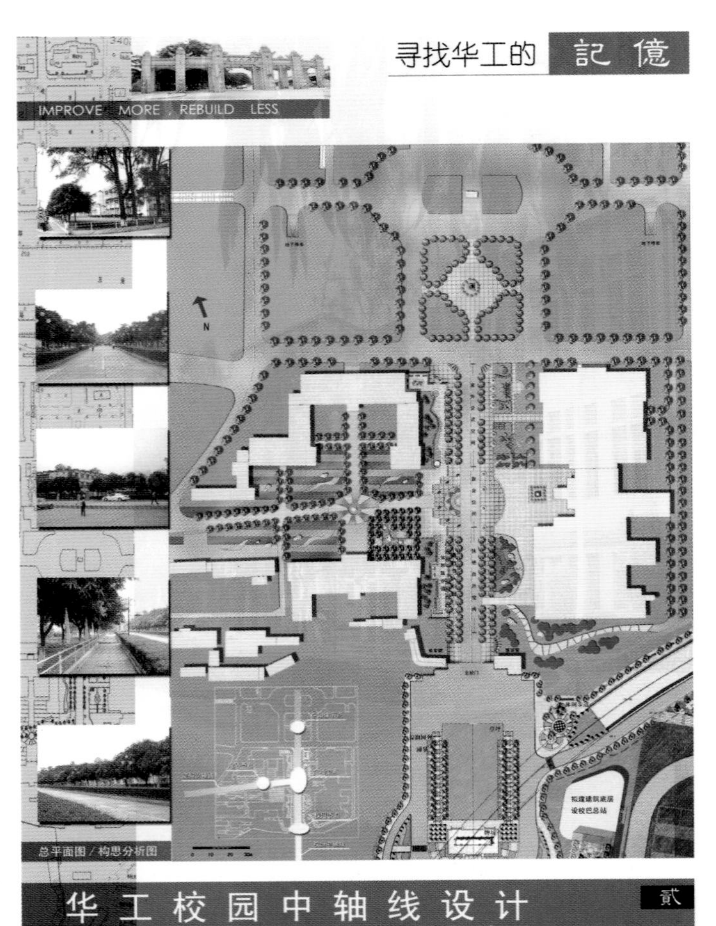

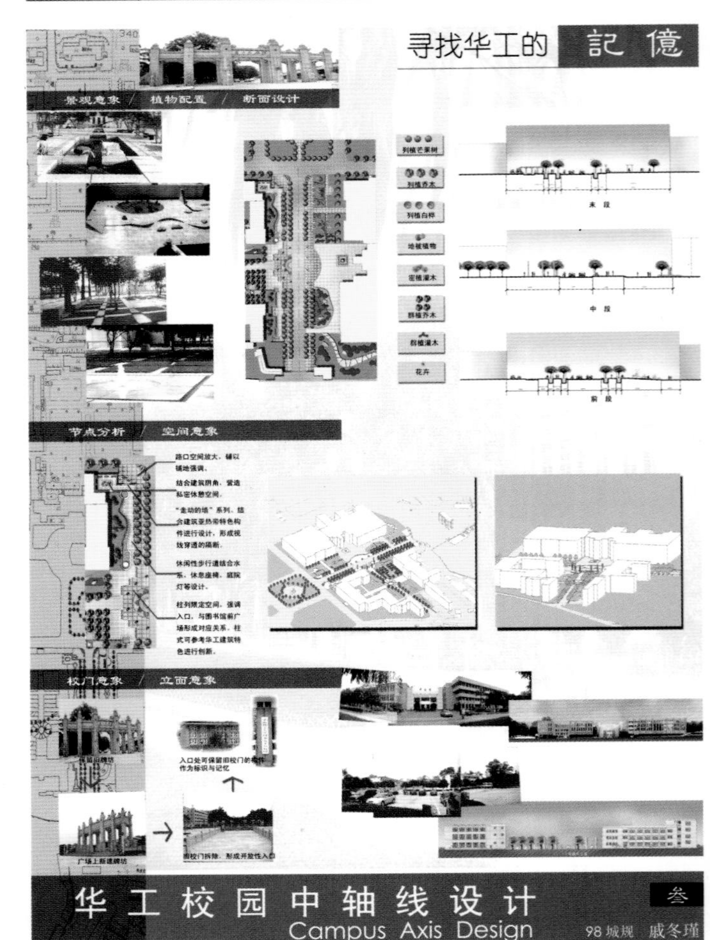

河南省西平县城总体规划

学校 华中科技大学
分类 城市总体规划
学生 李光绪、万 鹏、张金莹、张 谊、夏海燕(四年级)
指导教师 余柏椿、万艳华、李景奇

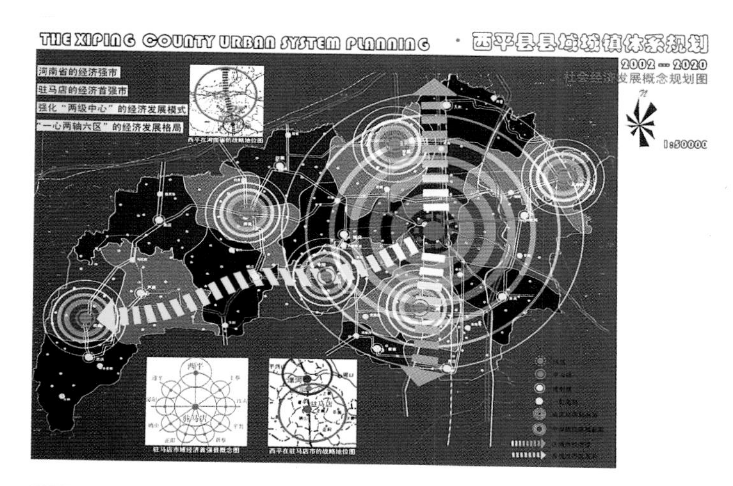

教师点评

西平县位于河南省中南部，地处驻马店市辖区北端，北与"内陆特区"漯河邻接，位于郑州市一日经济圈内。县域总面积1089km²，总人口为82.9万。本次规划首先进行了"西平县域城镇体系专项规划"。该专项规划深入分析了西平的县情，对县域经济、社会发展条件进行了综合评价，并作出县城经济社会发展战略规划，同时进行了县域产业发展空间规划、经济区划、城镇化发展规划、用地及空间协调规划、基础设施及社会服务设施规划、环境保护与防灾规划、文物古迹保护与旅游发展规划以及近期建设与发展规划等。

西平县城总体规划城区人口近期(2005年)15万，远期(2020年)为25万，城市规划建设用地26km²，城市规划区范围为150km²，构成"一城四区"的空间结构。

本次规划还进行了"西平县城区绿地系统专项规划"。规划提出西平县城绿地布局结构为"一环、三带、三荫、五轴、五园"，在此基础上，规划对公园绿地、防护绿地、生产绿地、交通绿地、绿色空间控制区、居住绿地、单位附属绿地等进行了相应的规划。此外，还作出了植被规划、水系水景规划、分期建设规划等。

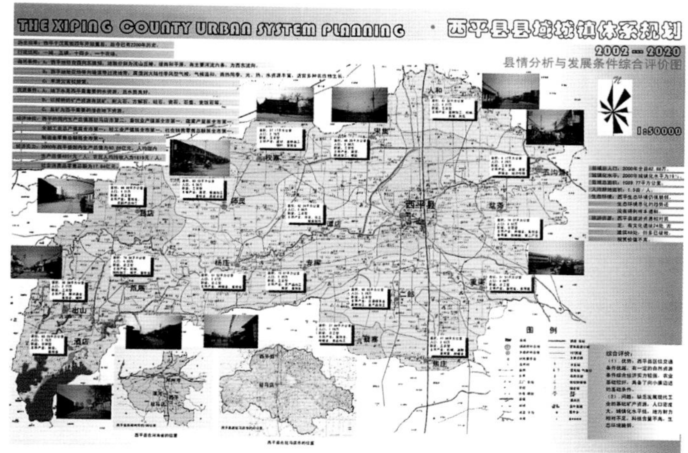

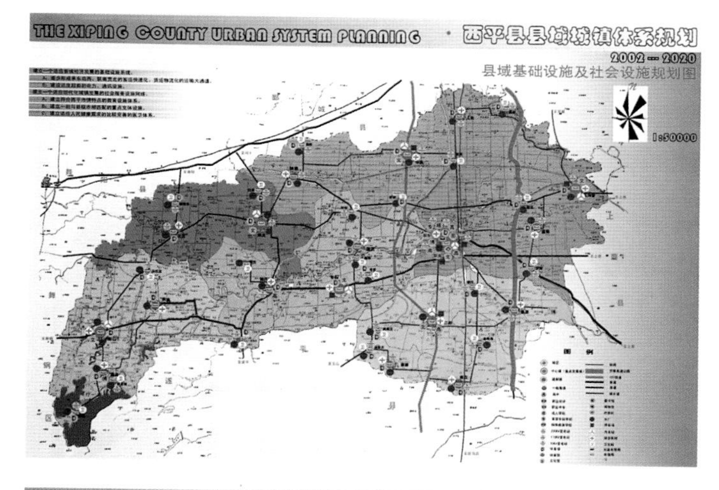

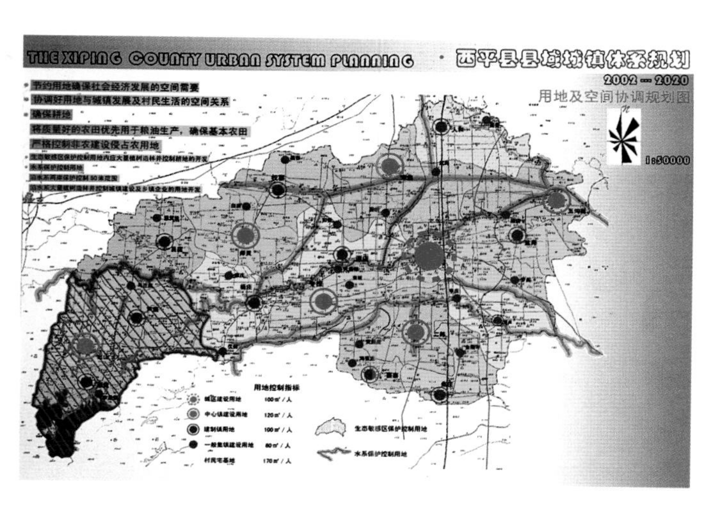

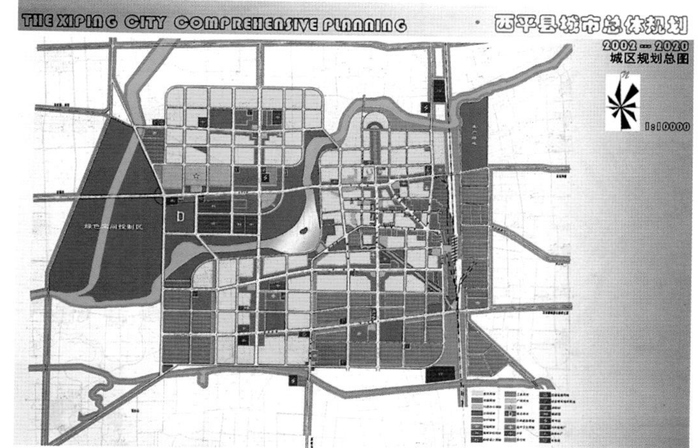

浙江省温岭市松门镇总体规划

学校 华中科技大学
分类 城市总体规划
学生 管 涛、刘 菁、周 文、胡晓媛、王晓莉等(四年级)
指导教师 王国恩

教师点评

松门镇位于浙江省东南沿海，是全省中心镇之一。规划确定城镇的性质为：浙江省中心镇和温岭市东南区块的中心镇，以发展临海加工业、机械工业和旅游业为主的滨海港口小城市。现状城镇人口3.5万，规划人口近期为5万，远期为8万。建设用地规模近期人均95m^2，建设用地475hm^2，远期人均用地100.1m^2，建设用地801hm^2。

总体规划结合现状情况，规划布局形成东、西合一，新旧城并举的布局特色。由茶山和老虎山、纳潮河为界，以林石公路、沿海路为轴，形成二个布局组团。一是东区，位于老虎山以南，茶山以西与纳潮河之间的区块。东区以旧城为中心，建设用地适当向东南盐田扩展。用地功能主要包括全镇的商业、服务中心、居住、工业。二是西区，是规划的主要新区，位于茶山以北，台州沿海公路以东，老虎山以西，东海塘以南。用地功能包括全镇的行政、商业服务、文化体育中心、居住及工业。茶山、老虎山、伏龙山和箬松河、纳潮河、运粮河等山体、水体自然生态要素与城镇空间相互穿插，城镇道路与对外公路相互联系，形成人工环境与山水相互交融，内外部空间相结合的空间格局。

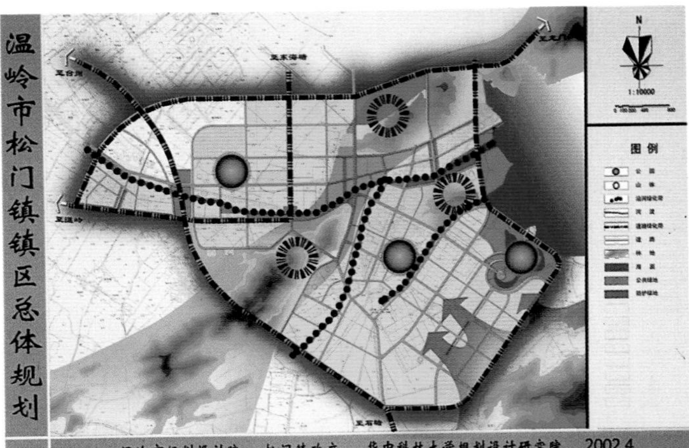

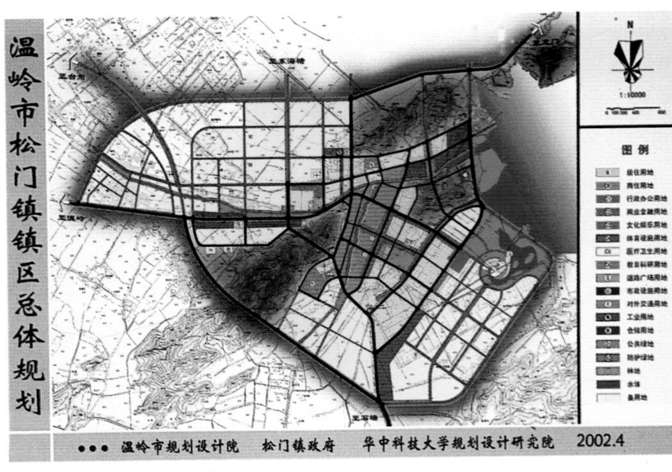

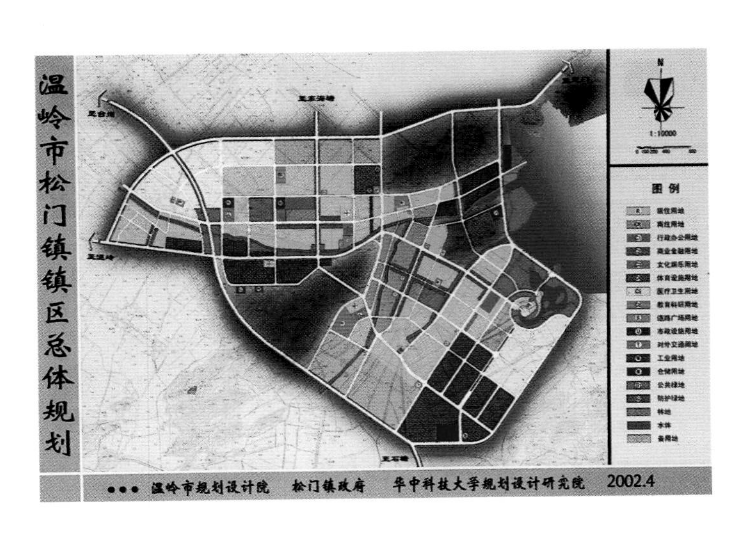

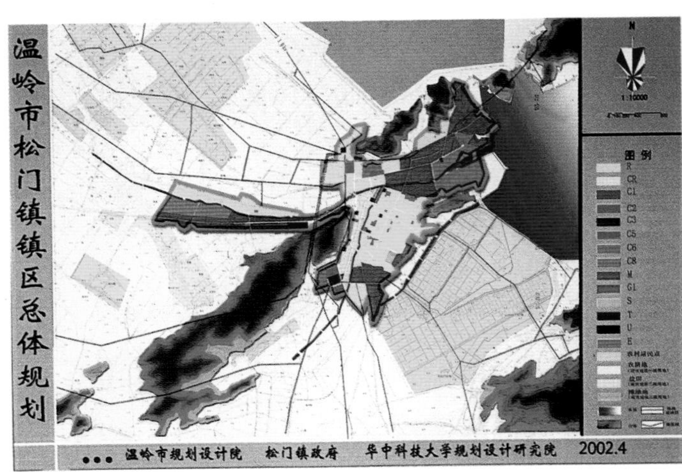

洪湖市城市总体规划

学校 华中科技大学
分类 城市总体规划
学生 李志超、倪轶兰、毕　睿等(四年级)
指导教师 洪亮平、朱　霞、殷　毅

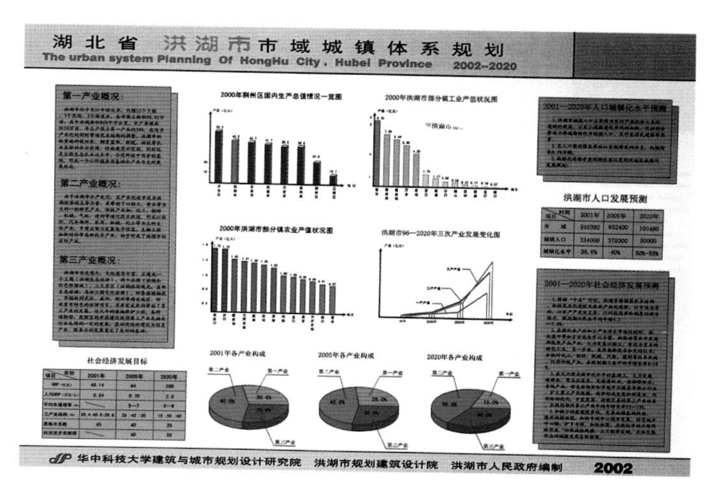

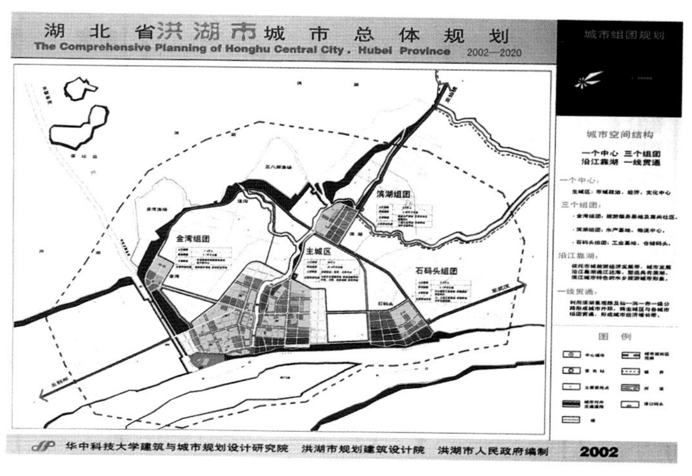

鄂州大学校园规划

学校　华中科技大学
分类　城市设计
学生　颜丽杰、张　宜、刘　军、卫　科（四年级）
指导教师　余柏椿、王国恩

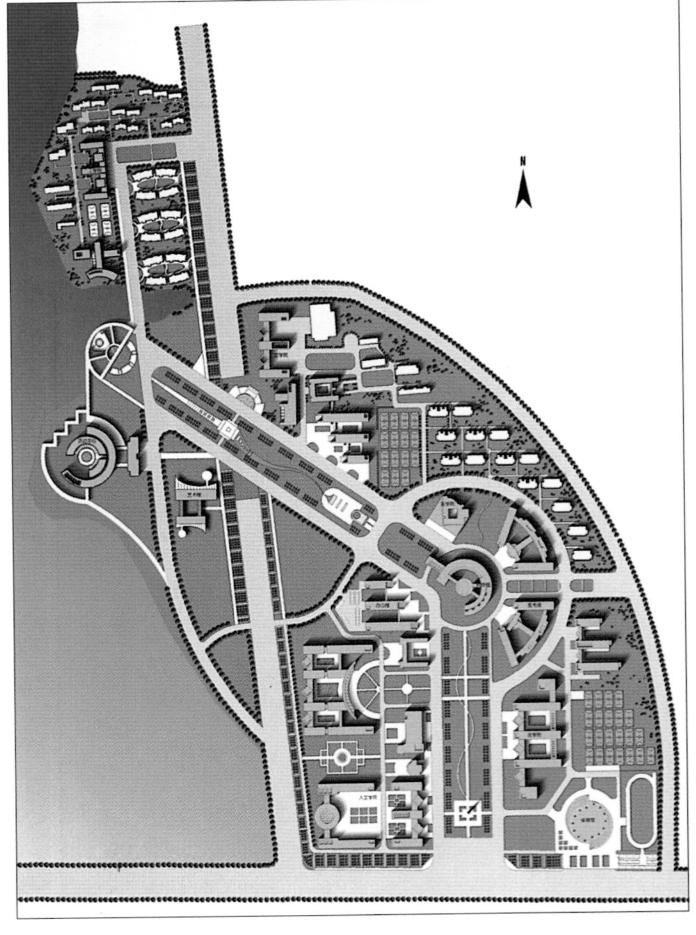

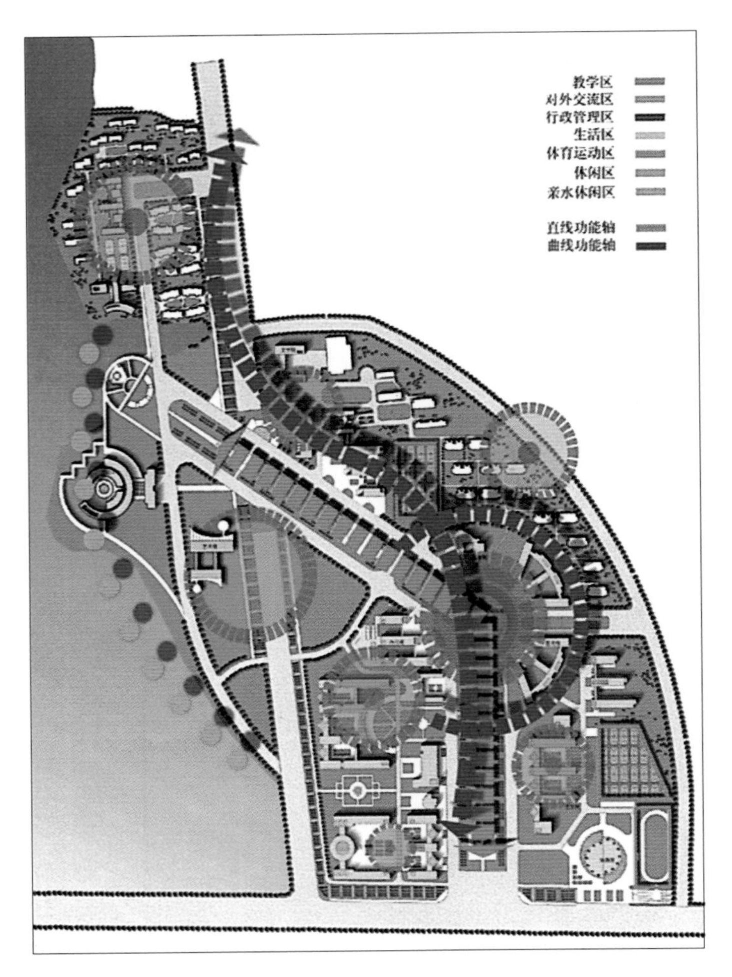

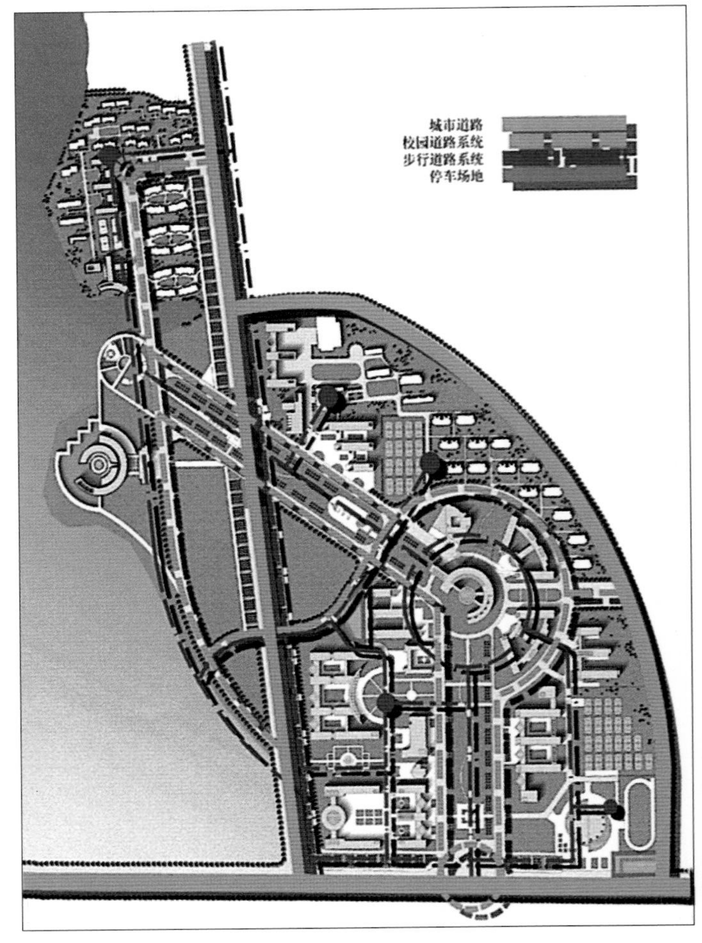

襄阳浩然广场规划设计

学校 华中科技大学
分类 城市设计
学生 李旭华、钱亦阳（四年级）
指导教师 张海兰、唐　勇

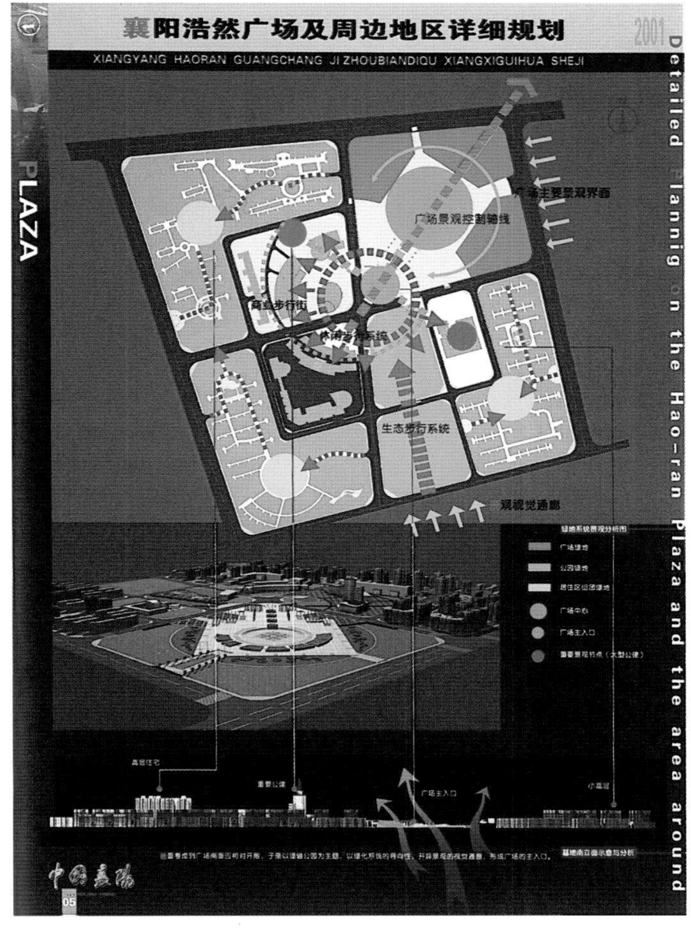

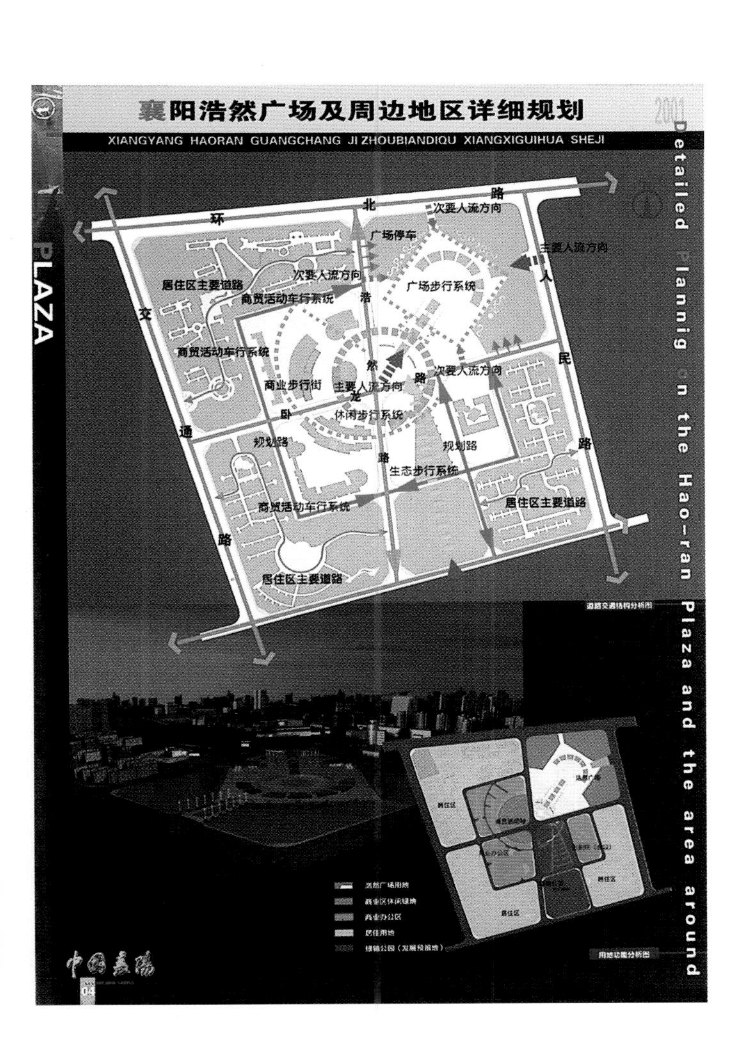

湖南长沙黄兴南路步行街城市设计

学校 华中科技大学
分类 城市设计
学生 赵立珍、郭艳秋、曾 鲲等（四年级）
指导教师 丁建民

教师点评

黄兴南路步行街位于长沙市老城区繁华地带，总长840m，规划总用地约56hm²。本规划通过仔细分析研究黄兴路发展的历史文脉与旧城空间结构和交通系统，提出了现代商业街区建设的理念与模式，力求形成既保存旧城格局，具有古城风貌特色，又有现代都市商业繁荣气氛的步行街。

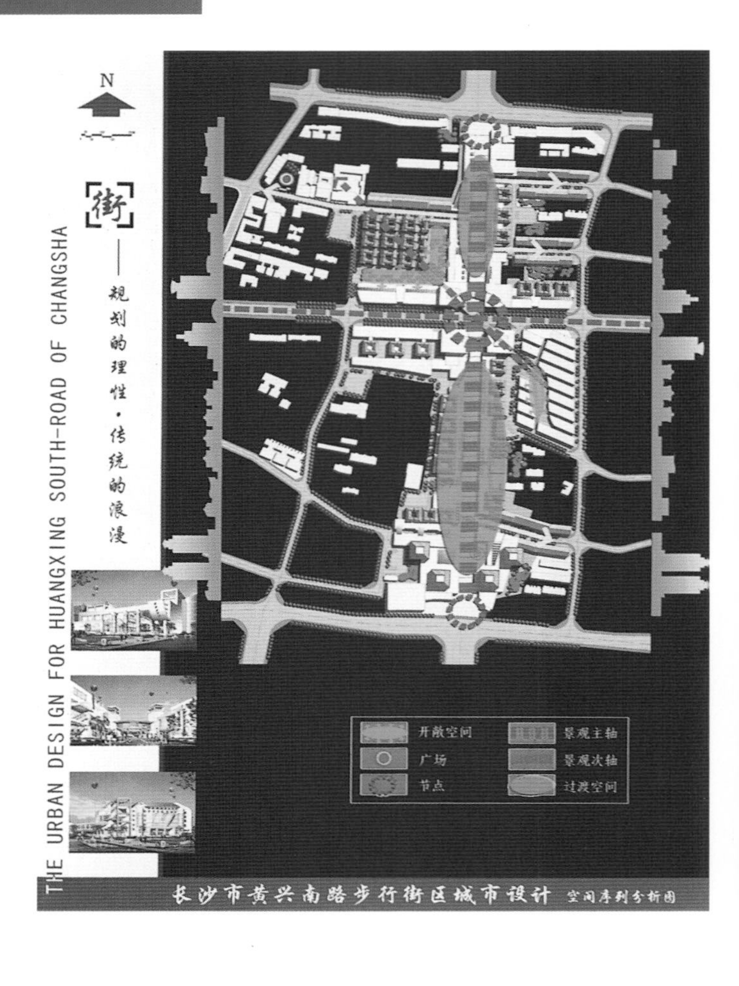

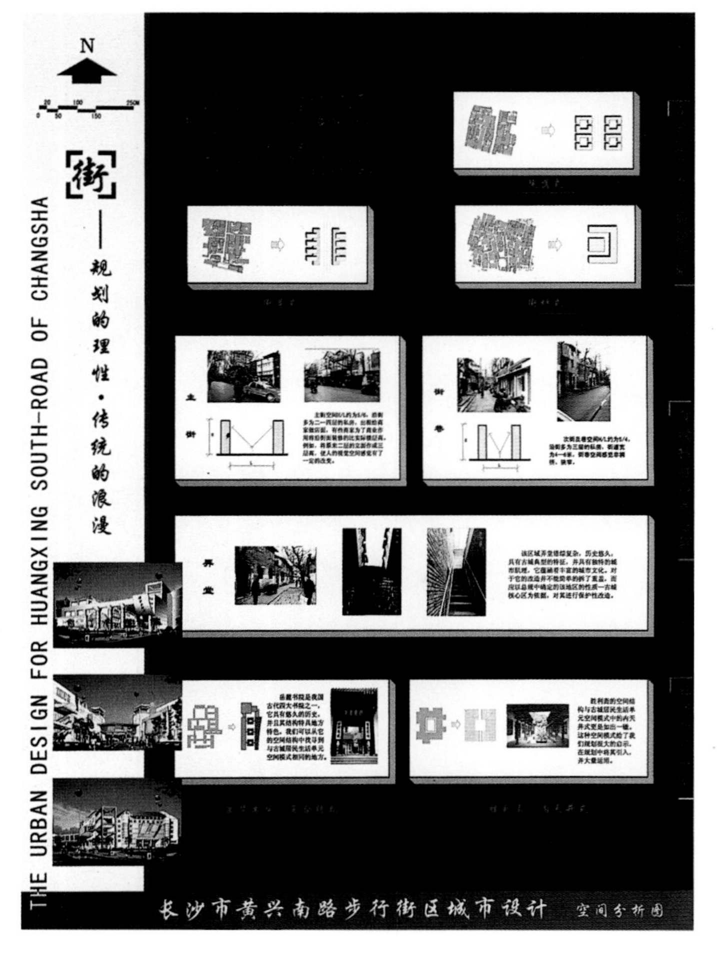

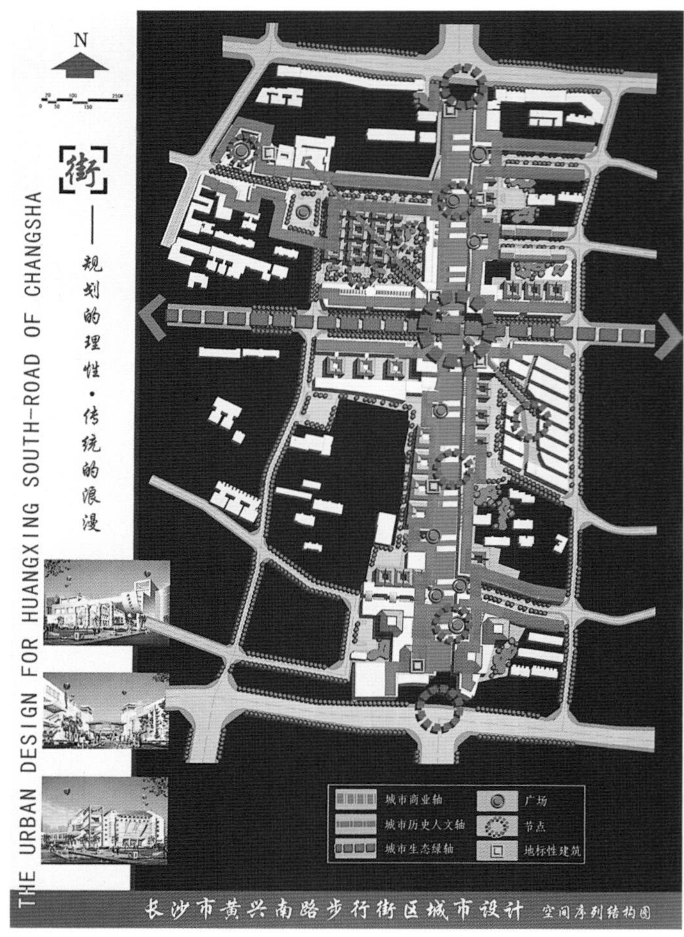

N
街
规划的理性·传统的浪漫
THE URBAN DESIGN FOR HUANGXING SOUTH-ROAD OF CHANGSHA
长沙市黄兴南路步行街区城市设计

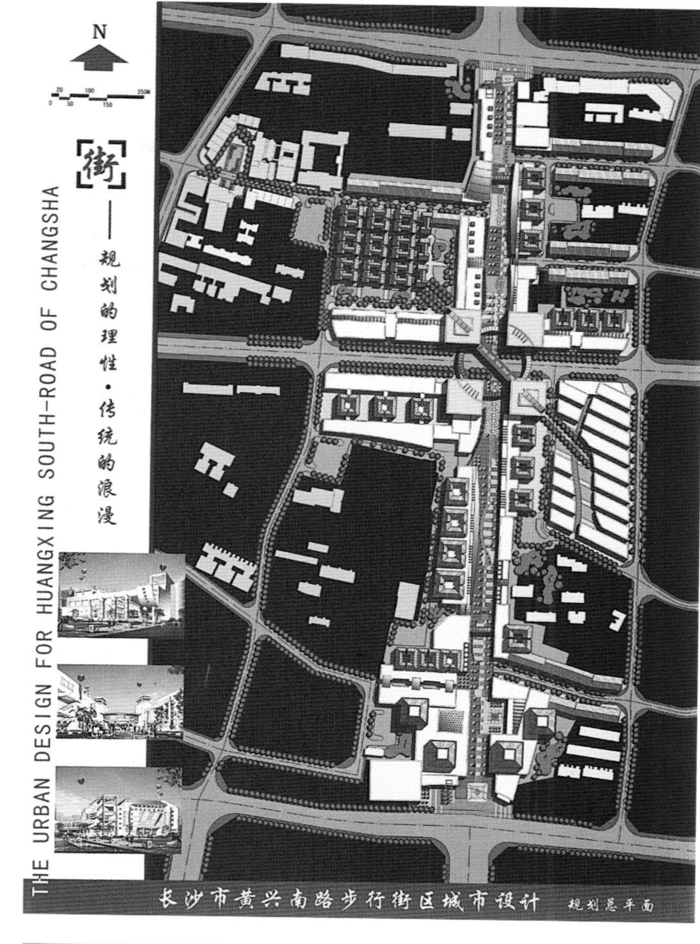
N
街
规划的理性·传统的浪漫
THE URBAN DESIGN FOR HUANGXING SOUTH-ROAD OF CHANGSHA
长沙市黄兴南路步行街区城市设计
规划总平面

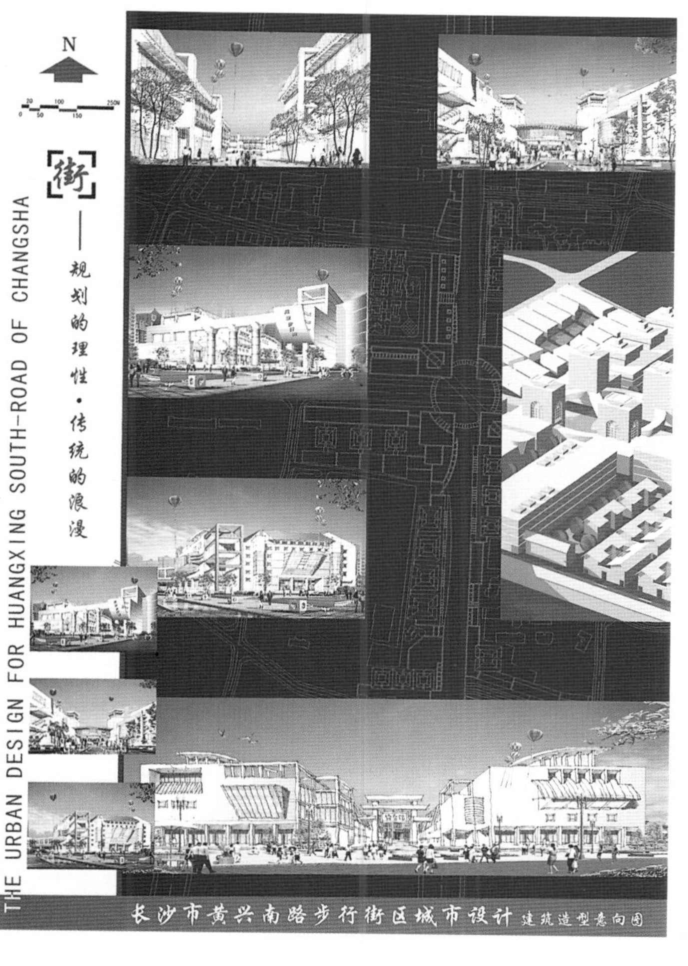
N
街
规划的理性·传统的浪漫
THE URBAN DESIGN FOR HUANGXING SOUTH-ROAD OF CHANGSHA
长沙市黄兴南路步行街区城市设计
建筑造型意向图

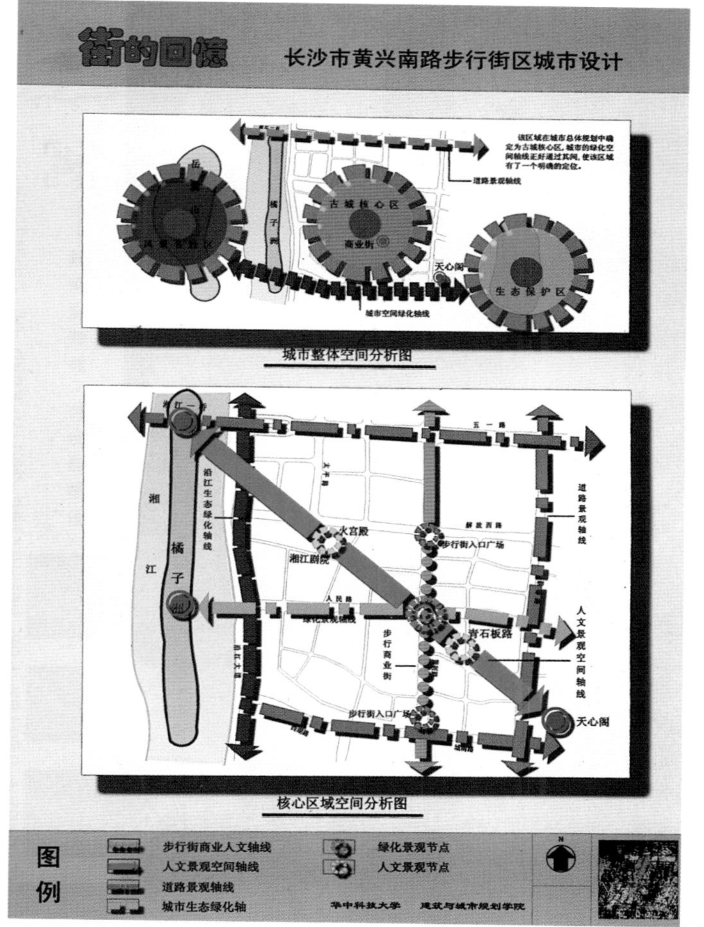
街的回忆
长沙市黄兴南路步行街区城市设计
该区域在城市总体规划中确定为古城核心区，城市的绿化空间轴线正好通过其间，使该区域有了一个明确的定位。
道路景观轴线
古城核心区
商业街
橘子洲
天心阁
生态保护区
城市空间绿化线
城市整体空间分析图
五一路
湘江
橘子洲
沿江生态绿化轴线
火宫殿
湘江剧院
步行街入口广场
解放西路
人民路
步行商业街
白沙路
道路景观轴线
人文景观空间轴线
天心阁
核心区域空间分析图
图例
步行街商业人文轴线
人文景观空间轴线
道路景观轴线
城市生态绿化轴
绿化景观节点
人文景观节点
N
华中科技大学 建筑与城市规划学院

长沙天心生态新城城市设计

学校 华中科技大学

分类 城市设计

学生 徐里格、夏　巍、邝瑞景、万　昆（四年级）

指导教师 何　依

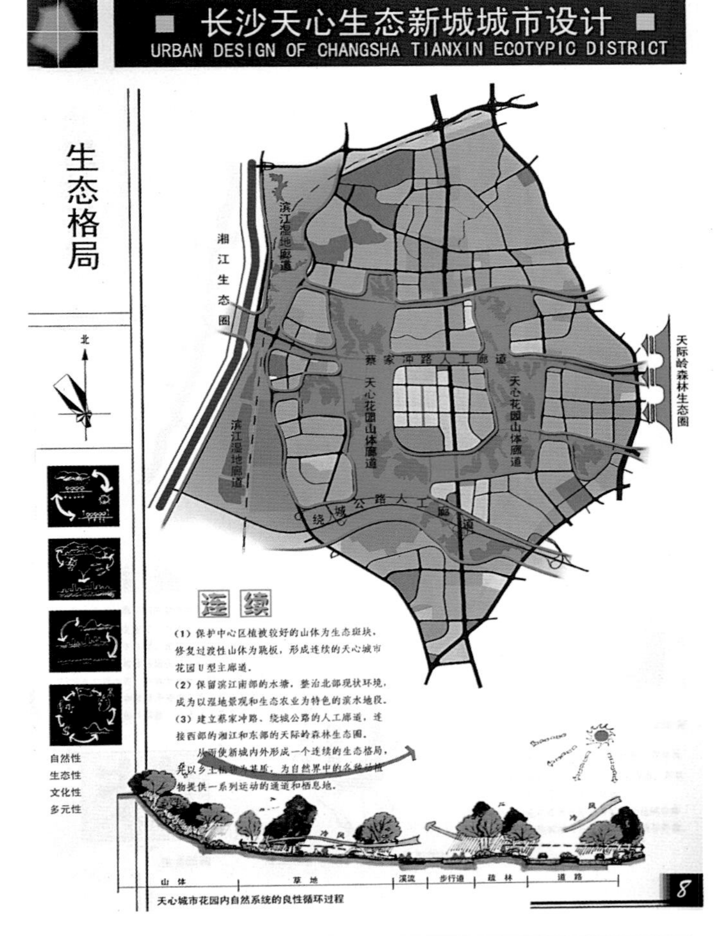

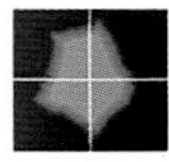

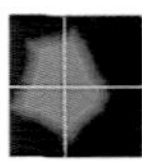

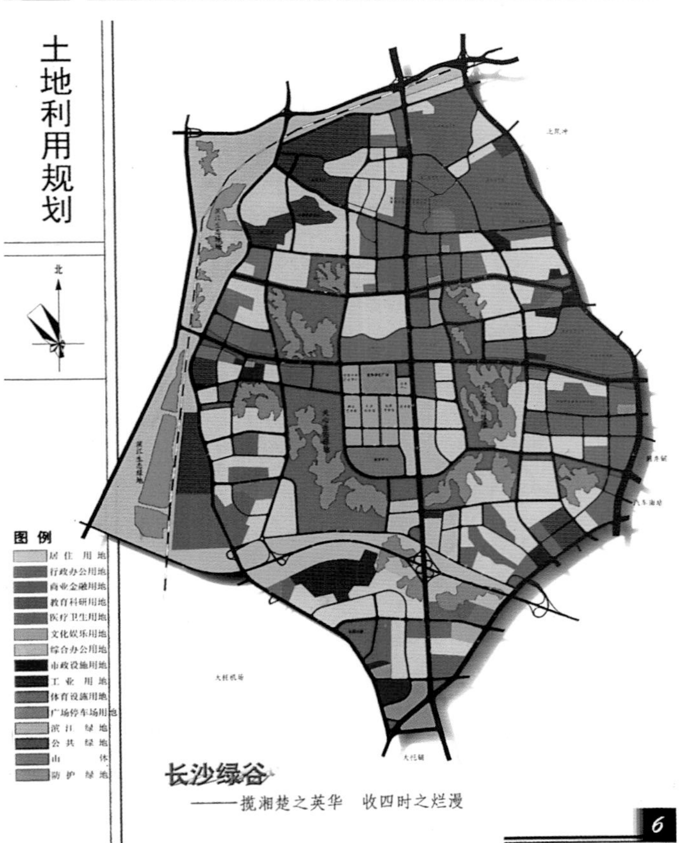

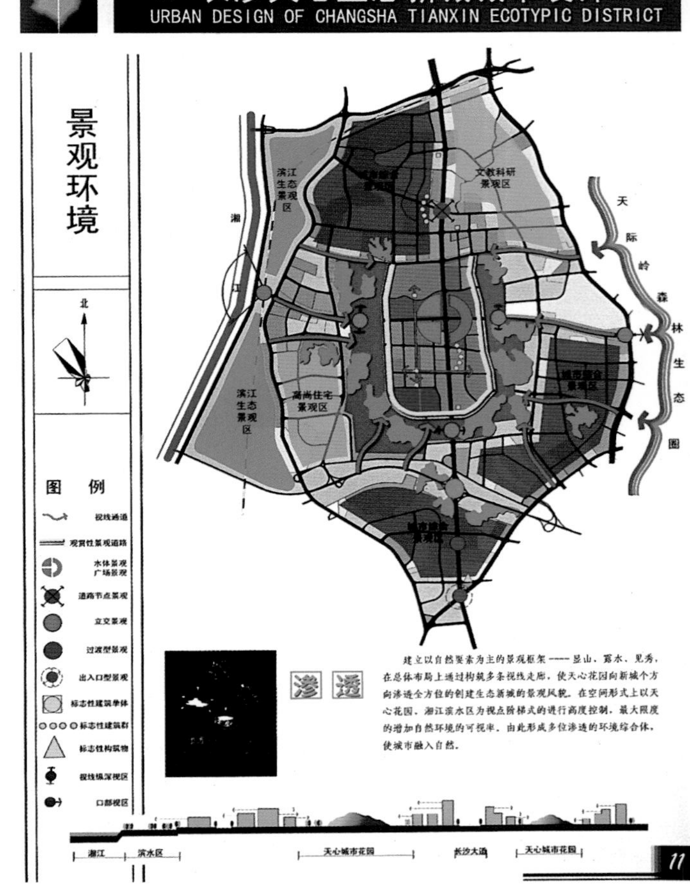

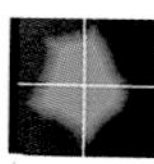

长沙天心生态新城城市设计
URBAN DESIGN OF CHANGSHA TIANXIN ECOTYPIC DISTRICT

天心城市花园设计

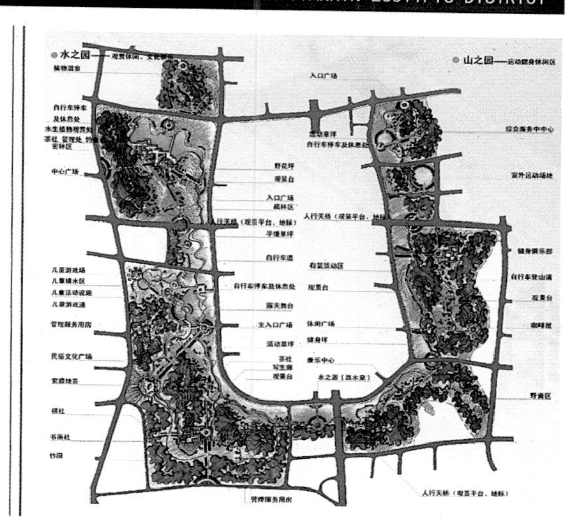

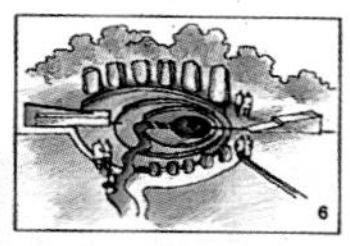

1. 自行车观光道
2. 户外活动草坪
3. 小码头
4. 观景塔
5. 人行天桥
6. 水之园

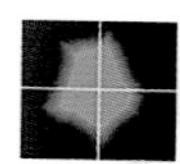

长沙天心生态新城城市设计
URBAN DESIGN OF CHANGSHA TIANXIN ECOTYPIC DISTRICT

开放空间

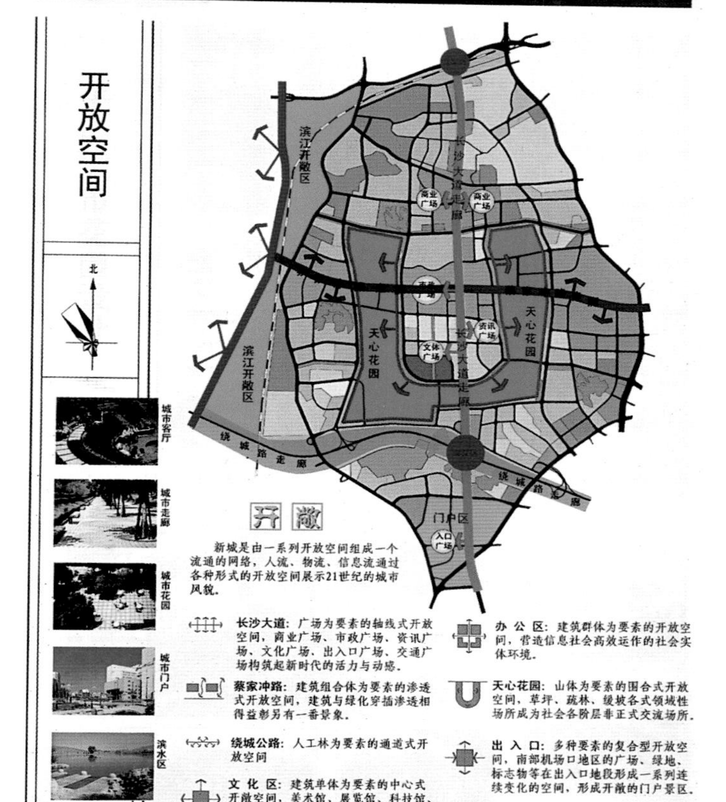

开 敞

新城是由一系列开放空间组成一个流通的网络，人流、物流、信息流通过各种形式的开放空间展示21世纪的城市风貌。

长沙大道： 广场为要素的轴线式开放空间，商业广场、市政广场、资讯广场、文化广场、出入口广场、交通广场构筑起新时代的活力与动感。

蔡家冲路： 建筑组合体为要素的渗透式开放空间，建筑与绿化穿插渗透相得益彰另有一番景象。

绕城公路： 人工林为要素的通道式开放空间

文 化 区： 建筑单体为要素的中心式开敞空间，美术馆、展览馆、科技馆、体育馆....集中体现文化大省的风貌。

办 公 区： 建筑群体为要素的开放空间，营造信息社会高效运作的社会实体环境。

天心花园： 山体为要素的围合式开放空间，草坪、疏林、缓坡各式领域性场所成为社会各阶层非正式交流场所。

出 入 口： 多种要素的复合型开放空间，南部机场口地区的广场、绿地、标志物等在出入口地段形成一系列连续变化的空间，形成开敞的门户景区。

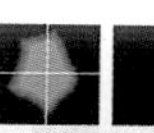

长沙天心生态新城城市设计
URBAN DESIGN OF CHANGSHA TIANXIN ECOTYPIC DISTRICT

核心区全景鸟瞰三

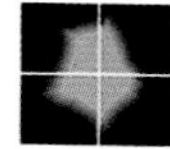

长沙天心生态新城城市设计
URBAN DESIGN OF CHANGSHA TIANXIN ECOTYPIC DISTRICT

绿地系统

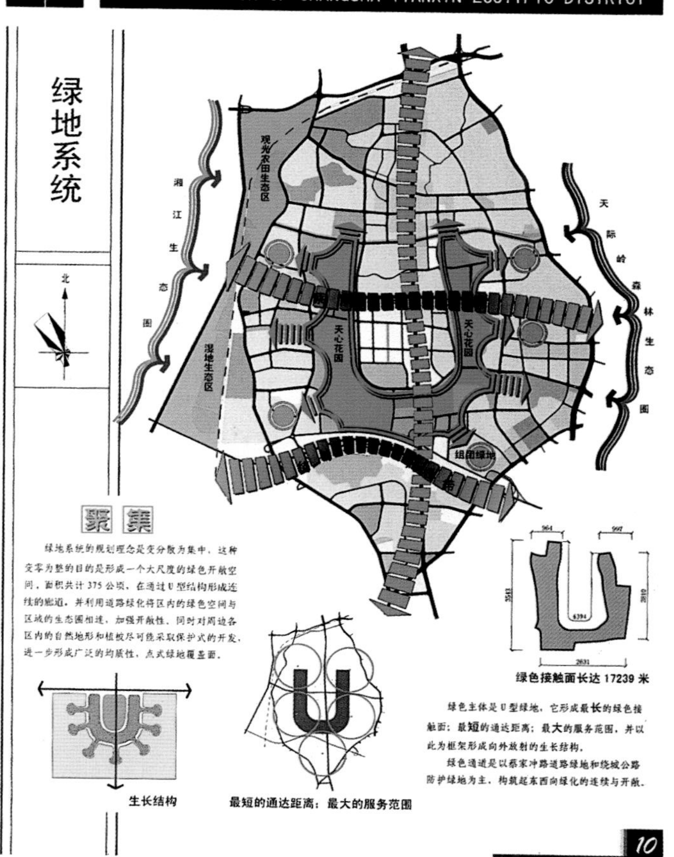

聚 集

绿地系统的规划理念是变分散为集中，这种变零为整的目的是形成一个大尺度的绿色开敞空间，面积共计375公顷，在通过U型结构形成连续的廊道，并利用道路绿化将区内的绿色空间与区域的生态圈相连，加强开敞性，同时对周边各区内的自然地形和植被尽可能采取保护式的开发，进一步形成广泛的均质性，点式绿地覆盖面。

生长结构

最短的通达距离；最大的服务范围

绿色接触面长达17239米

绿色主体是U型绿地，它形成最长的绿色接触面；最短的通达距离；最大的服务范围，并以此为框架形成向外放射的生长结构。

绿色通道是以蔡家冲路道路绿地和绕城公路防护绿地为主，构筑起东西向绿化的连续与开敞。

白塔寺地区更新保护规划 -1

学校 清华大学

分类 城市设计

学生 田 宏、李 楠、李 磊(四年级)

指导教师 梁 伟

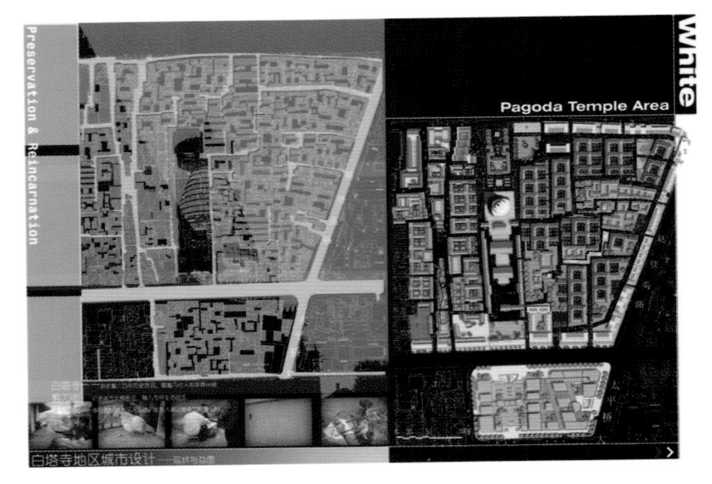

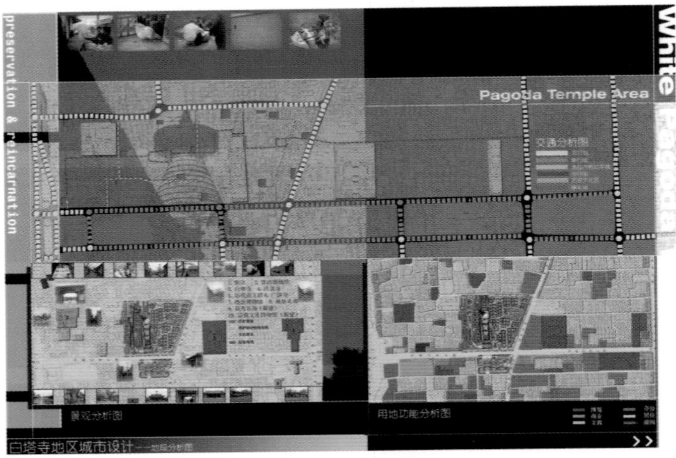

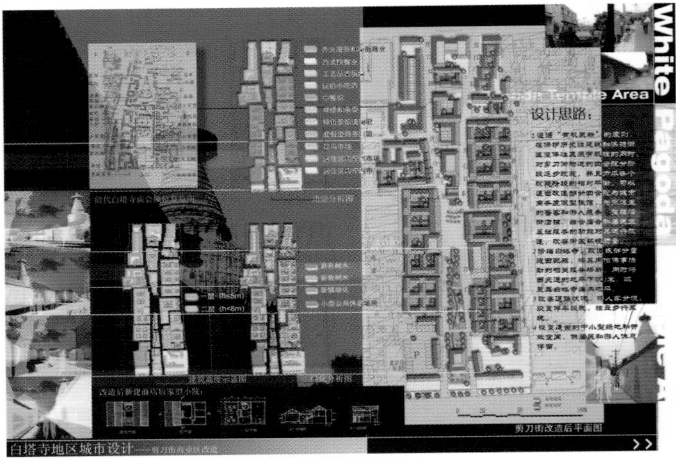

白塔寺地区更新保护规划 -2

学校 清华大学

分类 城市设计

学生 卜骁骏、蔡沁文、脱娅宁、李长乐（四年级）

指导教师 孙凤歧

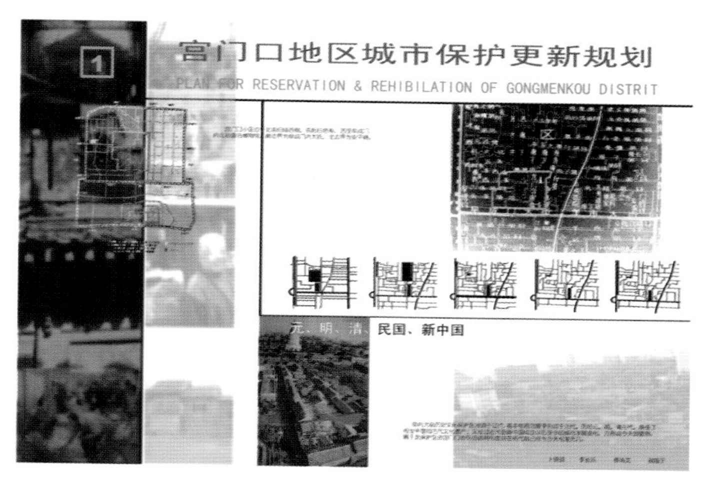

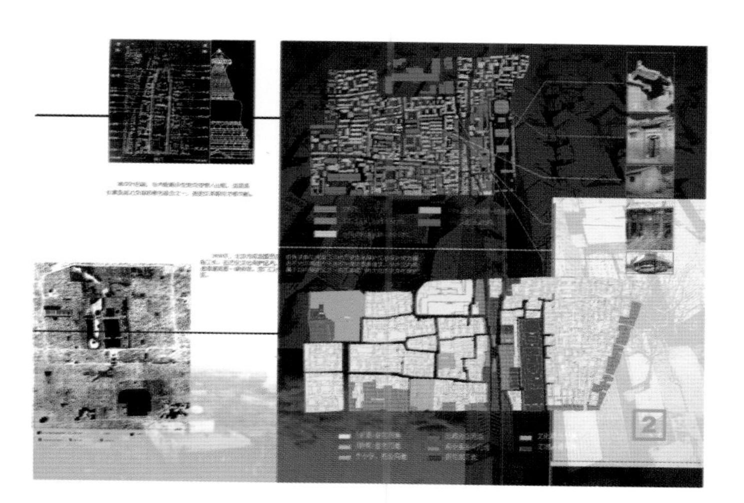

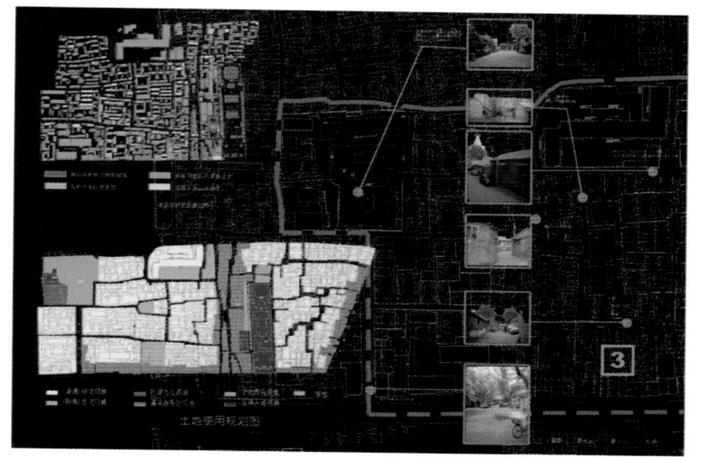

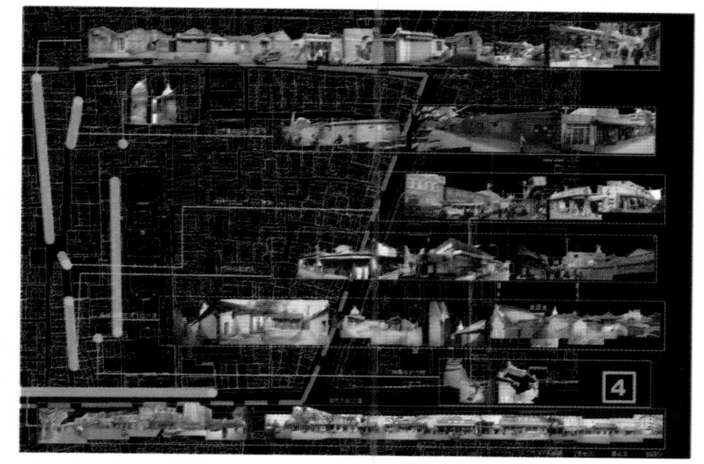

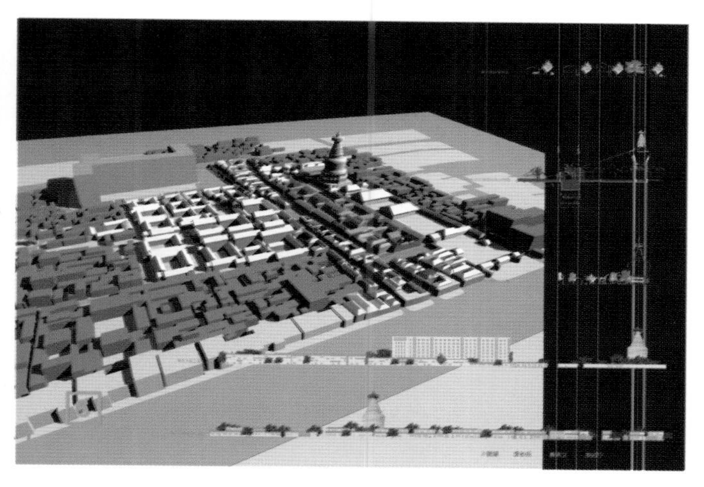

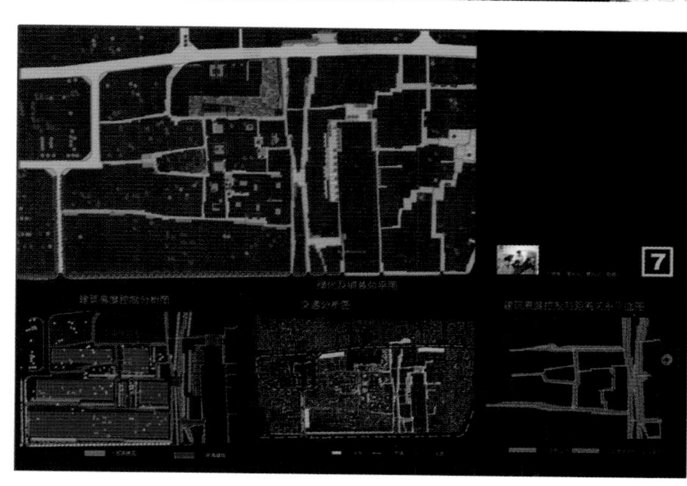

北京沙河镇滨水区规划设计

学校　清华大学
分类　城市设计
学生　陈　涛、刘斯雍、朱　岩（四年级）
指导教师　钟　舸

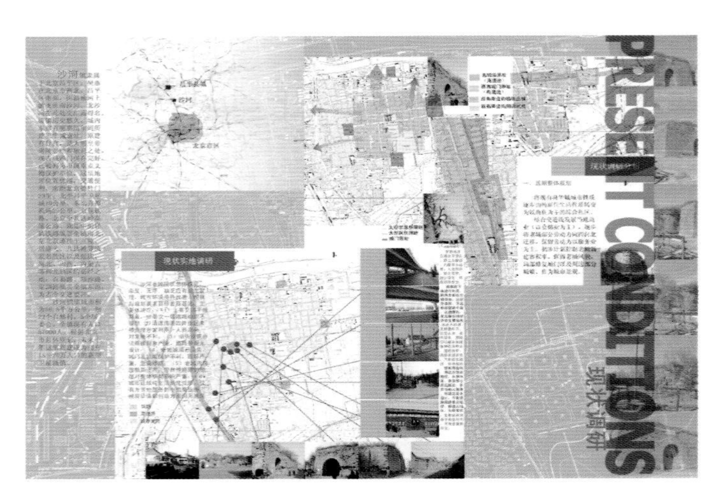

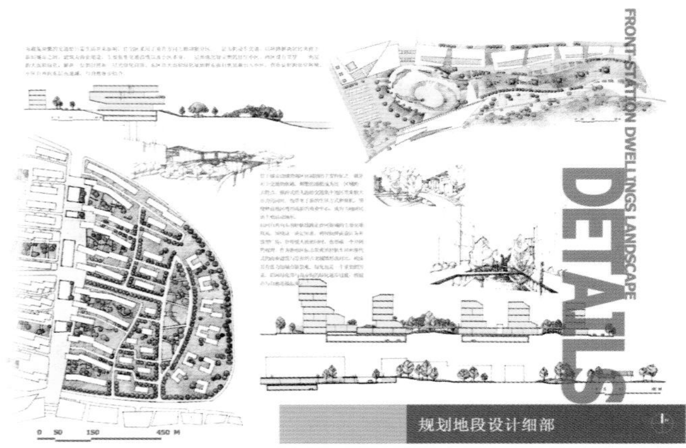

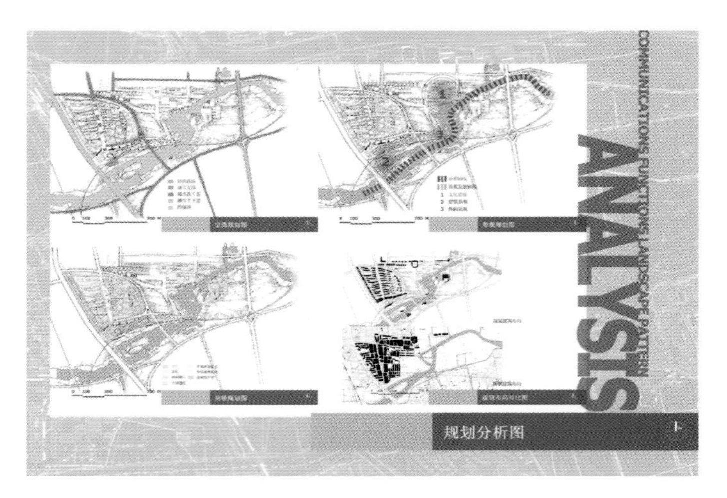

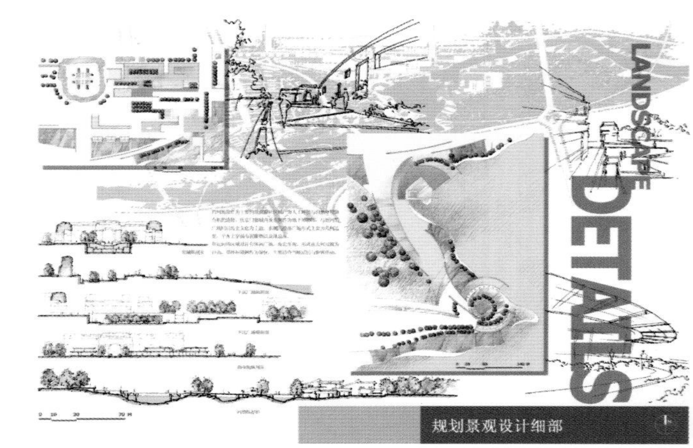

海淀斜街地区城市设计

学校　清华大学
分类　城市设计
学生　王　亮、蒋建昆、楚向锋(四年级)
指导教师　边兰春

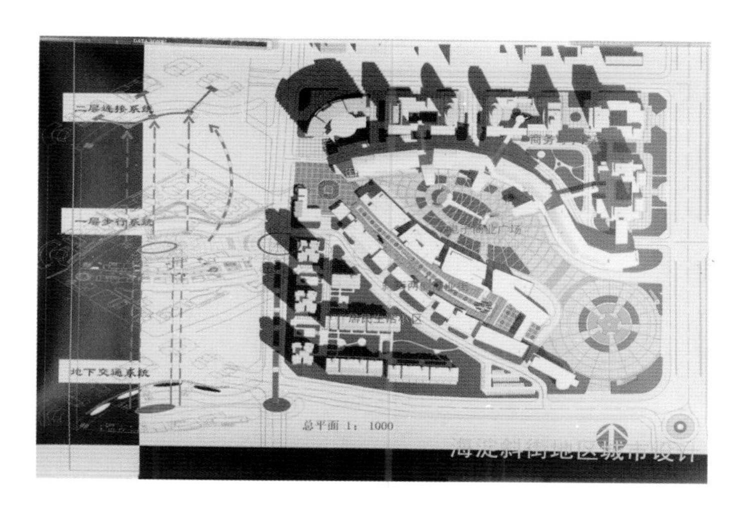

- 科、休、贸三位一体，住宅组团提供居住生活环境
- 开放性电子商业广场与地段历史保留斜街相得益彰，形成海淀区活跃的商业区
- “引入”式广场创造城市积极开放空间；以步行为主的交通方式提高环境质量

汇通祠周边环境设计

学校　清华大学
分类　城市设计
学生　王世伟、周凤龙、梁嘉耀、梁竞豪(四年级)
指导教师　边兰春

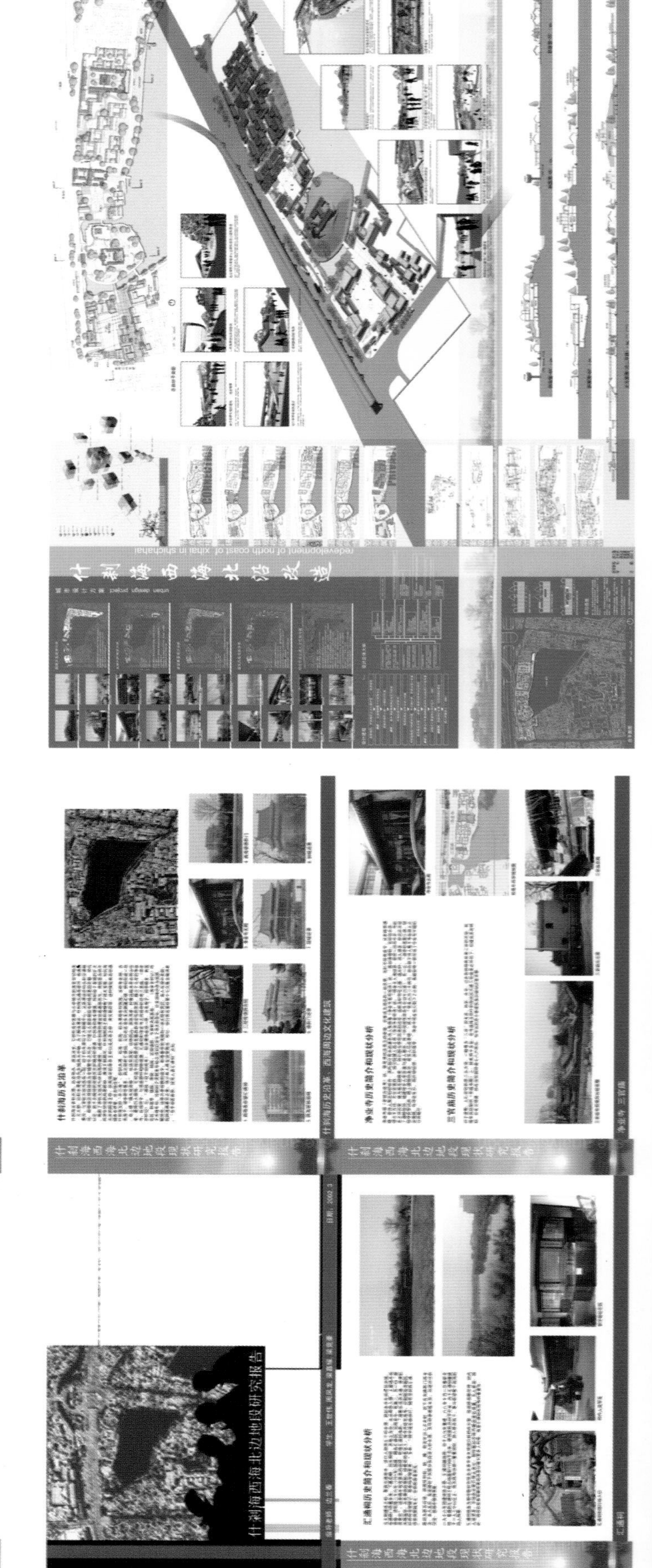

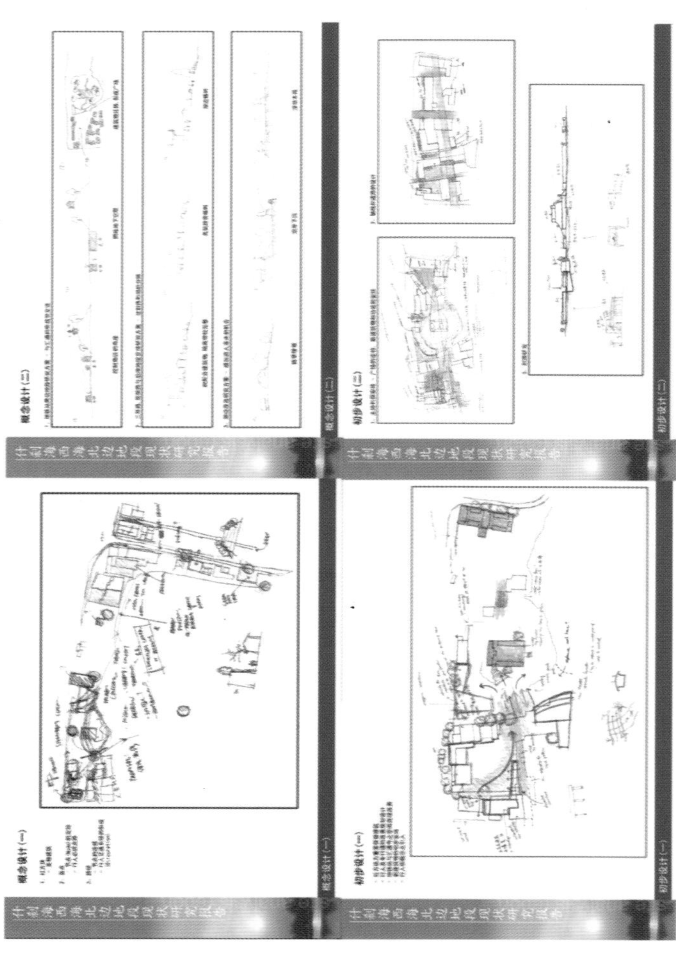

前海东沿环境设计

学校　清华大学

分类　城市设计

学生　程　露、张　颖、施建文、黄文熙(四年级)

指导教师　边兰春

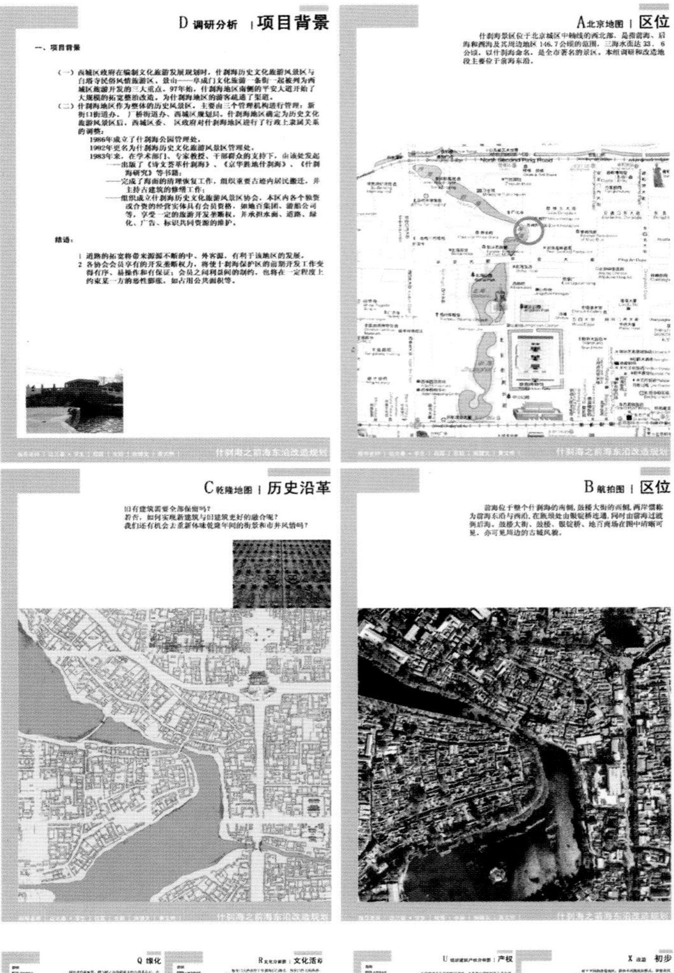

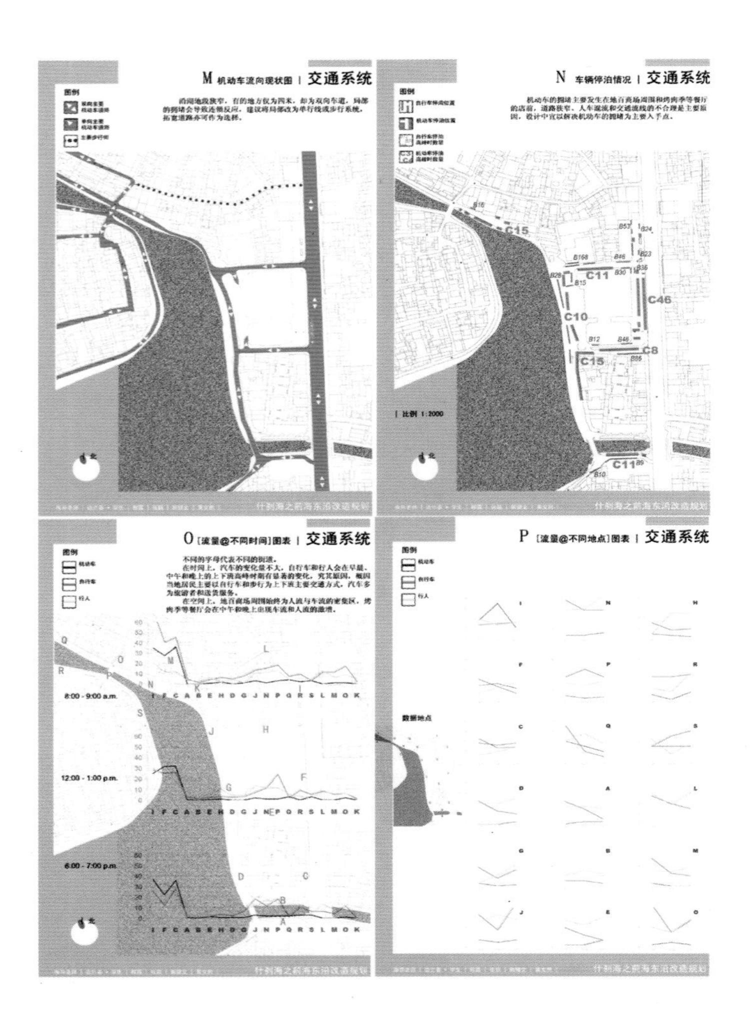

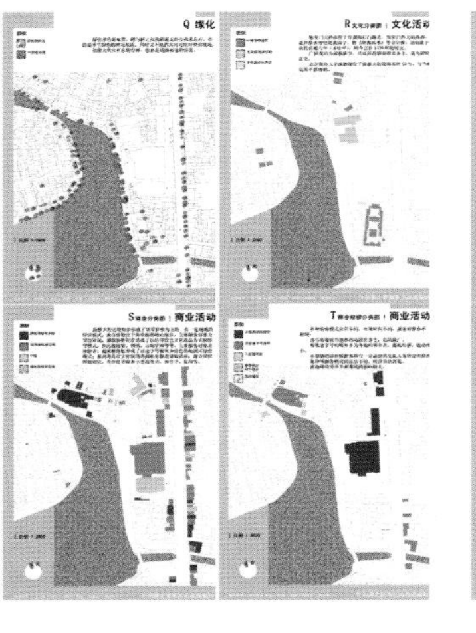

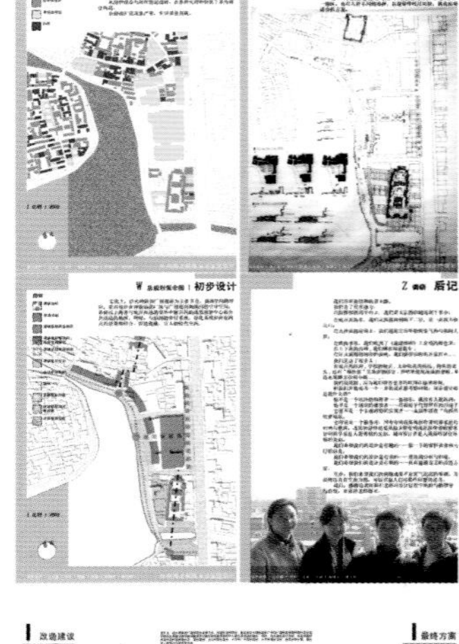

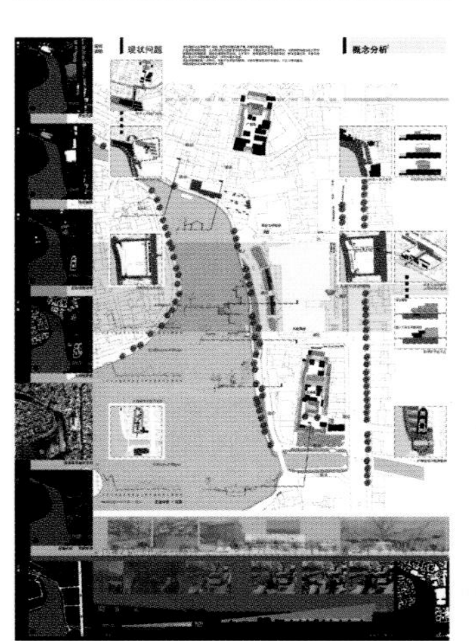

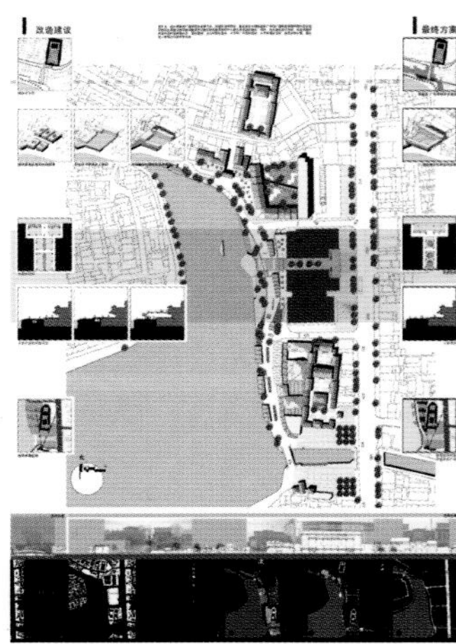

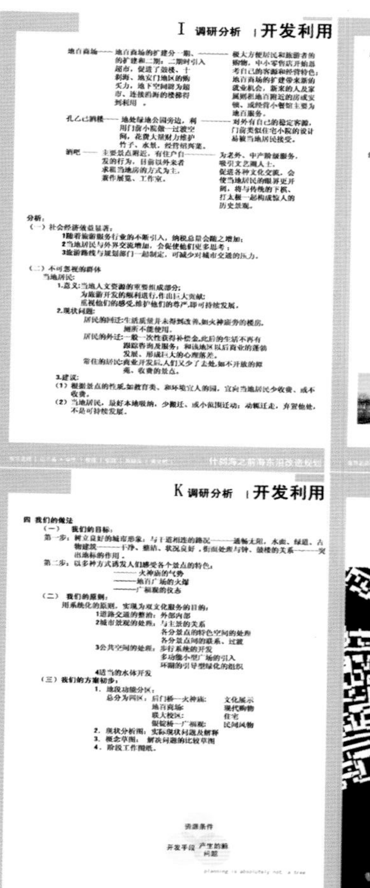
I 调研分析 开发利用
K 调研分析 开发利用

J 调研分析 开发利用
L 图底

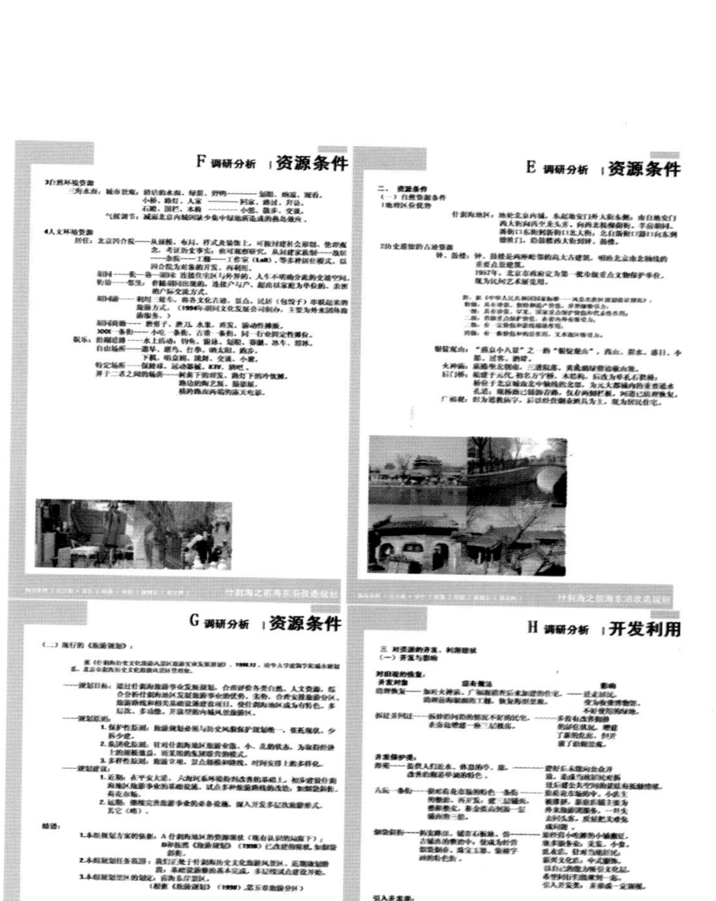
F 调研分析 资源条件
E 调研分析 资源条件
G 调研分析 资源条件
H 调研分析 开发利用

西什库教堂地区改造规划

学校 清华大学

分类 城市设计

学生 连 娜、徐蕾蕾、梁 良、张 维(四年级)

指导教师 刘 宛

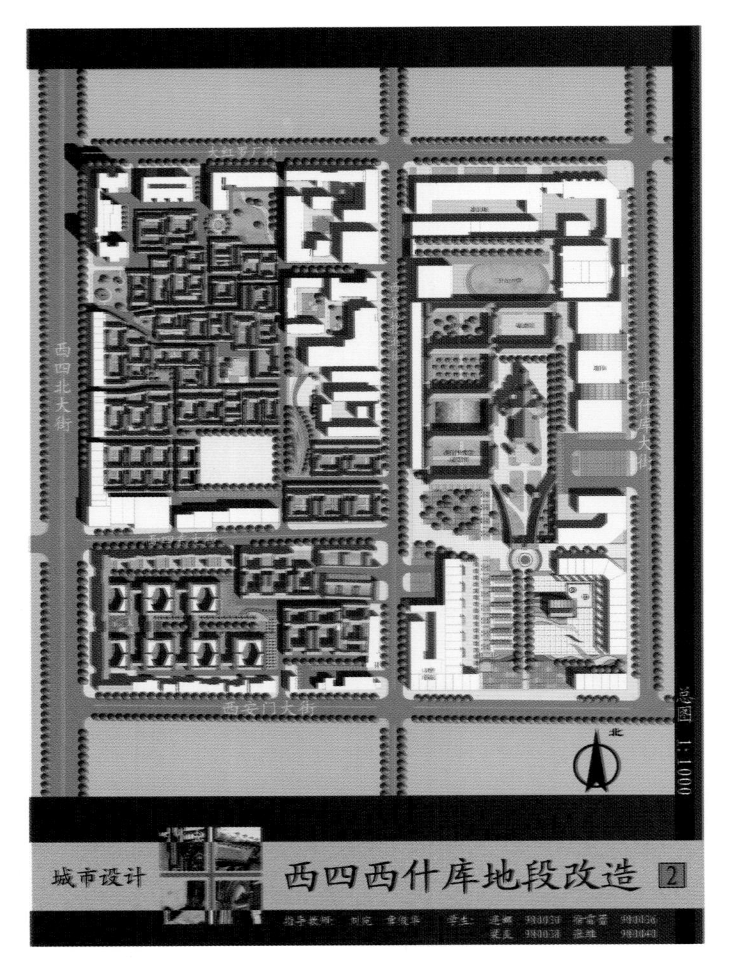

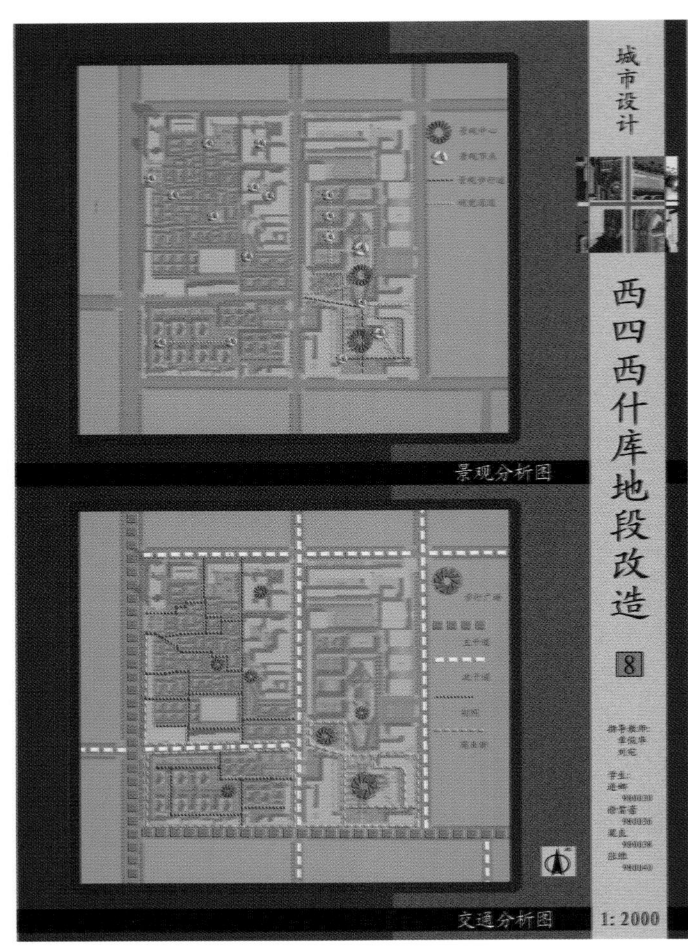

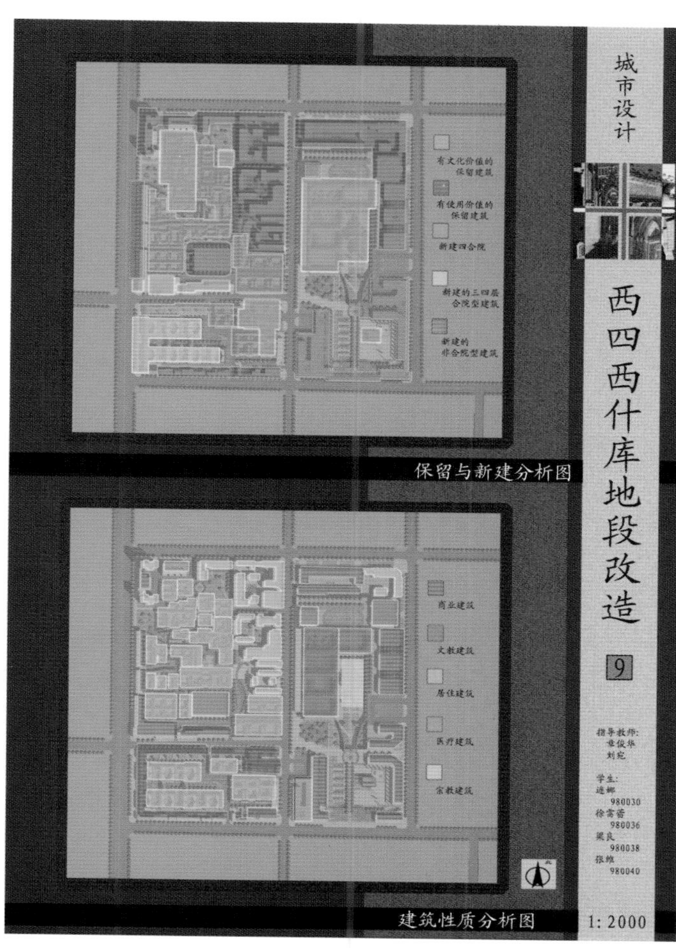
城市设计
西四西什库地段改造
有文化价值的保留建筑
有使用价值的保留建筑
新建四合院
新建的三四层合院型建筑
新建的综合院型建筑
保留与新建分析图
商业建筑
文教建筑
居住建筑
医疗建筑
宗教建筑
9
指导教师: 章俊华 刘宛
学生: 逄卿 980030 徐雷蕾 980036 梁良 980038 张维 980040
建筑性质分析图
1:2000

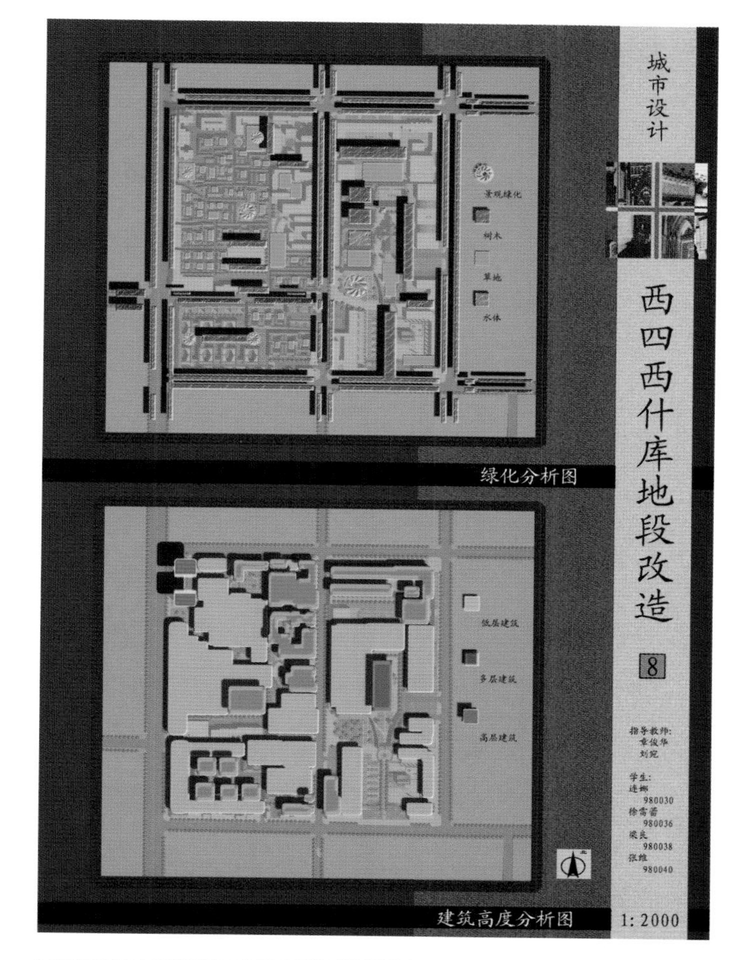
城市设计
西四西什库地段改造
景观绿化
树木
草地
水体
绿化分析图
低层建筑
多层建筑
高层建筑
8
指导教师: 章俊华 刘宛
学生: 逄卿 980030 徐雷蕾 980036 梁良 980038 张维 980040
建筑高度分析图
1:2000

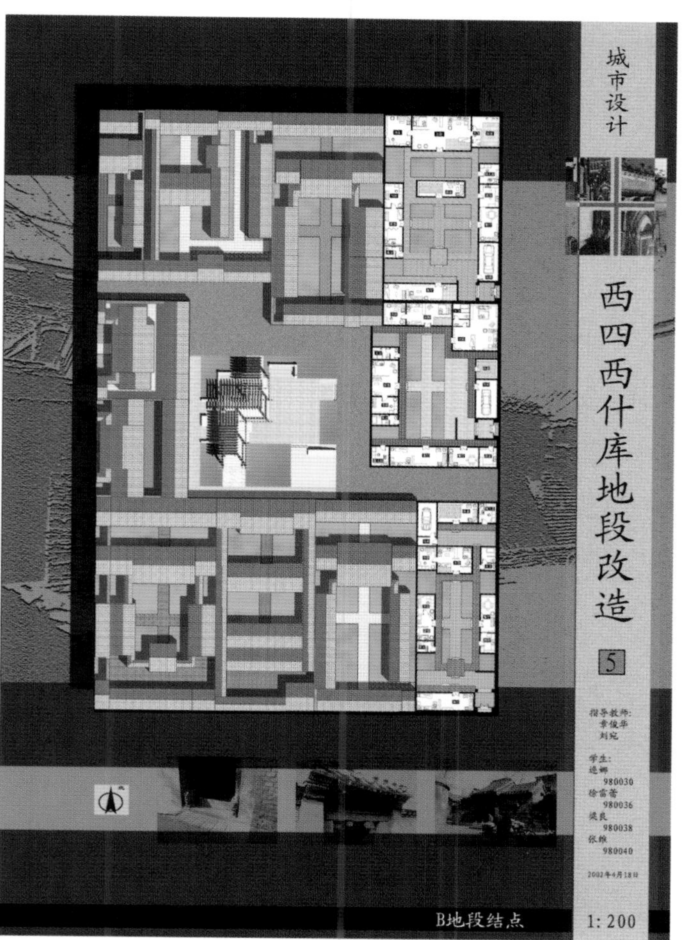
城市设计
西四西什库地段改造
5
指导教师: 章俊华 刘宛
学生: 逄卿 980030 徐雷蕾 980036 梁良 980038 张维 980040
B地段结点
1:200

城市设计
西四西什库地段改造
A点透视
B点透视
C点透视
D点透视
E点透视
F点透视
11
指导教师: 刘宛 章俊华
学生: 逄卿 980030 徐雷蕾 980036 梁良 980038 张维 980040
广场景观透视

天津杨柳青城市设计

学校　清华大学

分类　城市设计

学生　吴　博、盛　况、王　盈（四年级）

指导教师　梁　伟

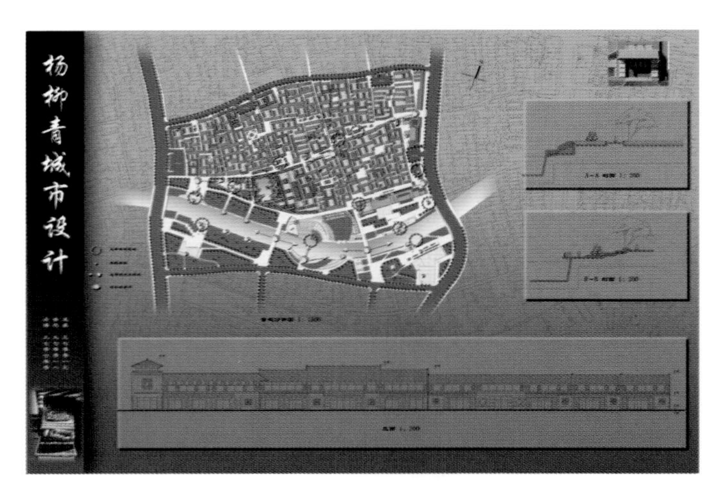

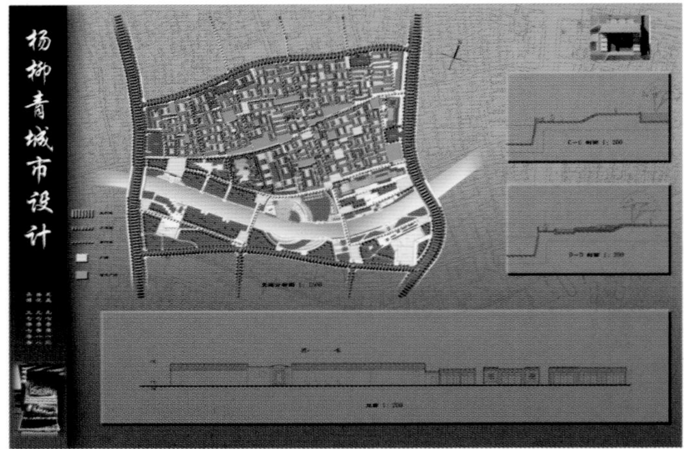

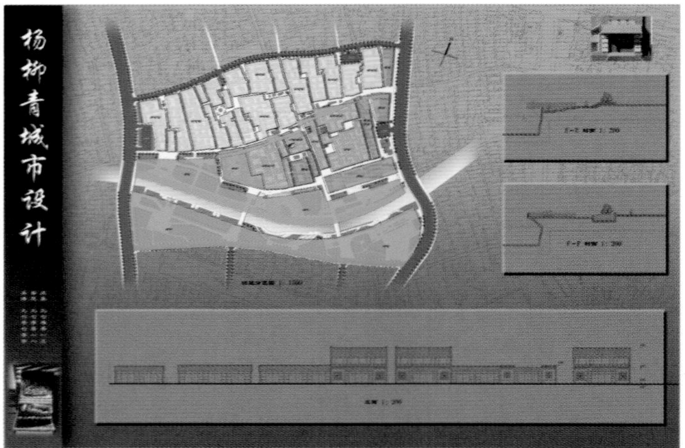

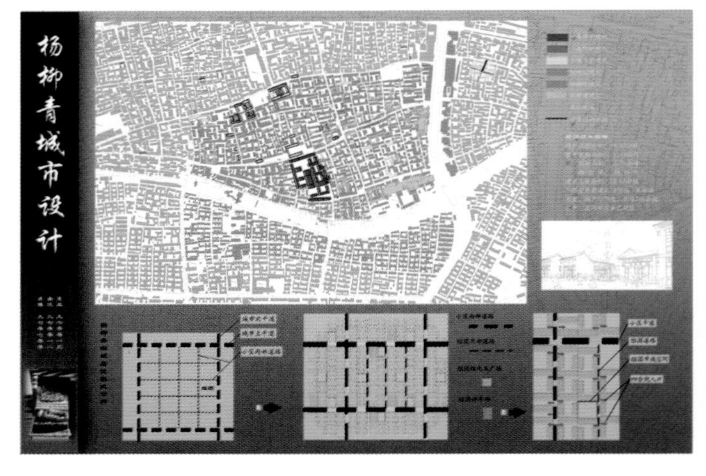

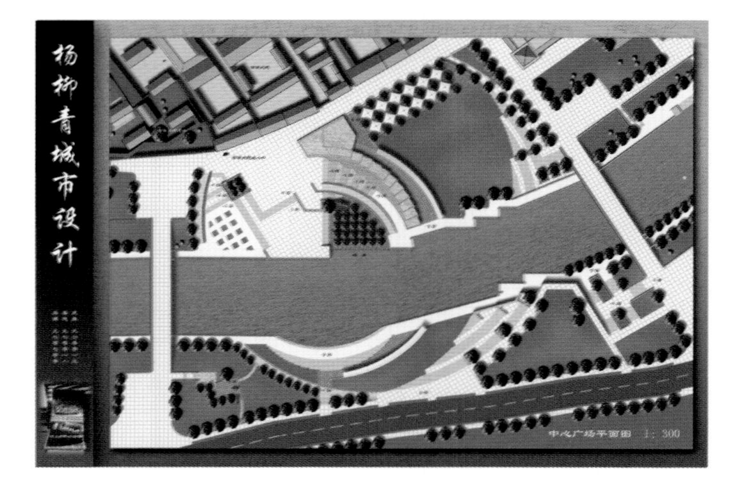

城市广场规划设计 –1

学校 山东建筑工程学院
分类 城市设计
学生 宋 伟(四年级)
指导教师 赵 健、崔东旭、吴 延

教师点评

广场平面采取富有标志性的三角形组合，打破了惯用的平面构图手法。广场主体空间和附属空间分布自然得体，绿化布置规整有序，主体建筑文化宫与广场的空间关系处理的较为自然，体现了较强的时代感和梁山城市风貌。

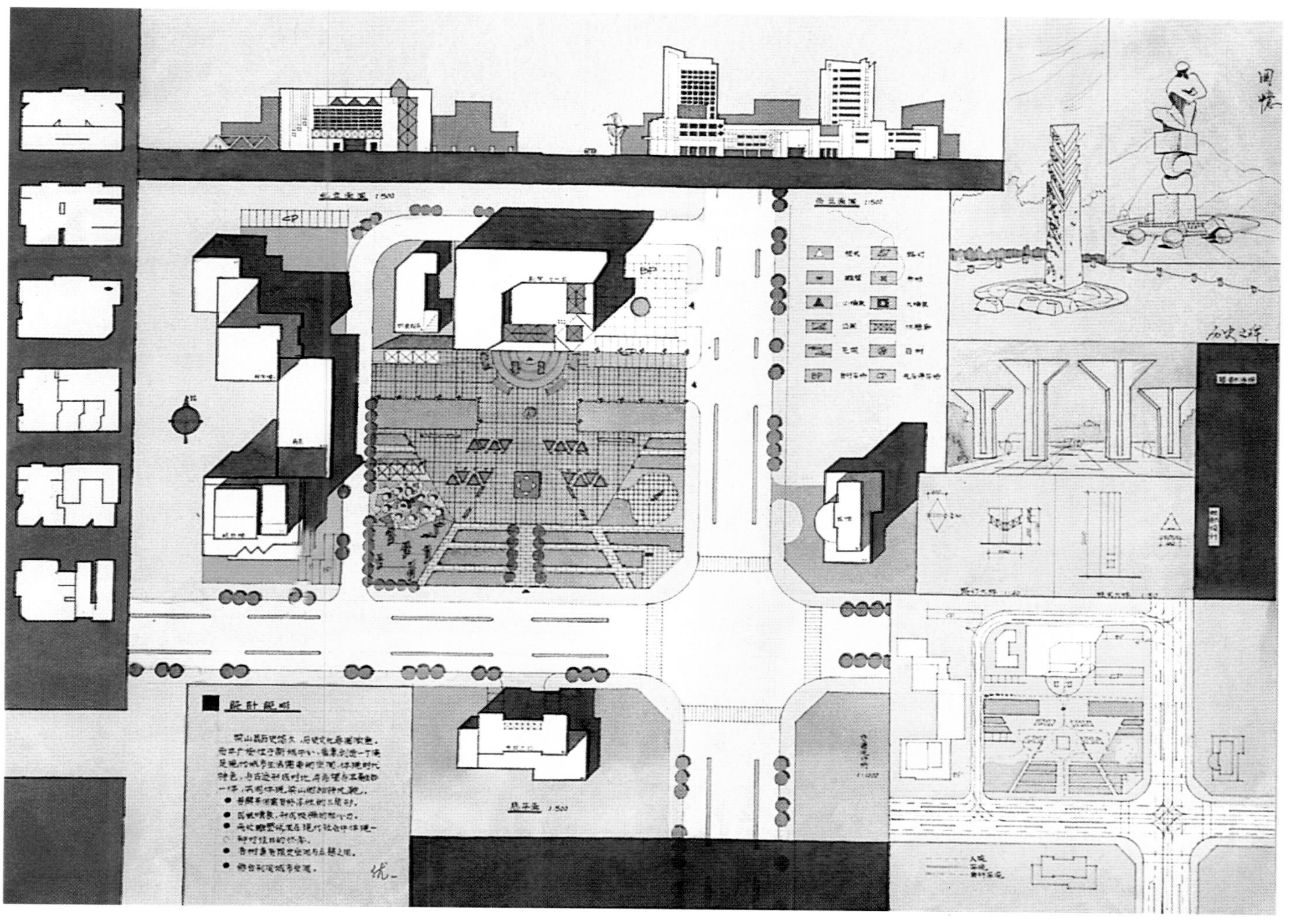

城市广场规划设计 -2

学校 山东建筑工程学院
分类 城市设计
学生 柴　琳（四年级）
指导教师 殷贵伦、崔东旭、于大中

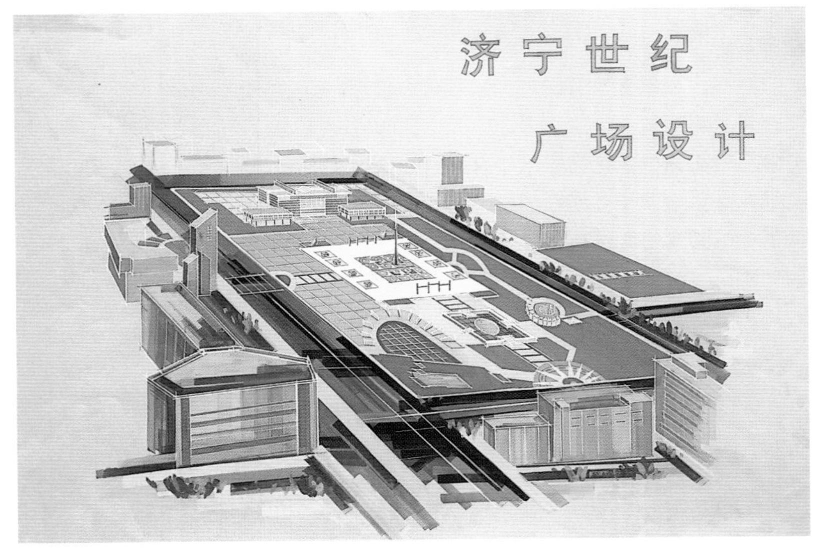

教师点评

该设计功能分区合理，空间的主次和功能安排协调统一，主要的广场建筑物和广场标志考虑到城市的观瞻效果。广场的细部处理较为深入，尺度把握也比较好，小环境能适合人的活动。设计中对场地形态的处理尚有一定的问题，场地之间的衔接也需做进一步处理。

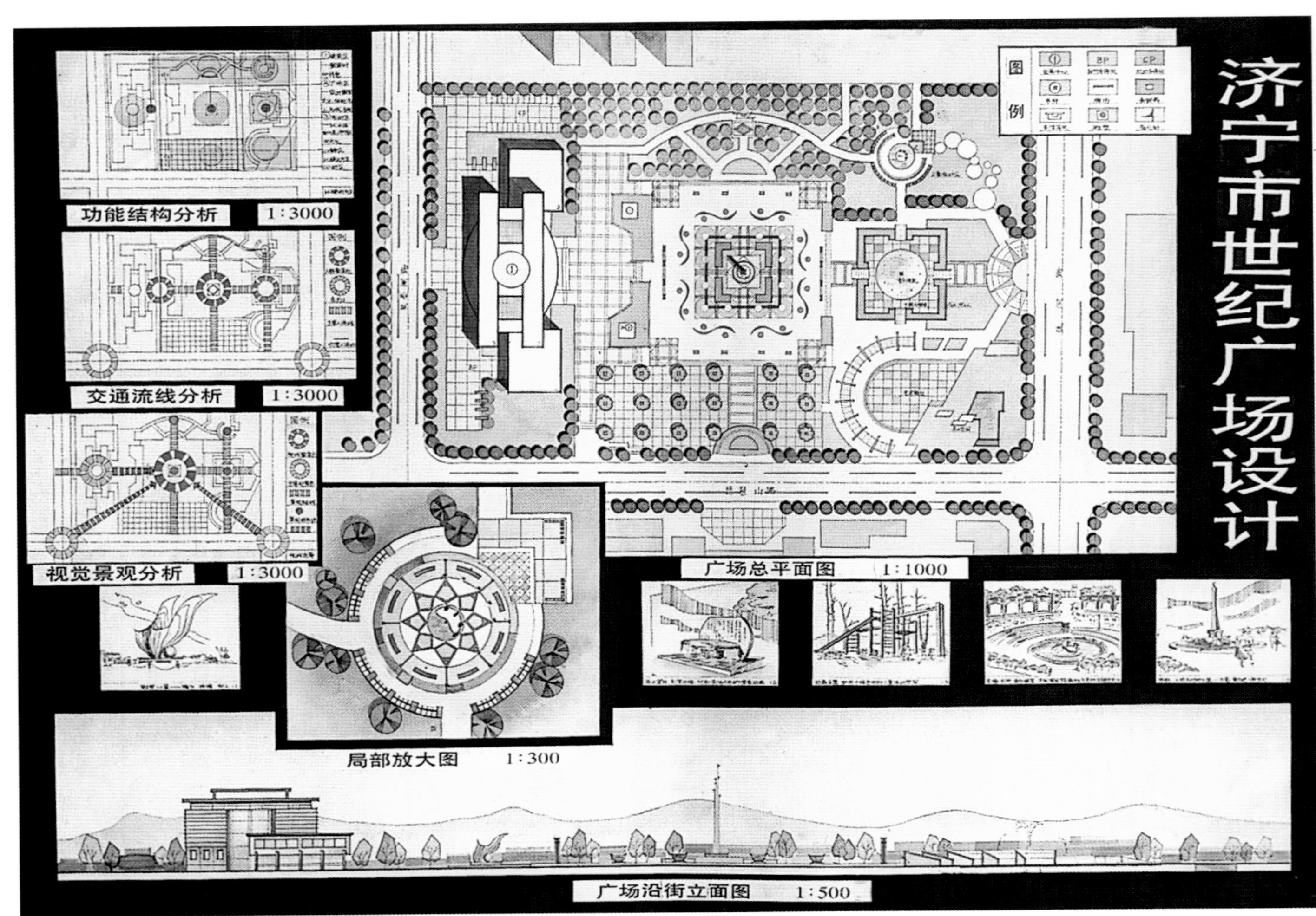

城市广场规划设计 -3

学校 山东建筑工程学院
分类 城市设计
学生 王昕慧(四年级)
指导教师 殷贵伦、崔东旭、于大中

教师点评

该设计构思新颖，充分考虑“新世纪”广场在城市中的标志性作用，能体现城市文化、会展功能，满足城市居民休憩娱乐的需求。空间安排上注意了层次和序列组织，能注意到景观点和观赏者之间的关系，交通组织和人流分析也基本合理。对广场上植物的景观、遮荫作用考虑还有欠缺，希望在今后的设计中引起注意。

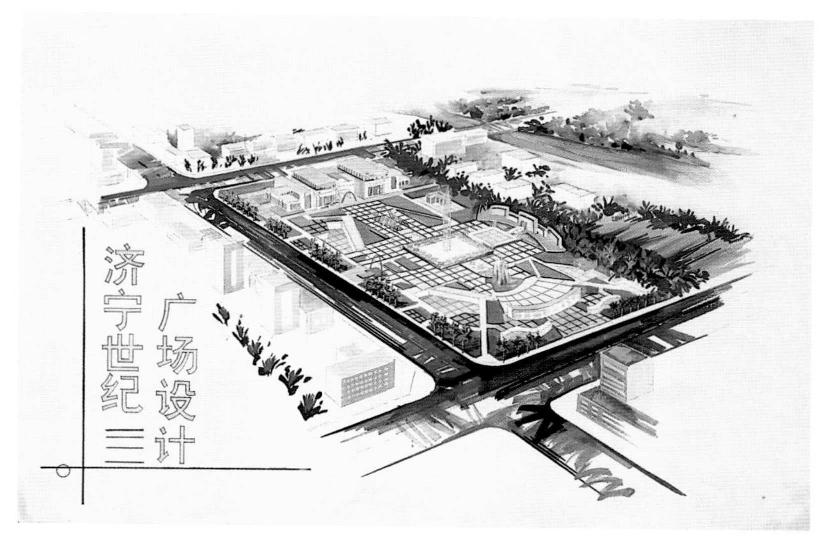

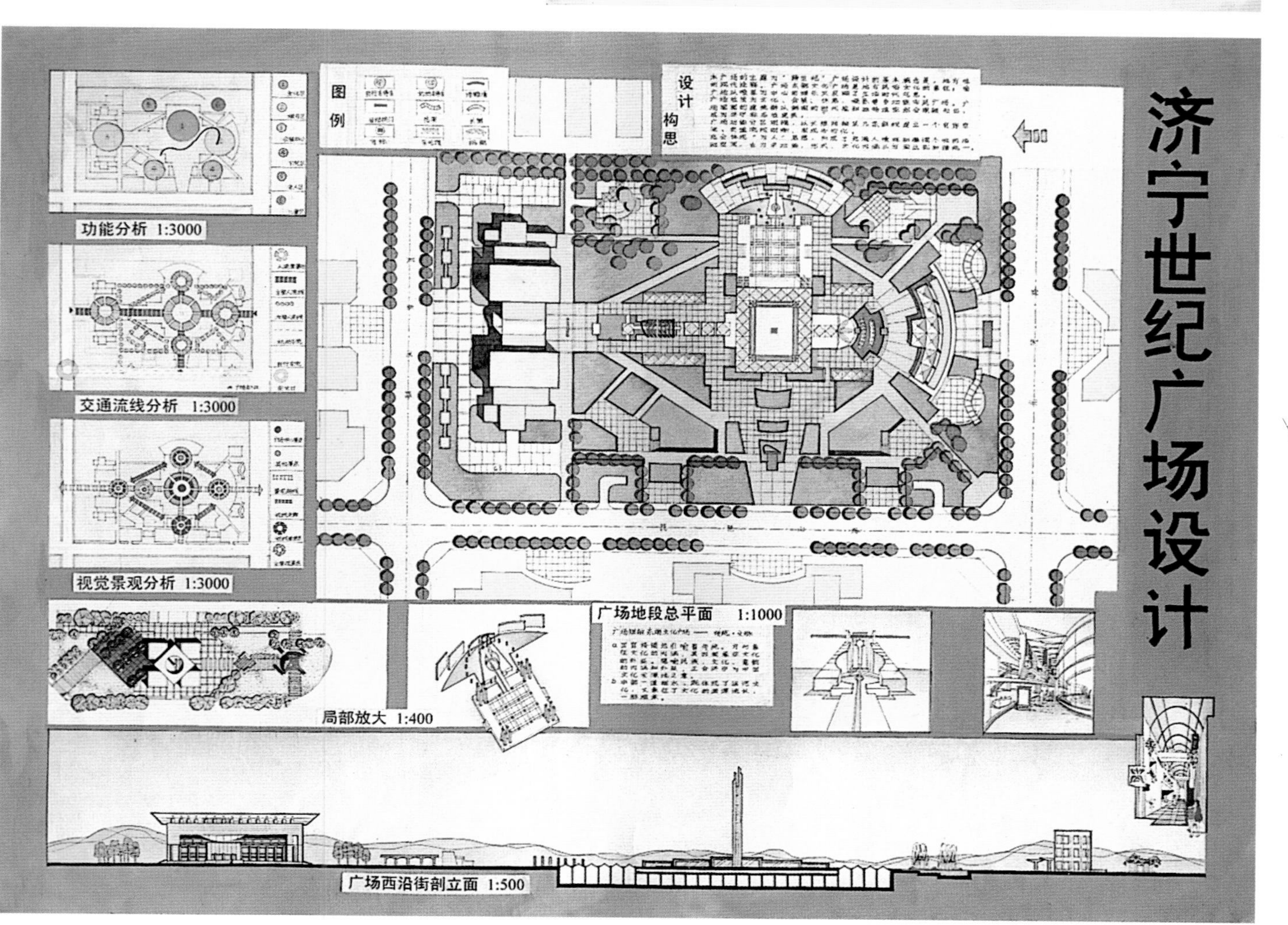

城市广场规划设计－4

学校 山东建筑工程学院
分类 城市设计
学生 南 真（四年级）
指导教师 李志宏、于大中

教师点评

该方案构思灵活有新意，充分考虑了广场的功能与标志性作用。空间塑造主次分明、开阖有致，序列性、层次性强。细部空间处理及功能组织符合市民的使用、观赏及交往需求。交通组织中对车流、人流、停车的考虑也较合理。绿化种植设计较深入，注重怡人小环境的塑造。

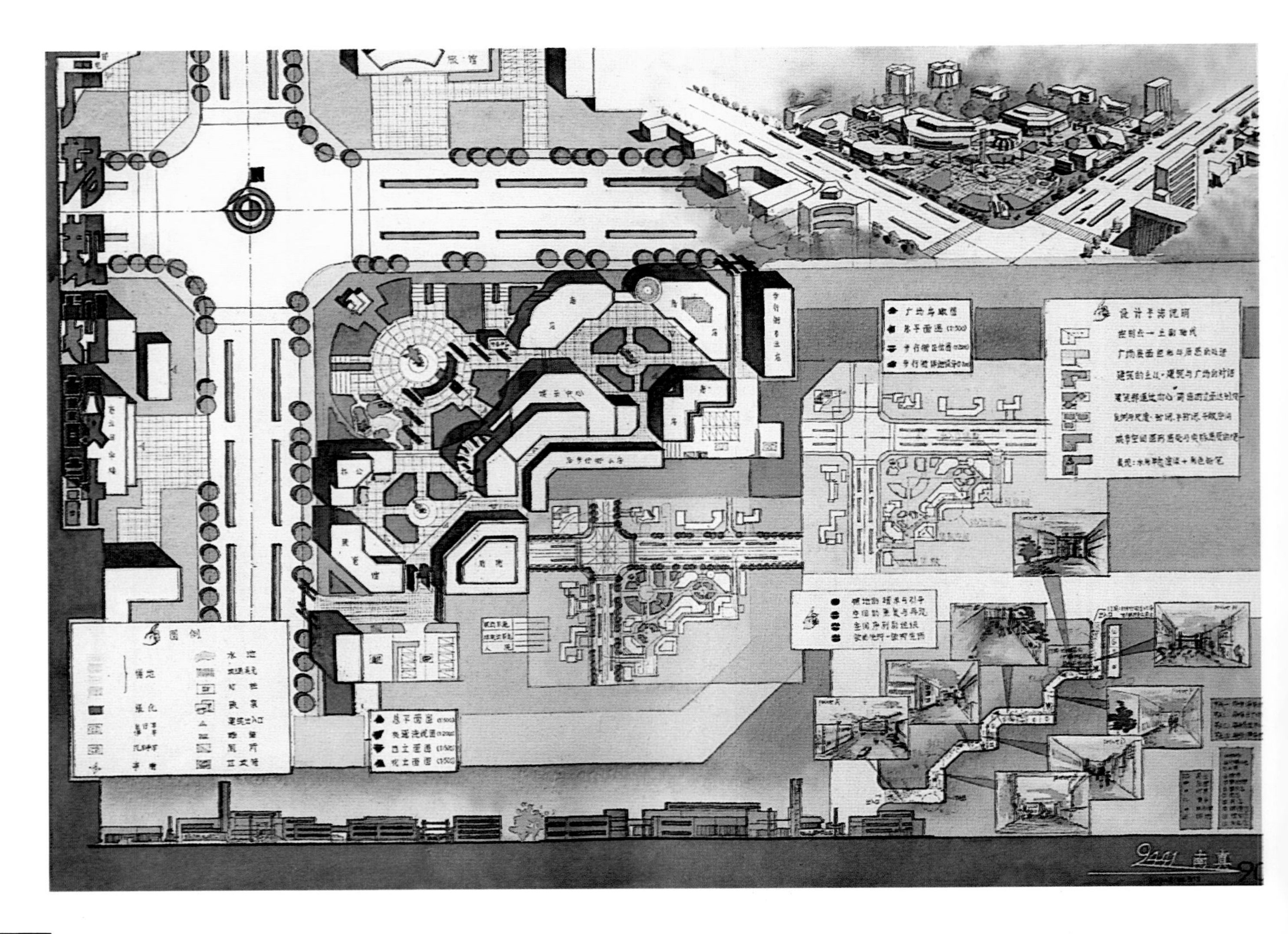

城市广场规划设计－5

学校 山东建筑工程学院
分类 城市设计
学生 戚常庆(四年级)
指导教师 赵 健、崔东旭、吴 延

教师点评

广场规划采取轴线对称布局手法，中心感较强，简洁实用。为打破广场的对称布局，对广场平面采取不同台地的处理手法，形成三个不同功能性质的活动场所，丰富了广场的空间层次和活动内容。广场平面构图仍不够活泼，广场东侧界面不够完整。

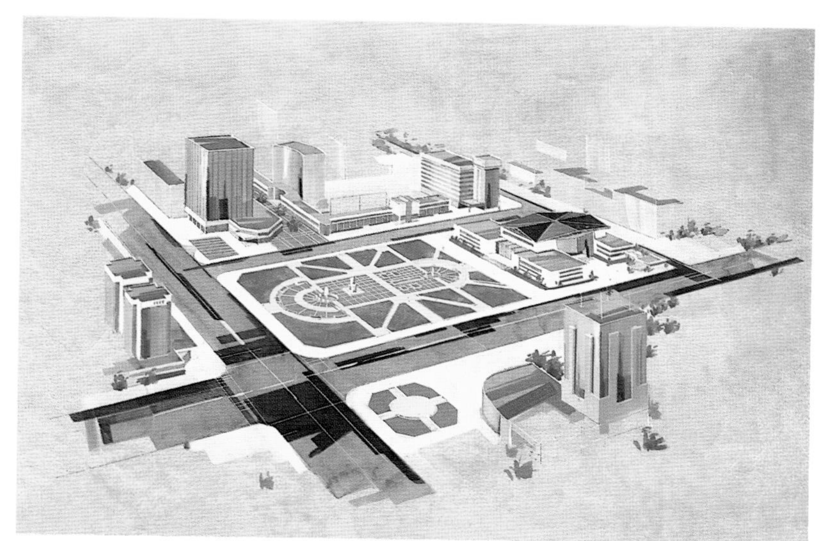

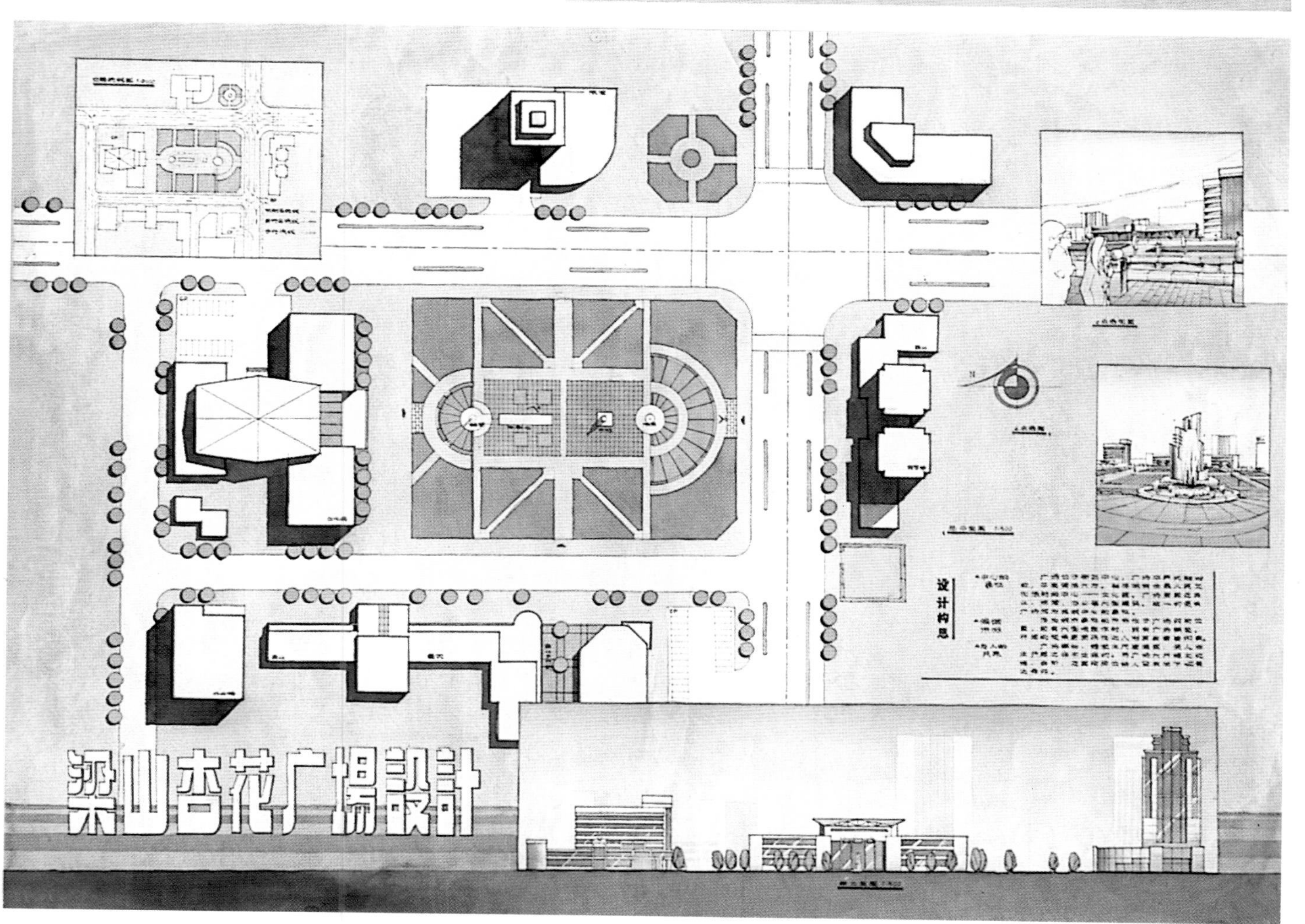

城市广场规划设计－6

学校　山东建筑工程学院
分类　城市设计
学生　王艳玲（四年级）
指导教师　殷贵伦、崔东旭、于大中

教师点评

该设计形态和空间的划分均较适宜，广场南北向的景观组织比较丰富，空间的主次关系恰当。会展中心与前面的广场取得了较好的呼应。对广场中局部环境设计比较深入。在交通方面，人流、车流组织与广场功能分区结合尚可，但车行出入口与地下车库的出入口对城市道路有一定的干扰。

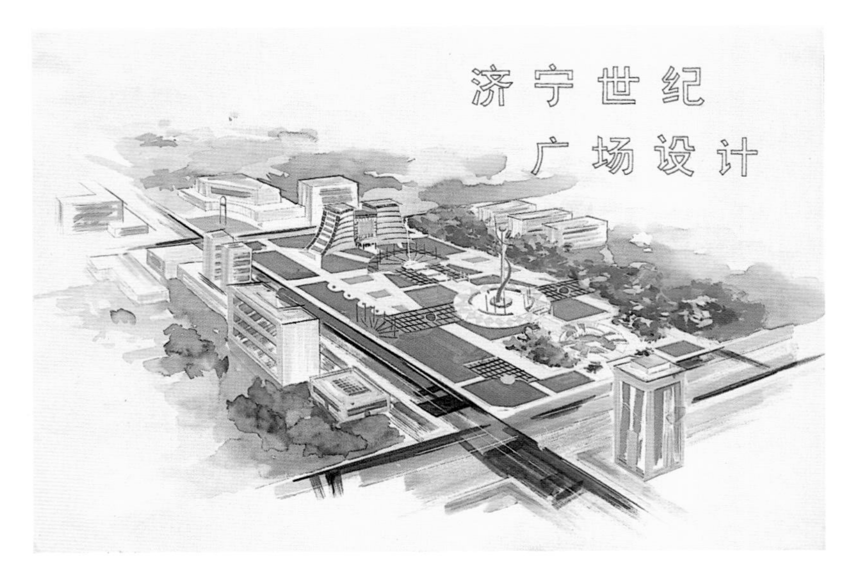

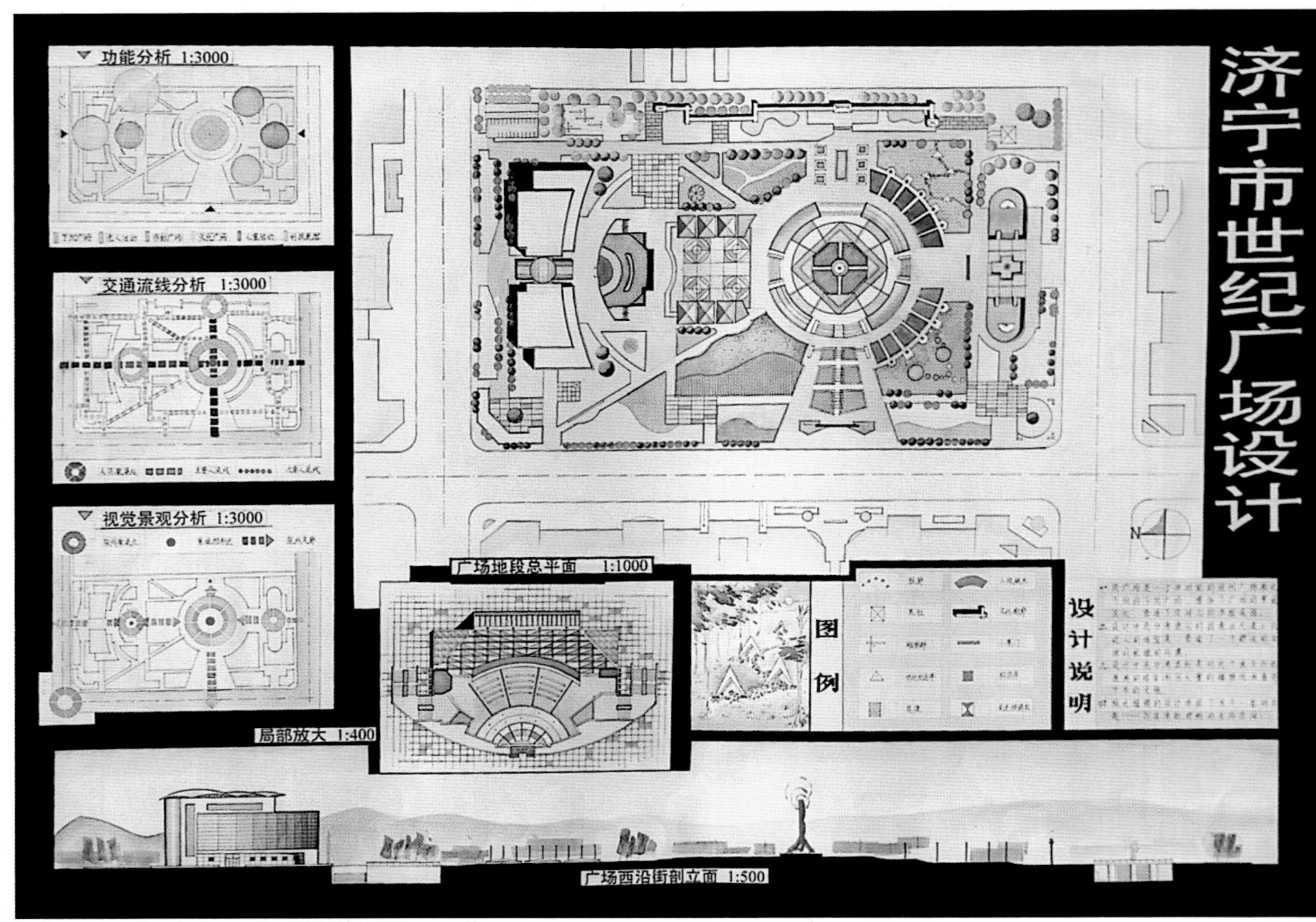

城市广场规划设计 -7

学校 山东建筑工程学院
分类 城市设计
学生 庞庆林(四年级)
指导教师 李志宏、于大中

教师点评

该方案对场地设计的理解有一定深度，广场的空间组织与建筑（娱乐中心及高层办公楼）及城市道路交叉口保持了较好的空间关系。对地下空间的引导与利用有一定特色，较好地解决了人、车交通组织。广场保持了适度的绿化面积和喷泉叠水，为改善广场的生态环境起到了良好的作用。

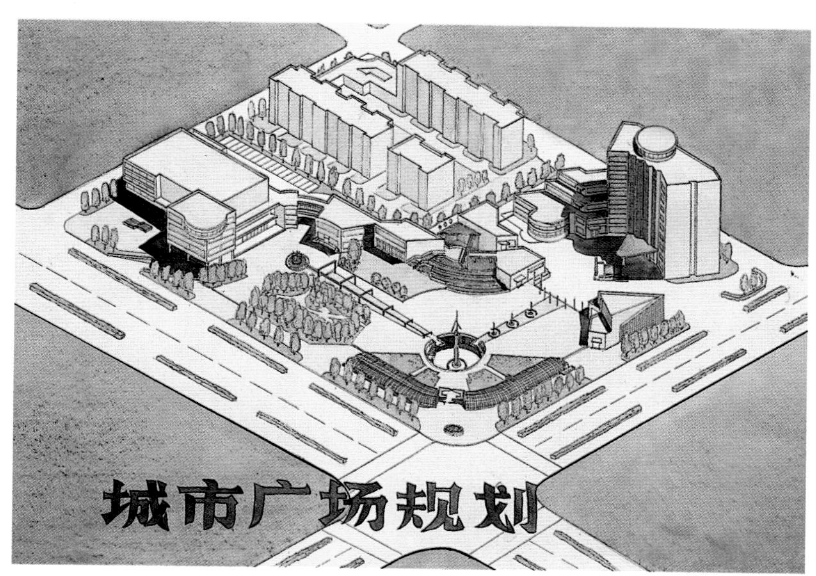

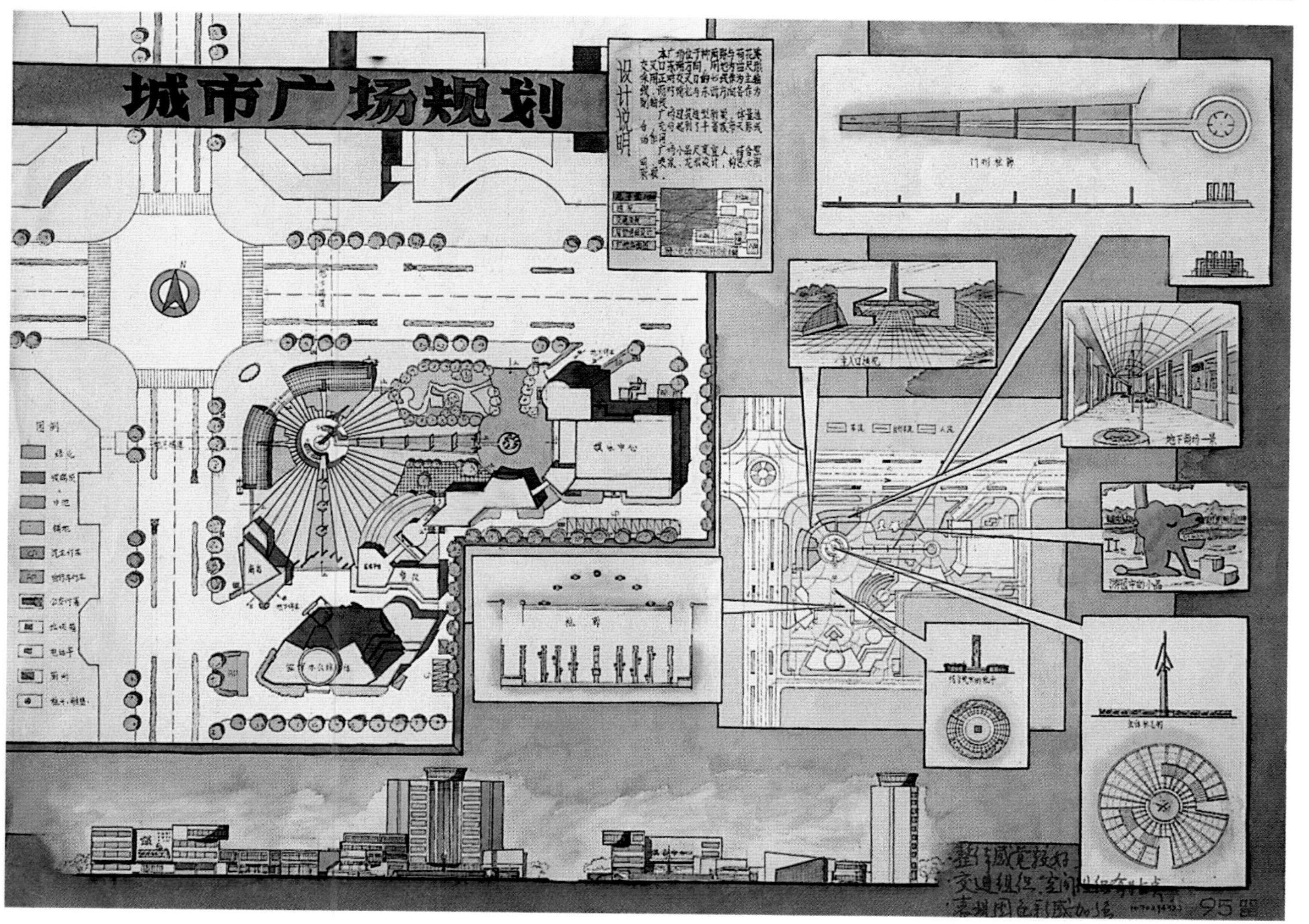

城市广场规划设计 -8

学校 山东建筑工程学院
分类 城市设计
学生 耿 斌（四年级）
指导教师 殷贵伦、崔东旭、于大中

教师点评

广场主体建筑和主体空间处理有气魄，相互之间的关系也较为恰当，主广场的空间围合与竖向处理都较有新意。两端的下沉广场功能明确，尺度适宜，对沿城市主路的绿化景观也有一定的考虑。空间层次略显单调，小尺度怡人空间的塑造不够细致是该设计的缺点。

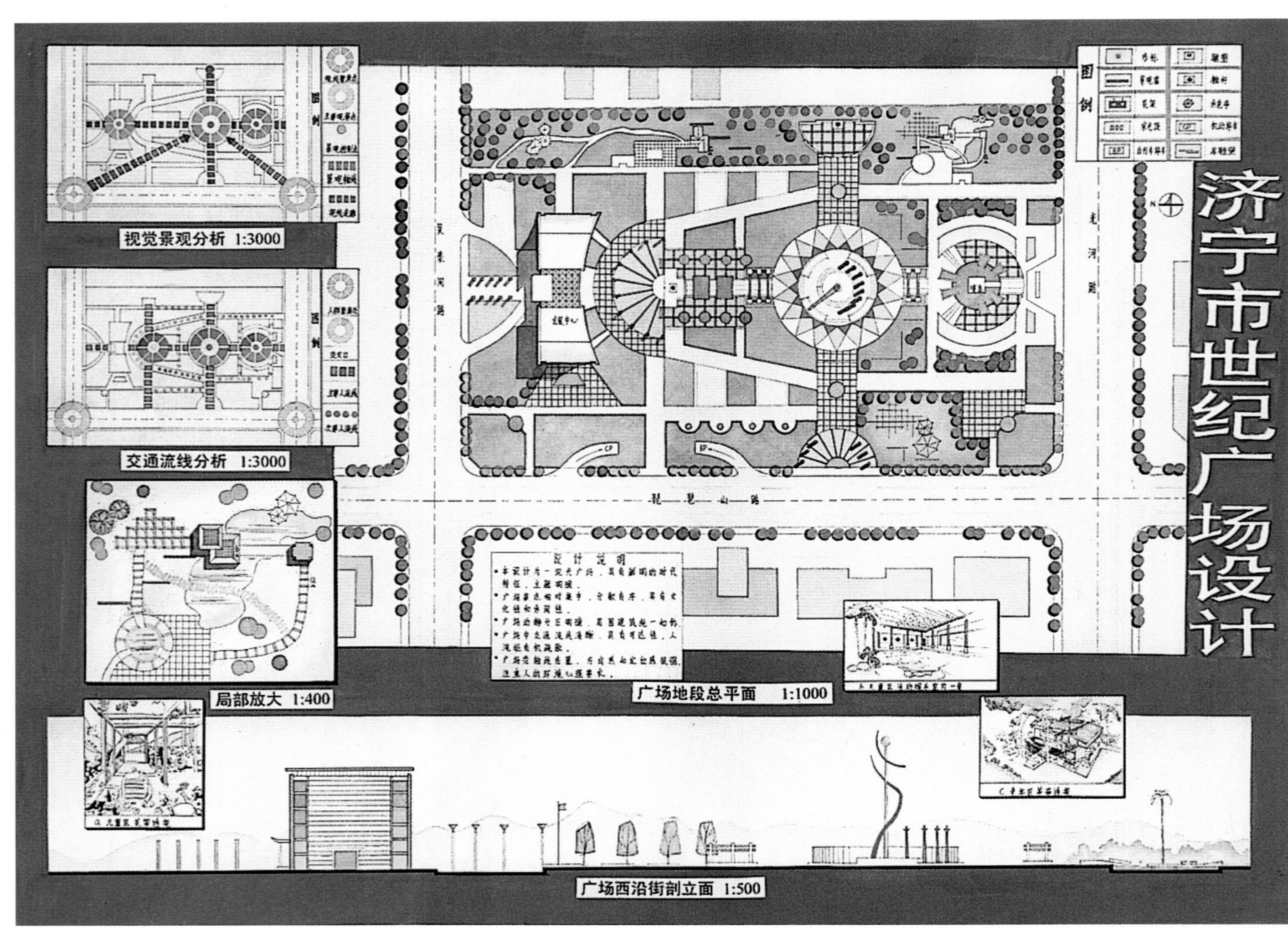

城市广场规划设计 -9

学校 山东建筑工程学院
分类 城市设计
学生 杨 帆(四年级)
指导教师 阎 整、崔东旭

教师点评

方案设计思路清晰，功能分区明确，空间尺度适宜，交通组织合理。沿基地西侧布置大面积绿化隔离带有效地阻隔了城市主干道的废气、噪声污染，为广场营造出良好的环境氛围。场地细部设计较好，但图面的表达尚感不足。

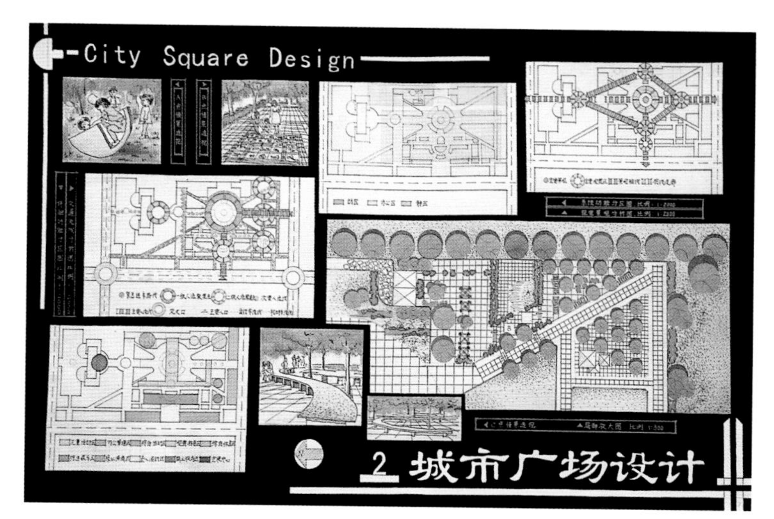

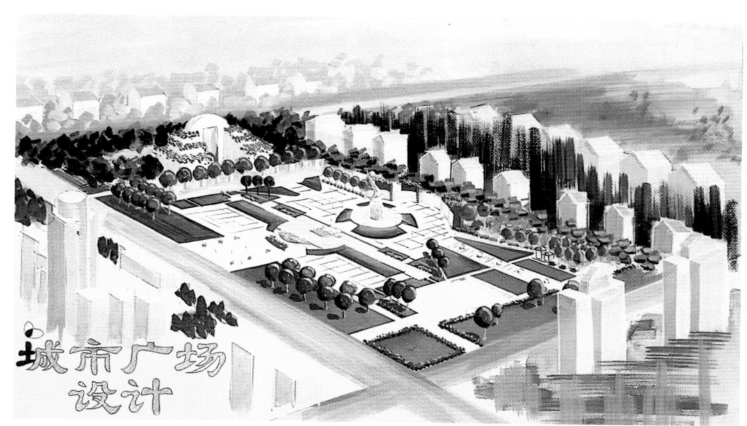

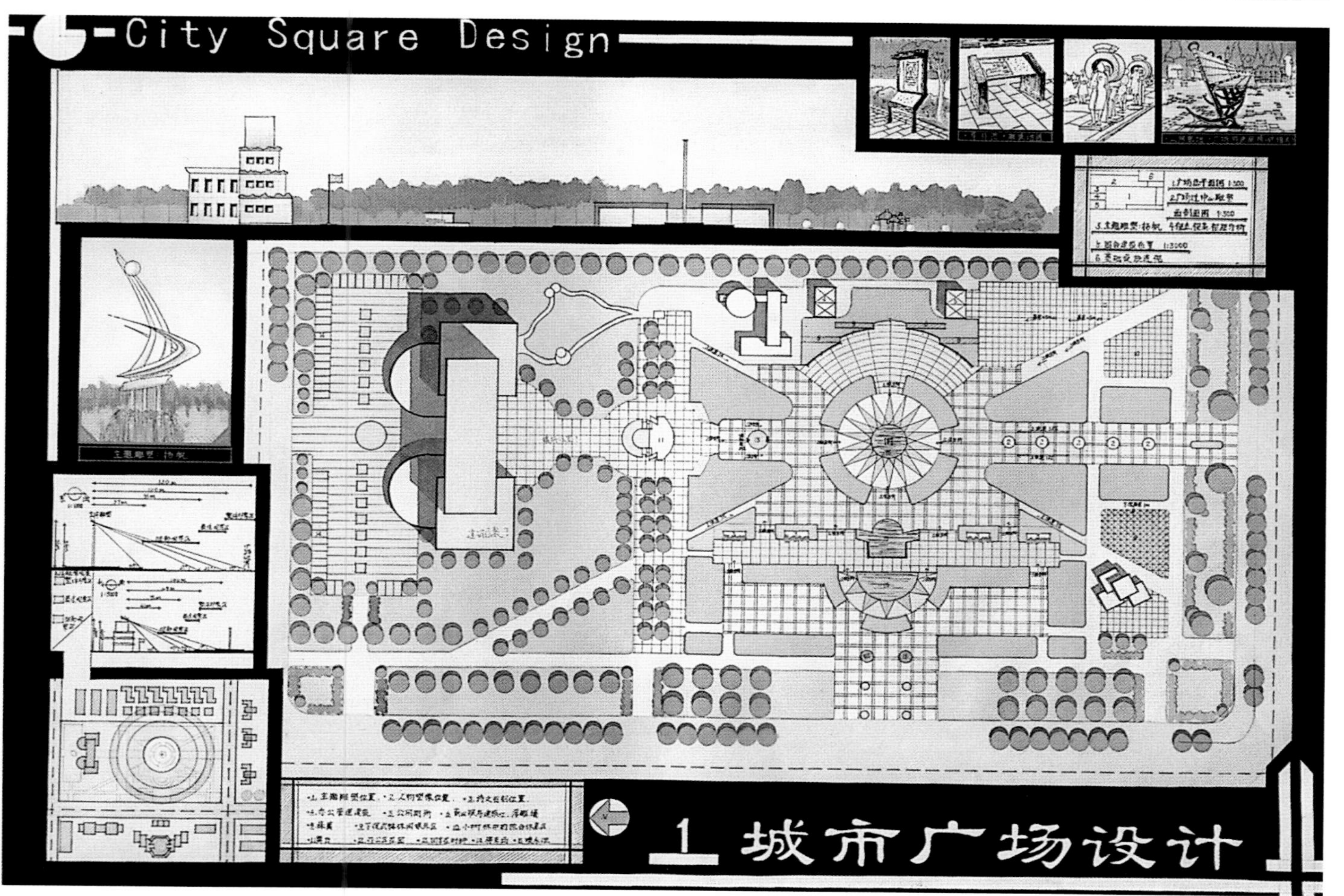

蒙阴县垛庄镇总体规划

学校 山东建筑工程学院
分类 城市总体规划
学生 四年级
指导教师 阎 整、张军民

教师点评

垛庄镇位于山东省蒙阴县境内，因解放战争时期的孟良崮战役而闻名于世。规划确定其城镇性质为：以副食品加工、商业贸易和综合服务为重点的小城镇。规划期末全镇总人口为3.8万，镇驻地人口为0.5万。

规划在全县乡镇多指标比较的基础上，研究垛庄镇的地位与作用；在各村庄比较的基础上，确定了中心村的数量和空间布局；采用门槛分析的方法，做出自然、给水、排水、交通4个门槛和综合门槛，为城镇用地向北、向东发展提供科学依据。结合济南临沂公路的升级改造，规划将过境公路迁至蒙河北岸，并适当抬高道路标高，兼作城镇防洪堤，采用井字形的镇区道路骨架，并合理进行镇区用地布局。

该规划获建设部1988年沿海六省市村镇规划优秀奖。

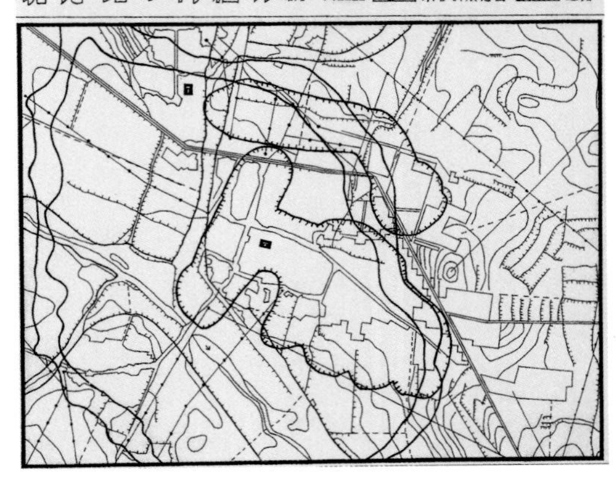

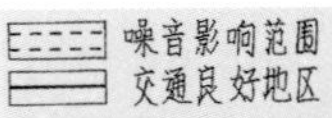

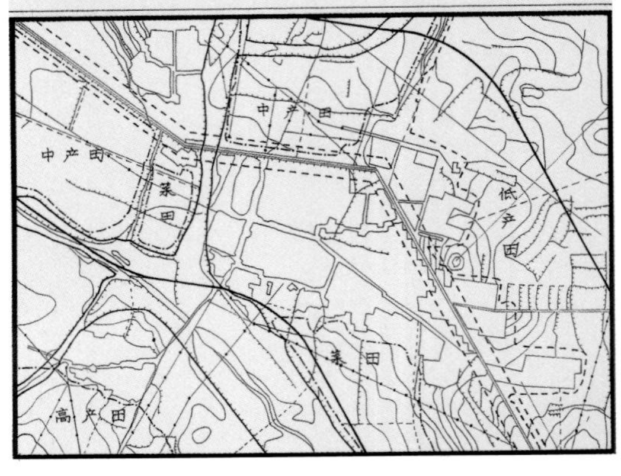

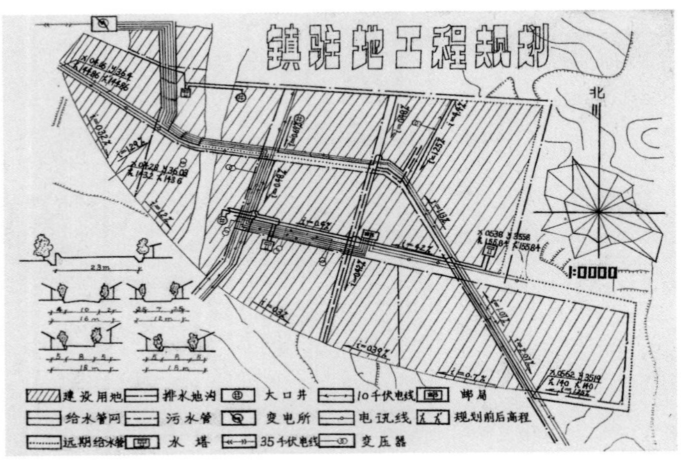

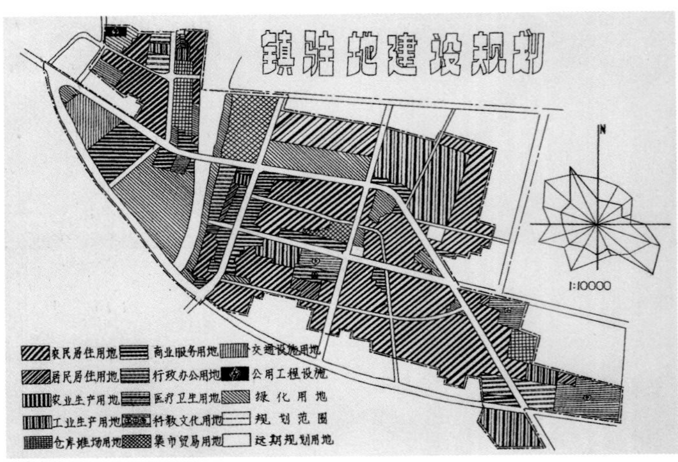

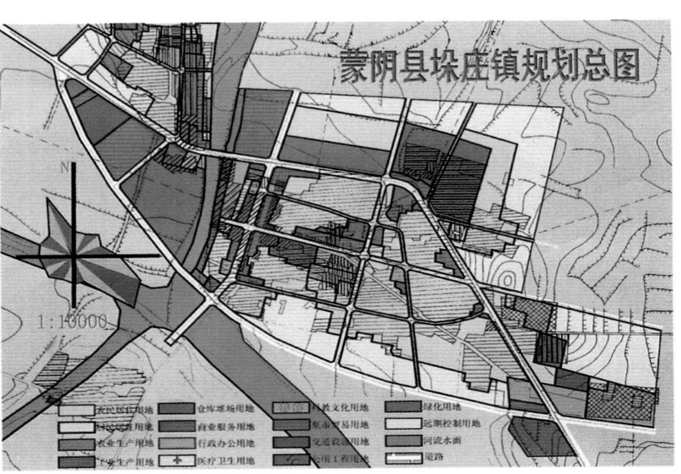

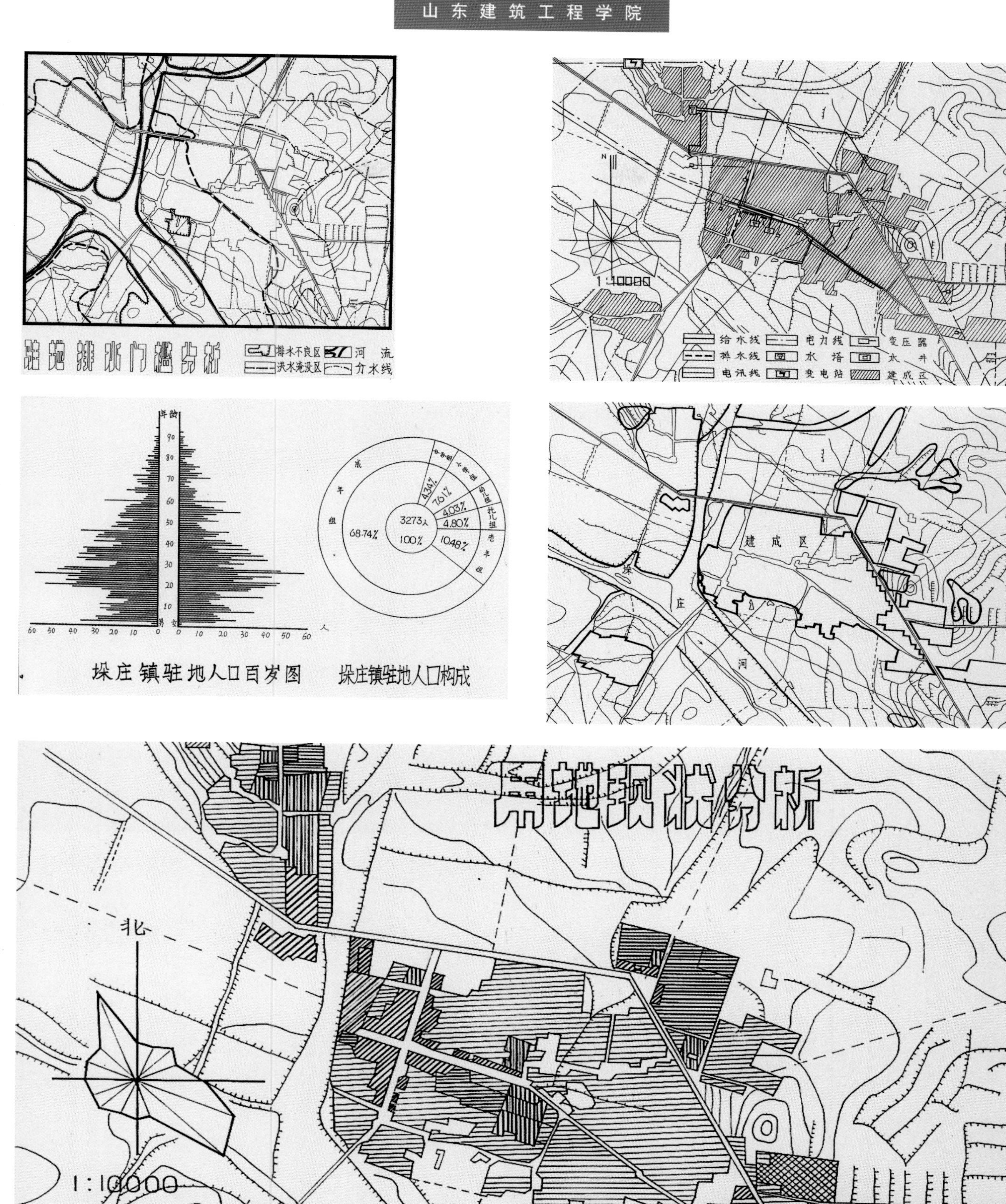
驻地排水门槛分析
排水不良区
河流
洪水淹没区
分水线
给水线
电力线
变压器
排水线
水塔
水井
电讯线
变电站
建成区
1:40000
垛庄镇驻地人口百岁图
垛庄镇驻地人口构成
3273人
100%
68.74%
4.34%
7.61%
4.03%
4.80%
10.48%
建成区
用地现状分析
北
1:10000
住宅用地
商业服务
工程设施
行政管理
集市贸易
其它用地
医疗卫生
工付业
道路用地
文体科教
仓库堆场
河流用地

泰安市山口镇总体规划

学校 山东建筑工程学院
分类 城市总体规划
学生 四年级
指导教师 孙 玉

教师点评

泰安市山口镇位于泰安市东北部，镇域北部为丘陵，中部和南部为平原。1999年底全镇人口5.1万，总面积57.57km²。镇驻地位于山口镇域南部，距泰安市城区约20km，现状常驻人口约1.8万，现状建成区面积约313hm²。

山口镇初步形成了以机械制造、纺织服装、造纸印刷、建筑建材、碳纤维及制品开发为主导工业的工业化生产体系，1999年全镇工业总产值达23.2亿元，已成为泰安市东部重要的工业城镇。

城镇性质：泰安市东部工业卫星城镇和区域中心城镇。

规模：镇驻地规划期末（2015年）人口6万，城镇建设用地7.11km²。

用地布局：规划结构为“三片、二轴、一区”，重点调整和布置工业用地，在驻地东部规划一个工业园区，以适应建设泰安市工业卫星镇的需要。

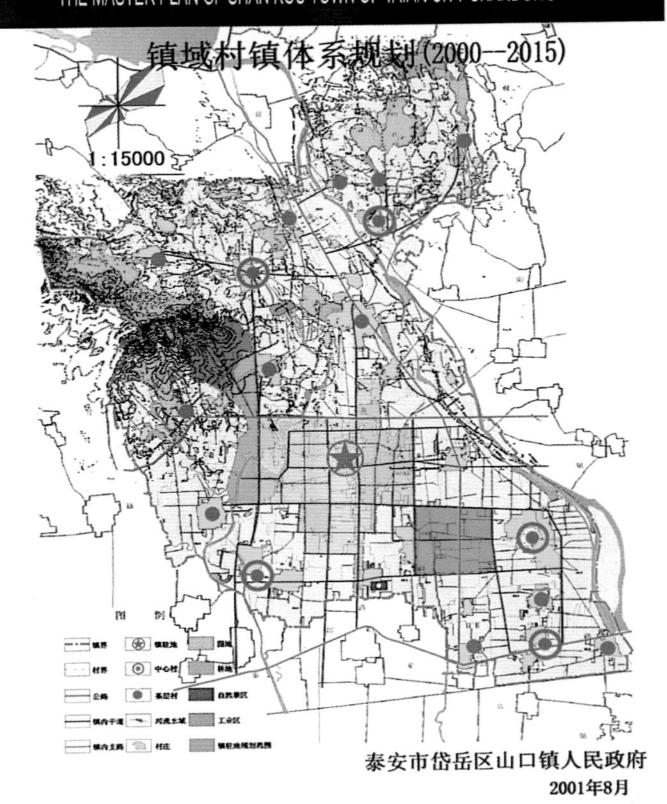

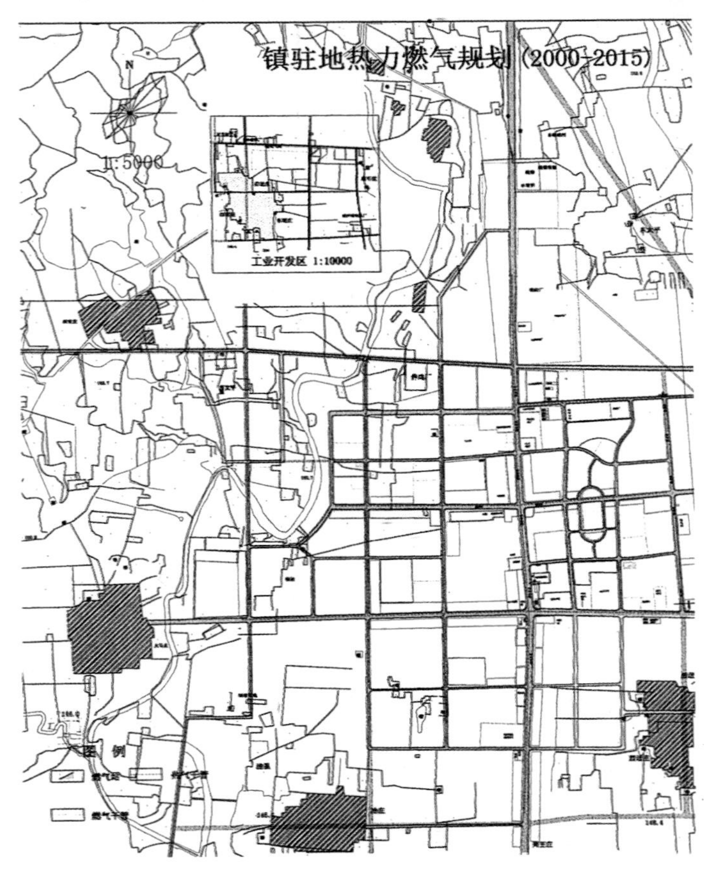

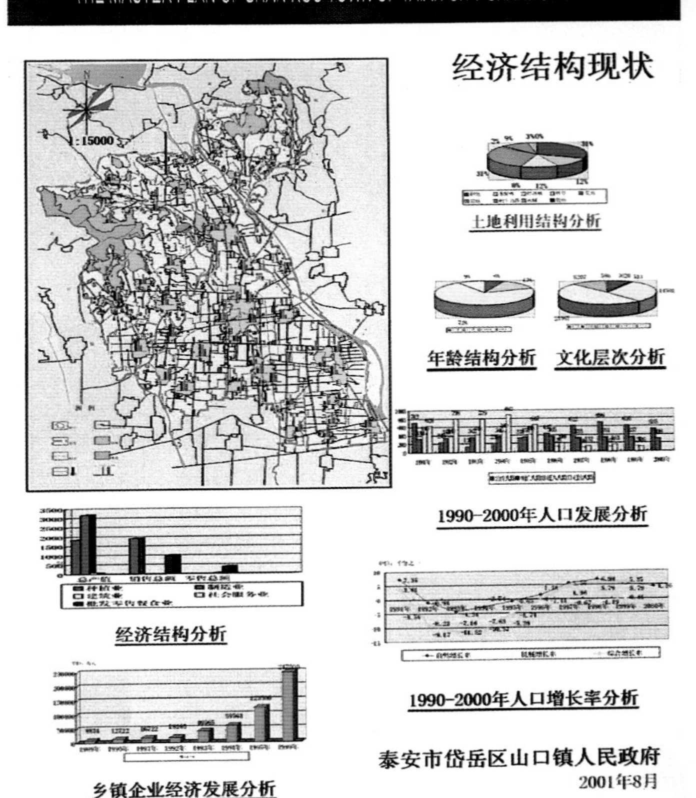

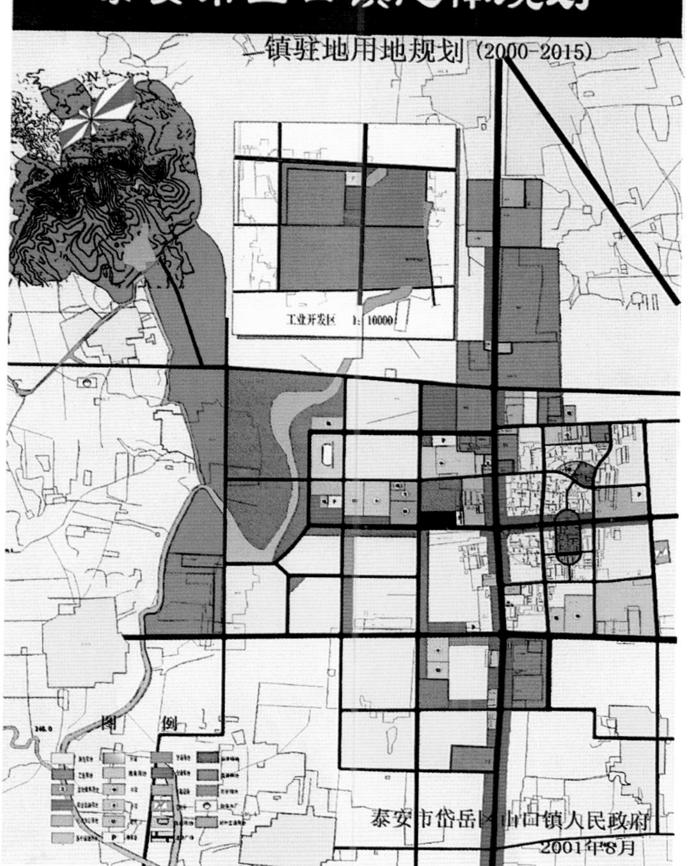
泰安市山口镇总体规划
镇驻地用地规划（2000-2015）
工业开发区 1：10000
图 例
泰安市岱岳区山口镇人民政府
2001年8月

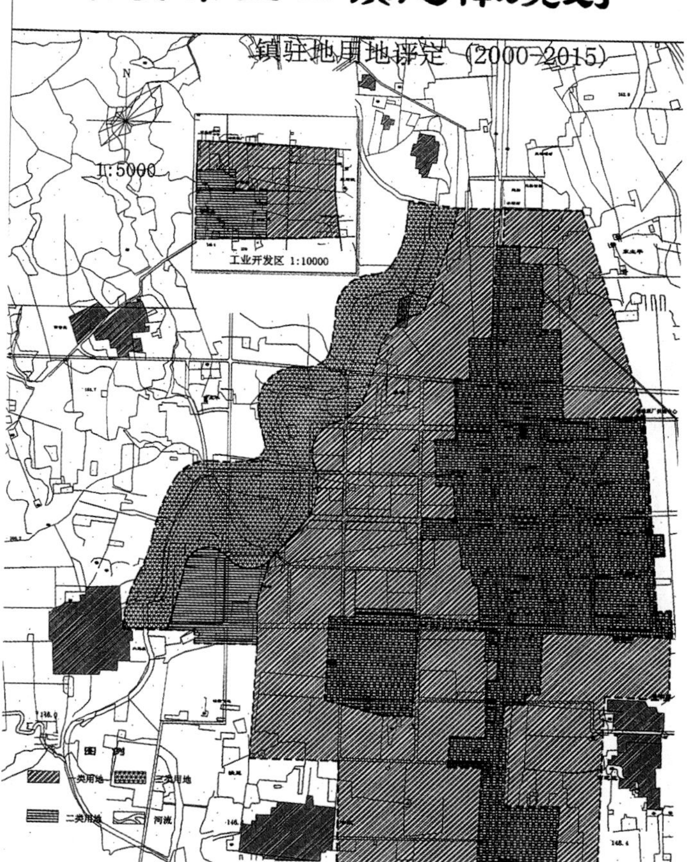
泰安市山口镇总体规划
镇驻地用地评定（2000-2015）
1:5000
工业开发区 1:10000
图 例
一类用地
三类用地
二类用地
河流

泰安市山口镇总体规划
镇驻地用地现状
N
1：5000
图 例
泰安市岱岳区山口镇人民政府
2001年8月

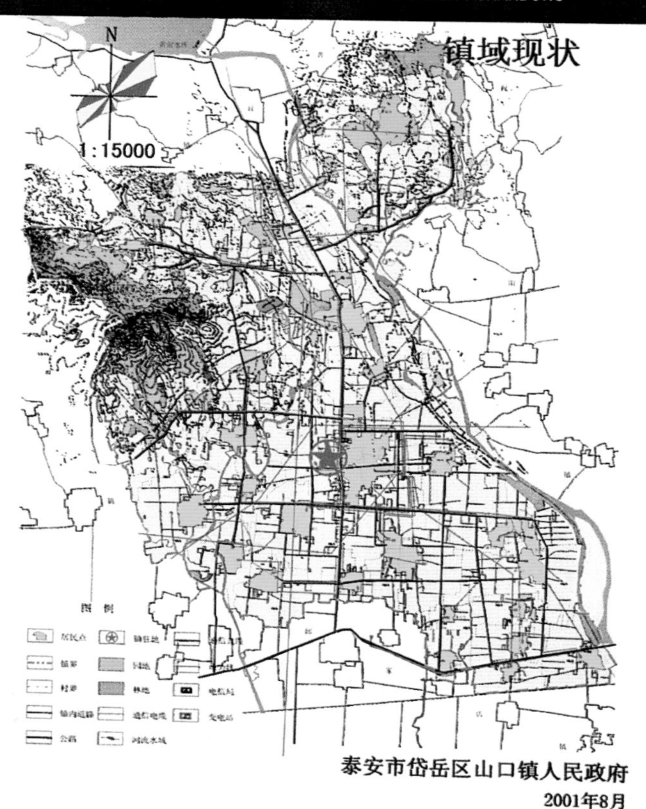
泰安市山口镇总体规划
THE MASTER PLAN OF SHAN KOU TOWN OF TAIAN CITY SHANDONG
镇域现状
N
1:15000
图例
泰安市岱岳区山口镇人民政府
2001年8月

青岛市王哥庄镇总体规划

学校 山东建筑工程学院
分类 城市总体规划
学生 四年级
指导教师 赵 健

教师点评

王哥庄镇位于青岛崂山区东北部，总面积141.5km²，总人口4.5万，有较长的海岸线和丰富的海洋资源，有优美的自然环境，是旅游观光和休闲度假的胜地。

其城市性质为崂山风景名胜区的旅游服务基地，以发展旅游观光和休闲度假为主的小城镇。城镇近期人口规模1.7万，用地规模183hm²，远期人口规模3万，用地规模312hm²。

规划主要特点是：城镇发展方向主要向北、东海滨方向发展。沿海滨主要发展旅游度假用地和海滨观光绿化用地。规划结构为“十字＋放射形”。南北景观轴规划有海滨公园，社区广场，中心广场，河滨公园等，意在构筑“山，海，城，河”有机融合的山水生态型小城镇。镇驻地西、南组织环路，以疏解东西中心大街的过境交通压力。工业组团布置在驻地东、西出入口附近。

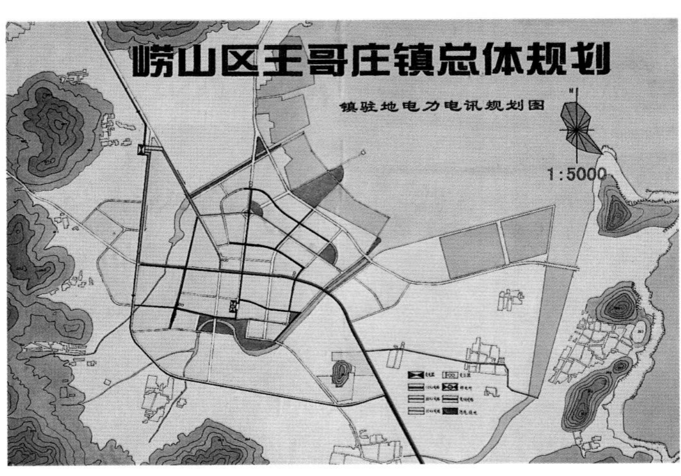

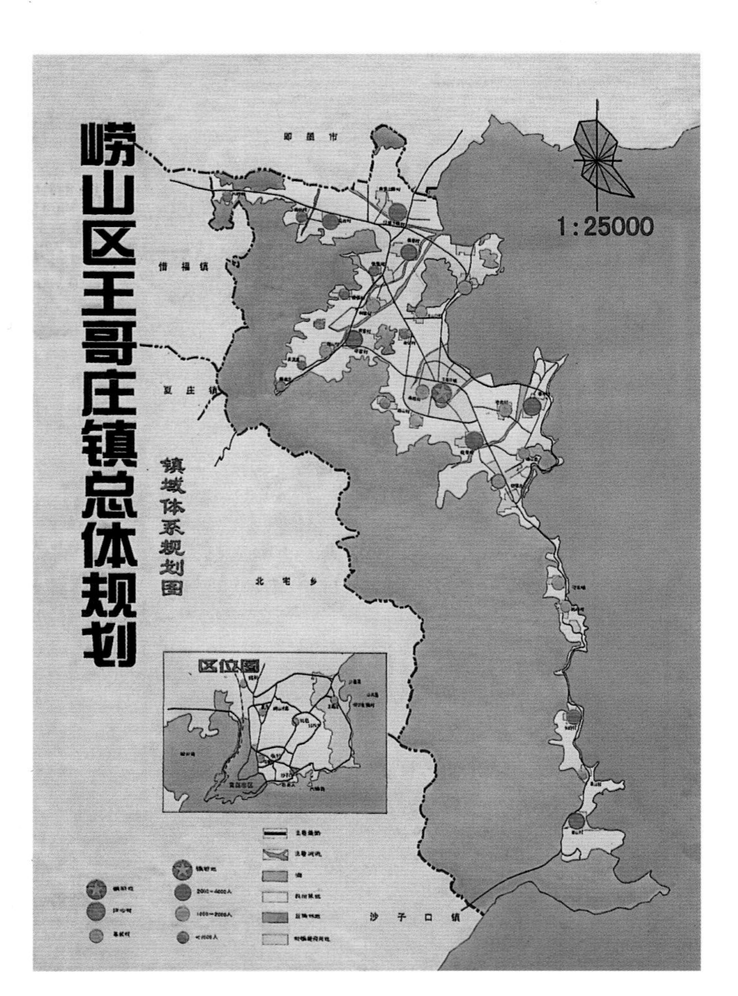

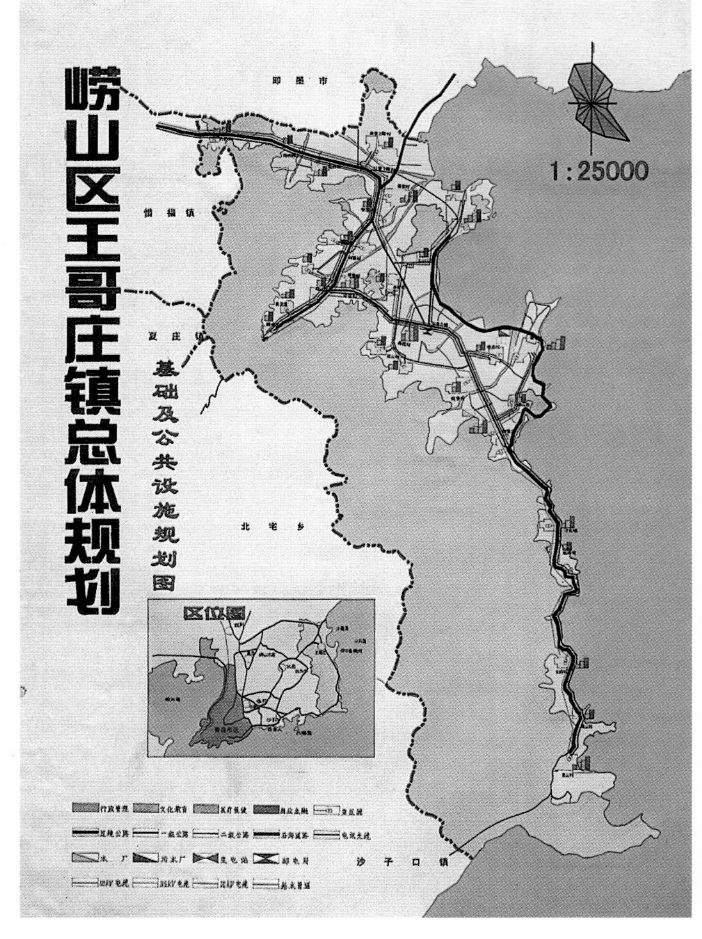

崂山区王哥庄镇总体规划
镇驻地建设控制规划图
1:5000

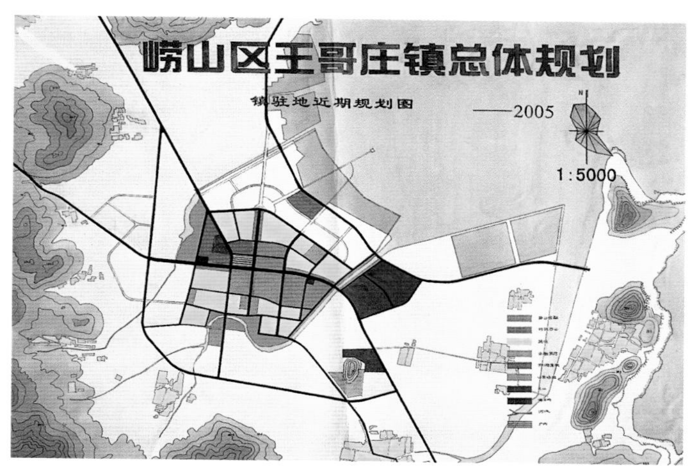
崂山区王哥庄镇总体规划
镇驻地近期规划图 ——2005
1:5000

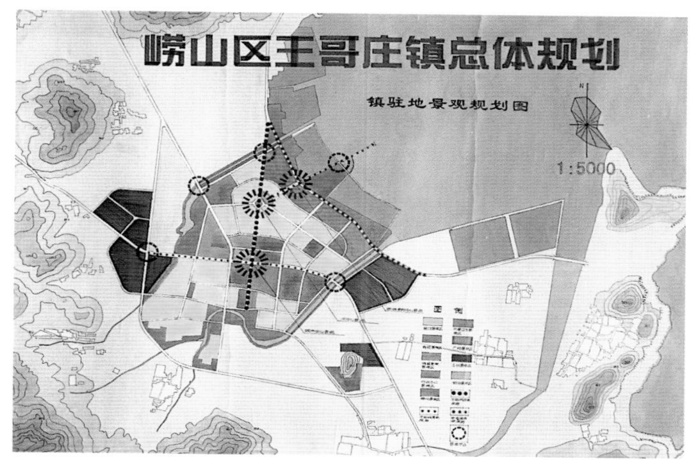
崂山区王哥庄镇总体规划
镇驻地景观规划图
1:5000

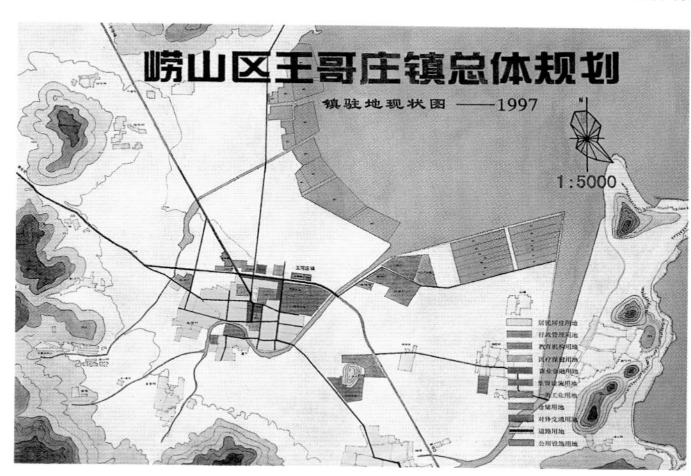
崂山区王哥庄镇总体规划
镇驻地现状图 ——1997
1:5000
居民居住用地
行政管理用地
教育机构用地
医疗保健用地
商业金融用地
生活设施用地
一类工业用地
仓储用地
对外交通用地
道路用地
公用设施用地

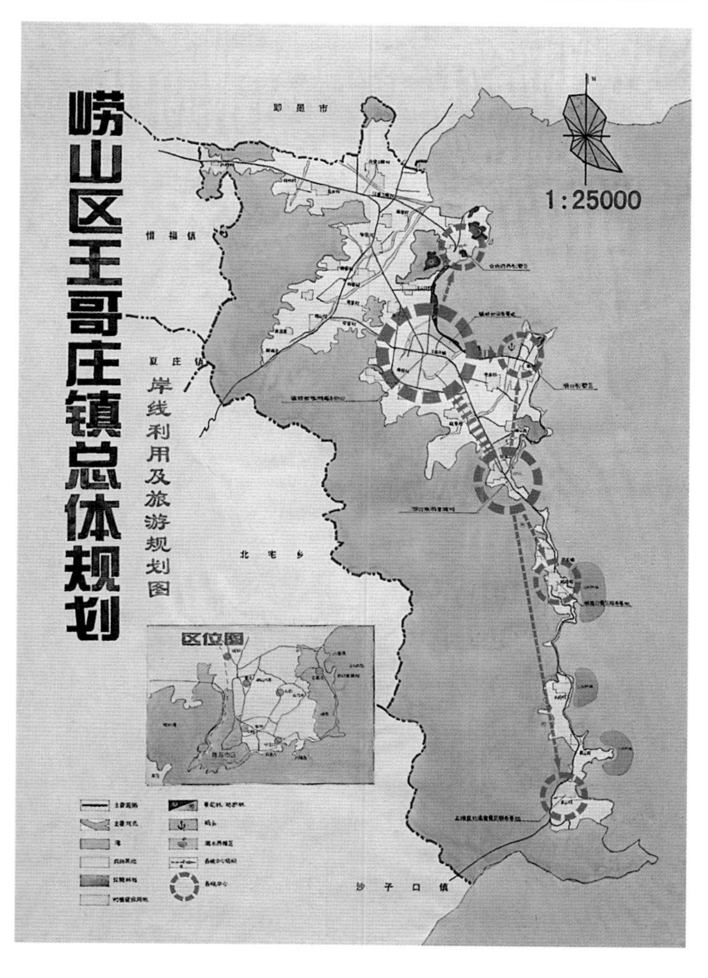
崂山区王哥庄镇总体规划
岸线利用及旅游规划图
1:25000
即墨市
惜福镇
夏庄镇
北宅乡
沙子口镇
区位图

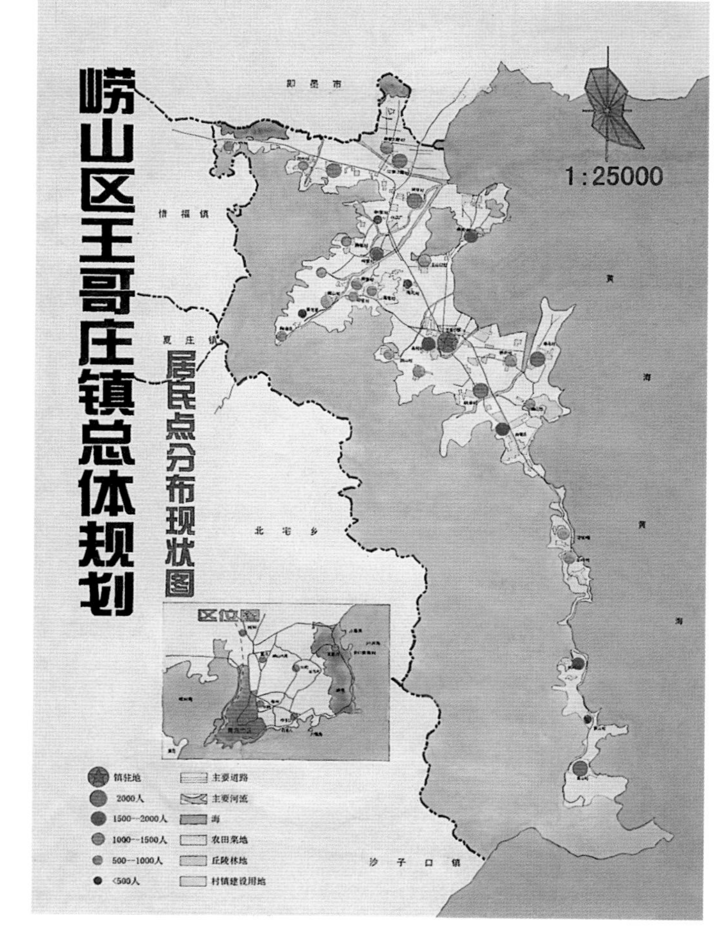
崂山区王哥庄镇总体规划
居民点分布现状图
1:25000
即墨市
惜福镇
夏庄镇
北宅乡
沙子口镇
黄
海
区位图
镇驻地
2000人
1500--2000人
1000--1500人
500--1000人
<500人
主要道路
主要河流
海
农田菜地
丘陵林地
村镇建设用地

平度市旧店镇总体规划

学校 山东建筑工程学院
分类 城市总体规划
学生 四年级
指导教师 张军民

教师点评

旧店镇地处平度市东北山区，明清两朝均有官办金矿，现探明金矿石储量66万吨，素有青岛市黄金第一镇的美誉。旧店镇城市性质是以黄金生产为主的山水小城镇，到规划期末全镇总人口为 3.6万，镇驻地人口为1.8万左右。

在镇域规划中，提出了村庄综合发展实力评价指标体系，该体系由3个一级指标、7个二级指标、12个三级指标组成。通过因子分析法（Factor Analytical Method）对各村庄建设发展实力进行评价和排序。在此基础上，确定了中心村的数量和空间布局，提出了迁村并点建议。在镇驻地利用开采金矿后形成的水面，建设金水湖公园，环绕金水湖布置行政办公、商业金融、文化娱乐等用地形成城镇中心区，在中心区外布置三片住宅区，工业区则结合现状布置在东部，从而形成“一心、三片、一区”的总体结构布局。

平度市旧店镇总体规划 2001—2015

1:25000

区域位置图 1

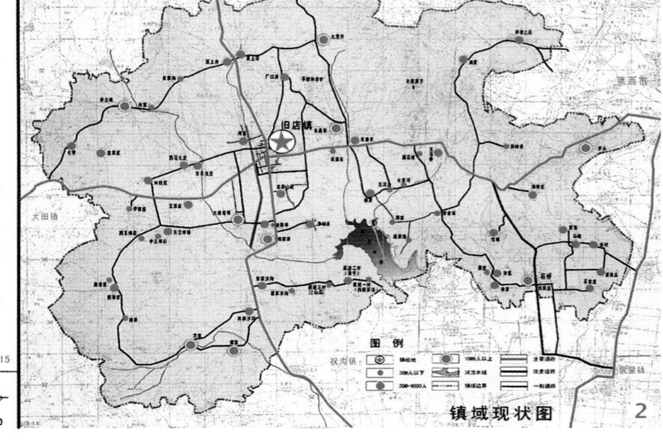

平度市旧店镇总体规划 2001—2015

1:25000

镇域现状图 2

平度市旧店镇总体规划

(2001年—2015年)

1:5000

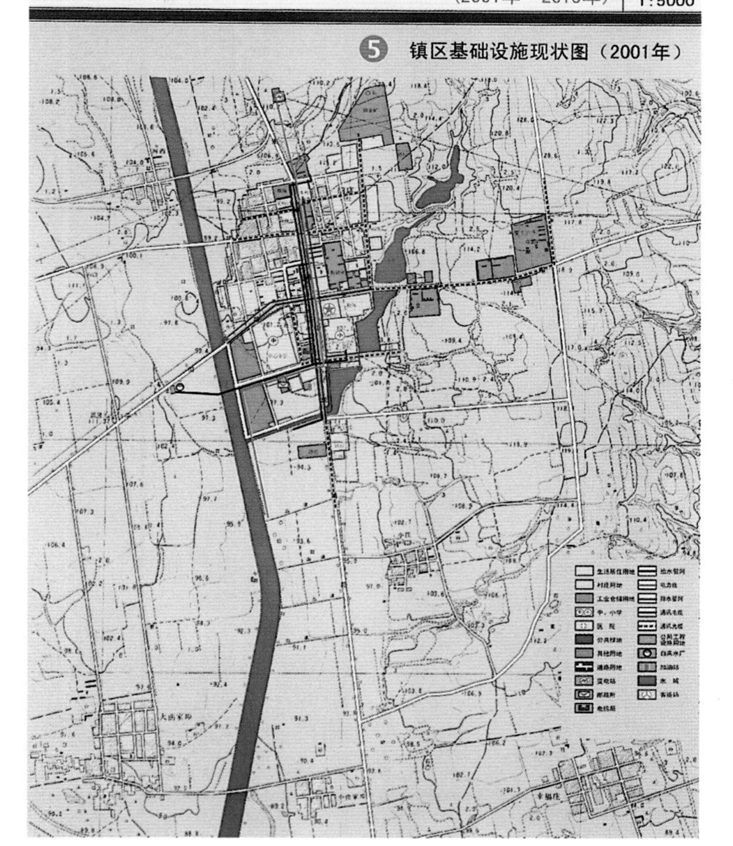

5 镇区基础设施现状图（2001年）

平度市旧店镇总体规划

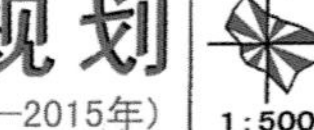

(2001年—2015年)

1:5000

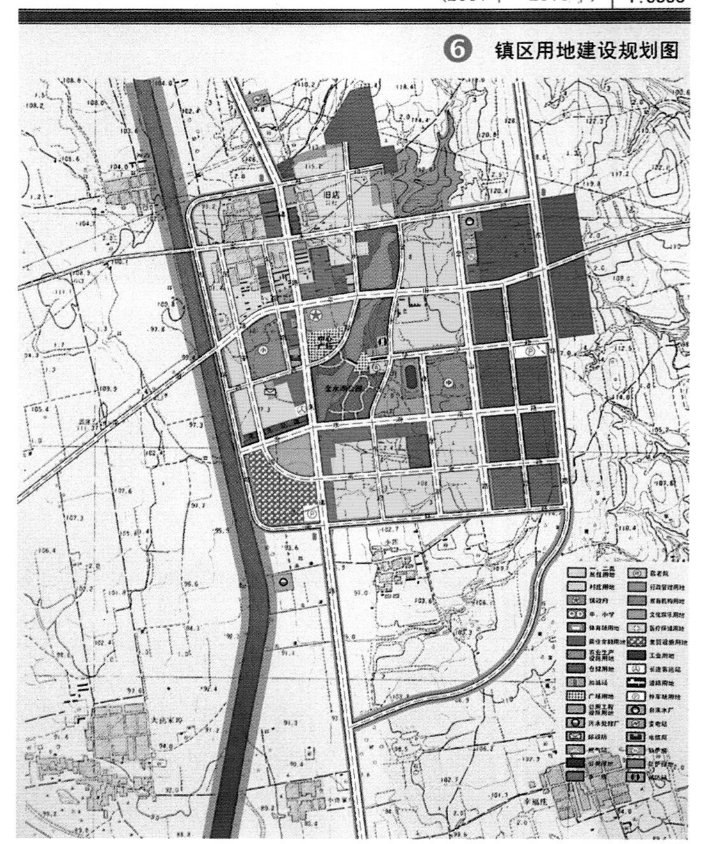

6 镇区用地建设规划图

平度市旧店镇总体规划

(2001年—2015年)

1:5000

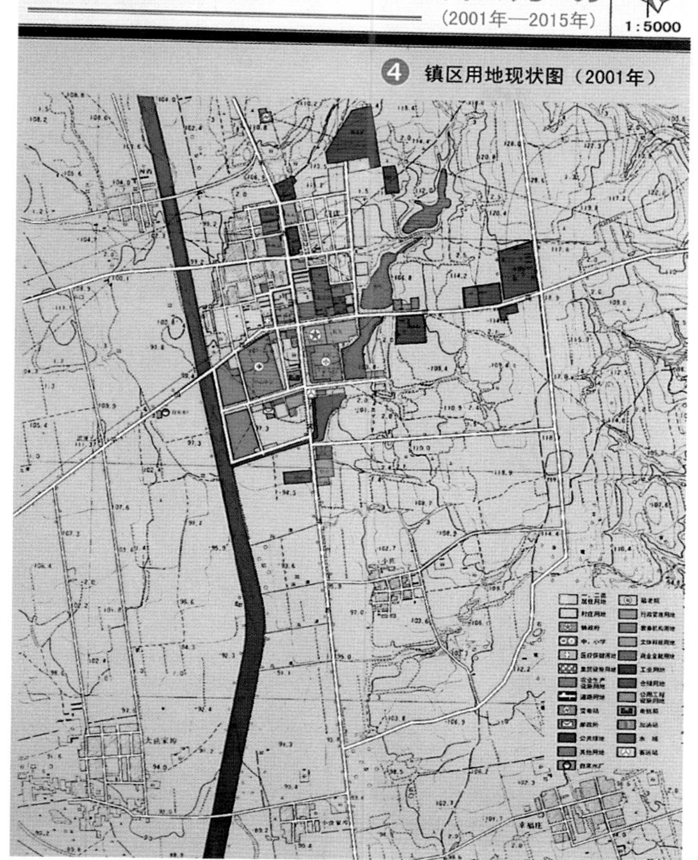

平度市旧店镇总体规划

(2001年—2015年)

1:5000

⑦ 镇区近期建设规划图

平度市旧店镇总体规划

(2001年—2015年)

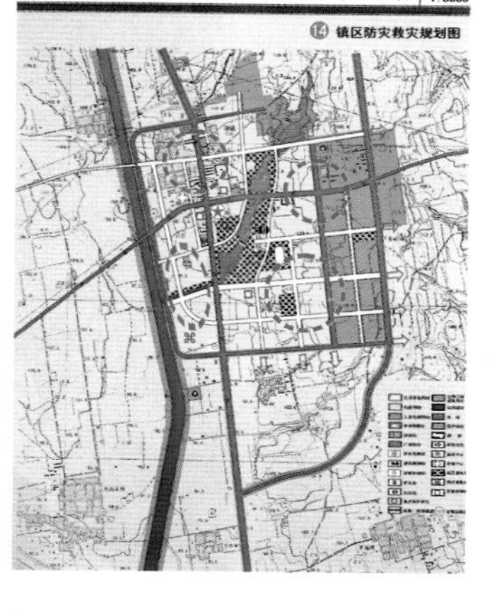

平度市旧店镇总体规划

(2001年—2015年)

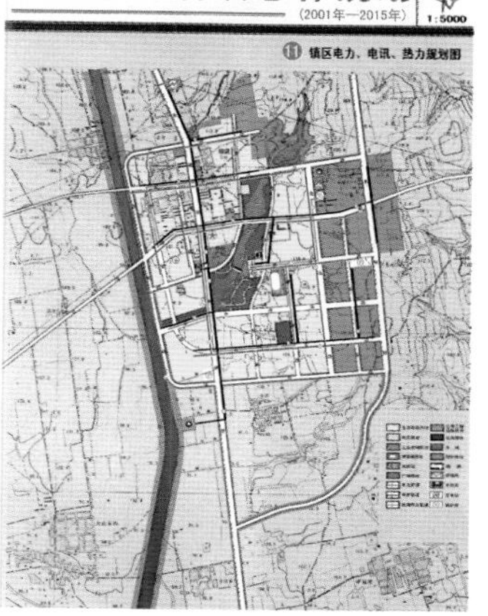

平度市旧店镇总体规划

(2001年—2015年)

1:5000

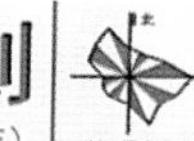

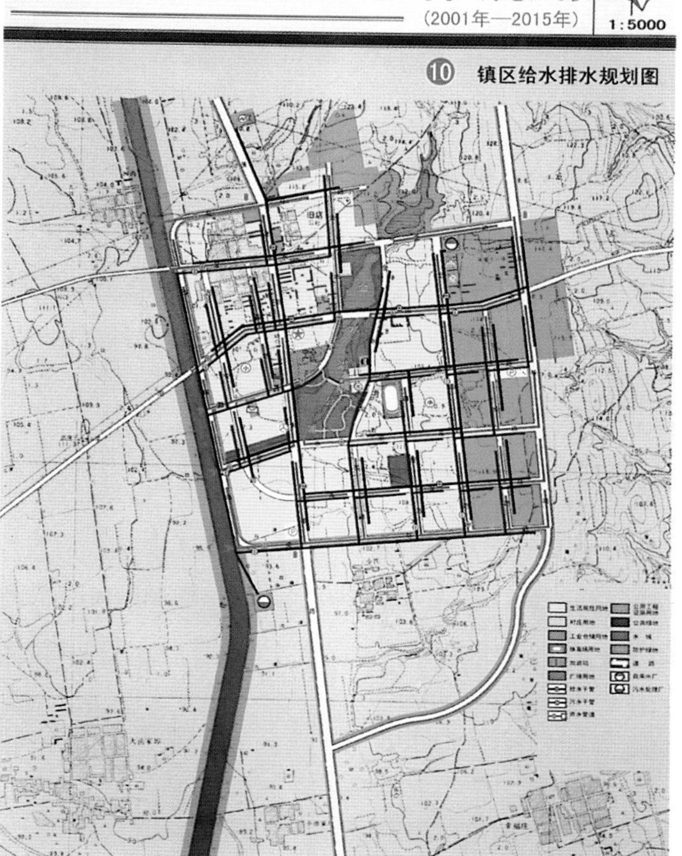

平度市旧店镇总体规划

(2001年—2015年)

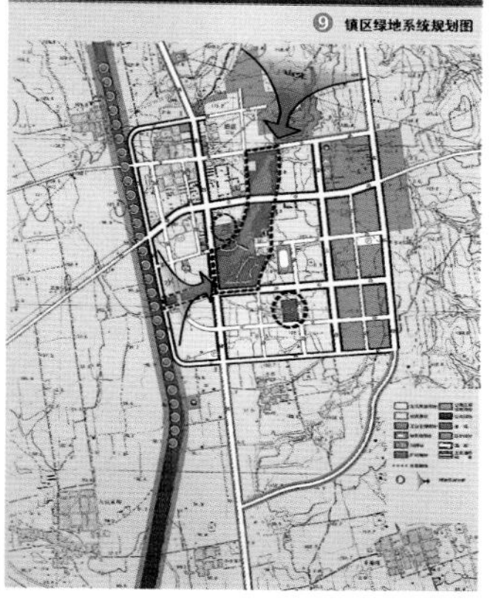

平度市旧店镇总体规划

(2001年—2015年)

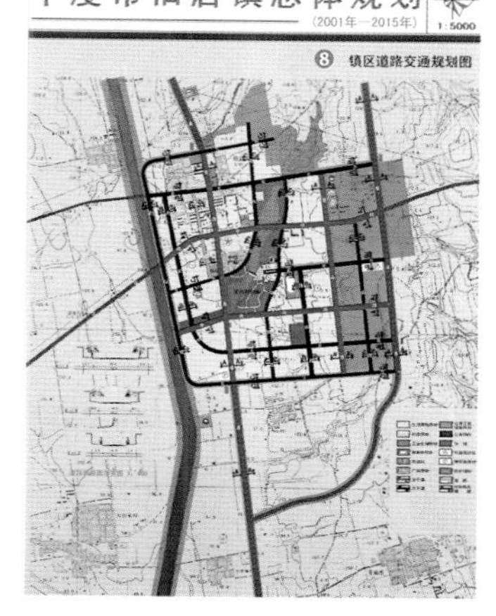

广东省平远县城总体规划

学校 苏州科技学院
分类 城市总体规划
学生 庄 宇、阳 玺、李祖良等(四年级)
指导教师 杨新海、蒋灵德、王 勇等

教师点评

规划充分考虑了平远县城地处丘陵山区以及206国道和省道S225线穿越县城等特点，将自然山水环境引入县城，从而使自然山水景观和人文景观融合。规划布局结构充分结合县城现状用地特征、周边地形条件及平远县经济发展总体水平，依托老城区向外呈紧凑型发展，体现了合理可行的规划设计原则。

方案简介

平远县位于广东省北隅，东邻蕉岭，西靠寻乌，南接梅县、兴宁，北连武平，处粤闽赣三省交界，居南岭山脉之阳，为韩江发源地之一。

平远县城区建设目前初具规模，城区内各类建设用地和主要设施集中分布于平城路、环城路、平远大道、建设路等道路两侧，基础设施基本齐全，具备了进一步建设、完善的条件。

规划确定平远县城城市性质为：平远县政治、经济、文化中心，以资源的适度开采和深度加工产业为主导，以区域旅游开发和服务为潜导，具有生态环境优势的地区性、工贸型小城市。

规划确定平远县城近期人口规模7.5万，远期人口规模12万。

根据“依托老城，延续地脉，接轨梅州，发展平远”的城区空间发展战略，城区现状用地为带形布局结构及规划可用地条件，确定用地总体布局的主要方向为：生活区依托老城区主要向西北、东部和东南拓展，控制向东北方向的发展，工业区在北部适当扩大。考虑城区第二产业用地的发展需要，规划在城区控制发展用地范围内的西南角黄花陂设置工业开发区，同时提高现有城区用地的紧凑度。

规划将城区的结构调整为“一心，两轴，三核，四区，一组团”的规划布局。

土地使用现状图
比例：1：20000

广东省梅州市平远县县城总体规划
2001年—2020年

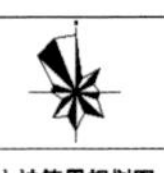

土地使用规划图
比例：1：20000

广东省梅州市平远县县城总体规划
2001年—2020年

近期建设规划图
比例:1：20000
2001年—2005年
图例
规划编制单位: 苏州科技学院城市规划研究所
规划主持单位: 广东省平远县建设局
2002.1
12

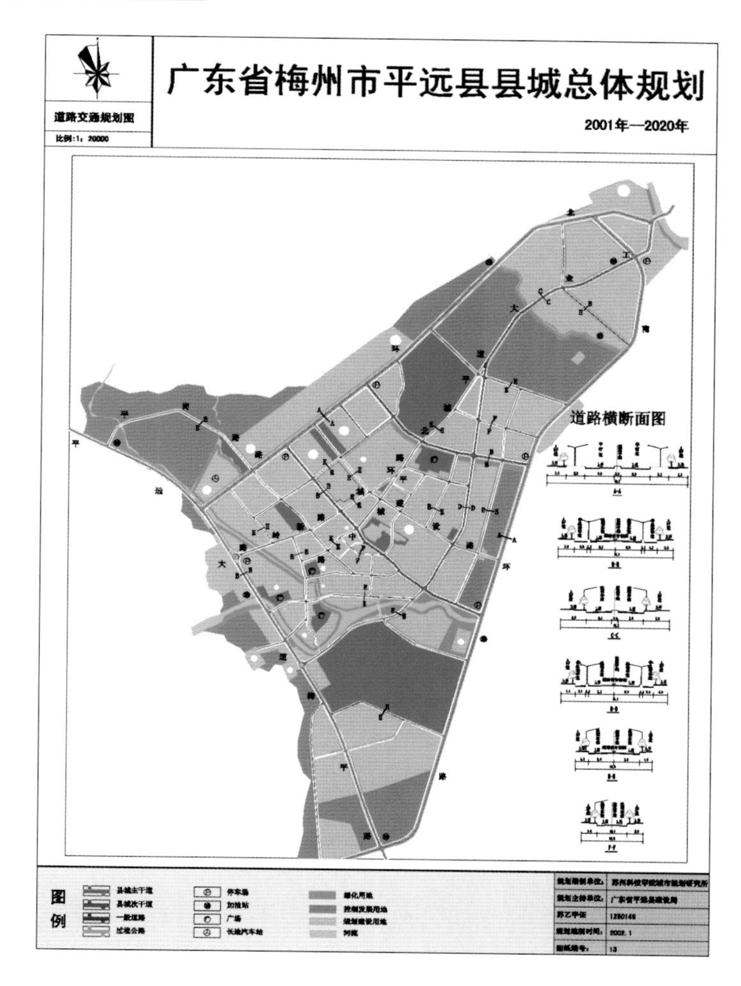
广东省梅州市平远县县城总体规划
道路交通规划图
比例:1：20000
2001年—2020年
道路横断面图
图例
县城主干道
县城次干道
一般道路
过境公路
停车场
加油站
广场
长途汽车站
绿化用地
控制发展用地
规划建设用地
河流
规划编制单位: 苏州科技学院城市规划研究所
规划主持单位: 广东省平远县建设局
2002.1
13

广东省梅州市平远县县城总体规划
生态环境规划图
比例:1：20000
2001年--2020年
A B C D
2类 2级 3类区 优良
A B C D
1类 1级 1类区 优
A B C D
1-2类 1级 2类区 优
A B C D
2类 2级 3类区 优良
A B C D
2类 2级 3类区 优良
A-水体环境
B-大气环境
C-噪声
D-环境卫生
图例
主要垃圾中转站
垃圾填埋场
主要公共厕所
新建城区（1区）
中心城区（2区）
工业区（3区）
公共绿地
规划建设用地
控制发展用地
道路
河流水域
规划编制单位: 苏州科技学院城市规划研究所
规划主持单位: 广东省平远县建设局
1250146
2002.1
15

无锡市硕放镇总体规划

学校　苏州科技学院
分类　城市总体规划
学生　嵇雪华等（四年级）
指导教师　蒋灵德

教师点评

规划从硕放镇的特殊区位优势条件着手，打破了以往就镇论镇的规划框框，方案在城镇规模、用地布局、道路体系、功能设置上都充分体现了硕放镇未来作为无锡市新区的区域次中心建设的目标体系，规划指导思想具有一定前瞻性，能够实现可持续发展。

方案简介

硕放镇地处两市（无锡、苏州）交界处。现状镇区主要分别沿锡宅公路及薛典路呈南北向和东西向发展。经过近年来的建设，镇区已初具规模。312国道公路在硕放镇区的西南侧通过，沪宁高速公路在镇区东北侧通过，并在此设有接口一处。这些为硕放镇的发展提供了良好的外部交通条件。硕放镇又是无锡新区工业配套区之一，因而硕放的发展建设具有一定程度的政策优势，从而促进了全镇的经济社会发展和农村城市化进程。

根据硕放镇现状特点和区位条件，规划确定硕放镇区性质为：无锡南部的工业、贸易中心城镇，无锡新区的产业配套基地。近期镇区总人口规模为2.2万，远期为3.8万。

硕放镇现状镇区主要沿锡宅公路、薛典路、振发路及通祥路呈南北向和东西向发展。规划确定未来镇区用地发展格局为：结合现有镇区，分别向南、北、东拓展，形成西起墙门北路，东至沪宁高速公路，北达规划经一路，新老镇区浑然一体，集中紧凑的镇区结构，镇区规划结构以对外交通干线锡宅公路和沪宁高速公路为依托，结合现状道路骨架，形成“五横四纵，局部环形”的主体道路构架，基本形成南北部两端工业，居住生活、公共服务居中，新老镇区有机结合，避免了工业用地可能对镇区居住生活用地产生的不利影响，同时又使得其与镇区居住生活区既相对分离又联系便捷。

在镇区北部集中成片开发工业区，既充分发掘了沪宁高速公路接口的交通优势，又相对独立于镇区居住生活区，保证镇区内部交通的顺畅和居住环境的宁静。

生活服务设施相对集中布置在镇区中心，保证合理的服务半径，方便居民生活。

利用局部环路将过境交通分流至镇区外围，减轻镇区内部交通压力。

新老区有机结合、协调发展，在建设新区的同时对旧城进行合理改造。

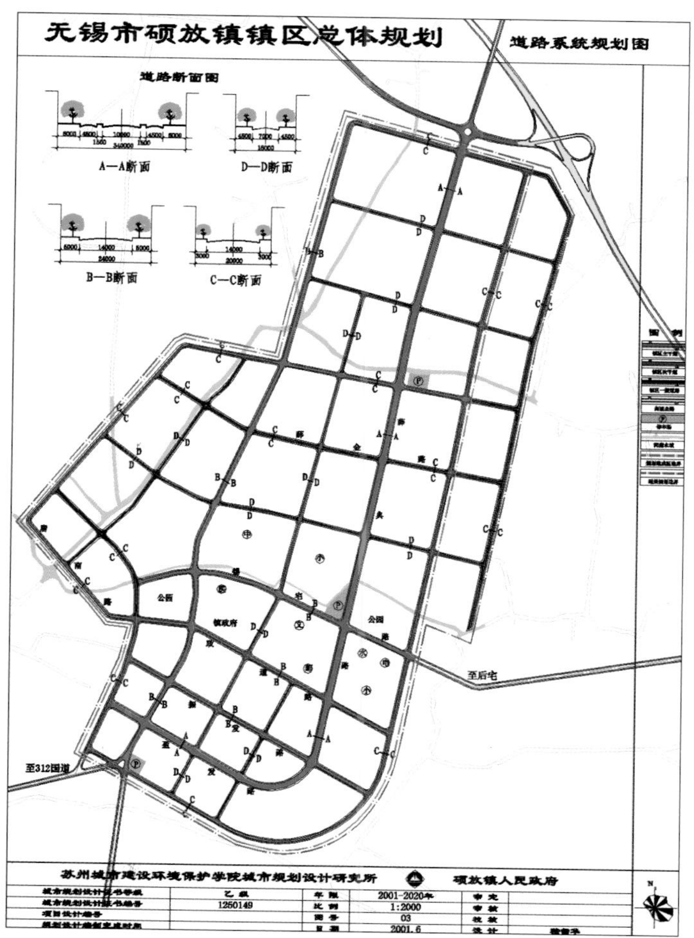
无锡市硕放镇镇区总体规划
道路系统规划图
道路断面图
A—A断面
D—D断面
B—B断面
C—C断面
公园
镇政府
至后宅
至312国道
苏州城市建设环境保护学院城市规划设计研究所
硕放镇人民政府
乙 级
1250149
年 限
2001-2020年
比 例
1:2000
图 号
03
日 期
2001.6
审 定
审 核
校 核
设 计

无锡市硕放镇镇区总体规划
土地使用现状图
图 例
苏州城市建设环境保护学院城市规划设计研究所
硕放镇人民政府
乙 级
1250149
比 例
1:7000
2001.6

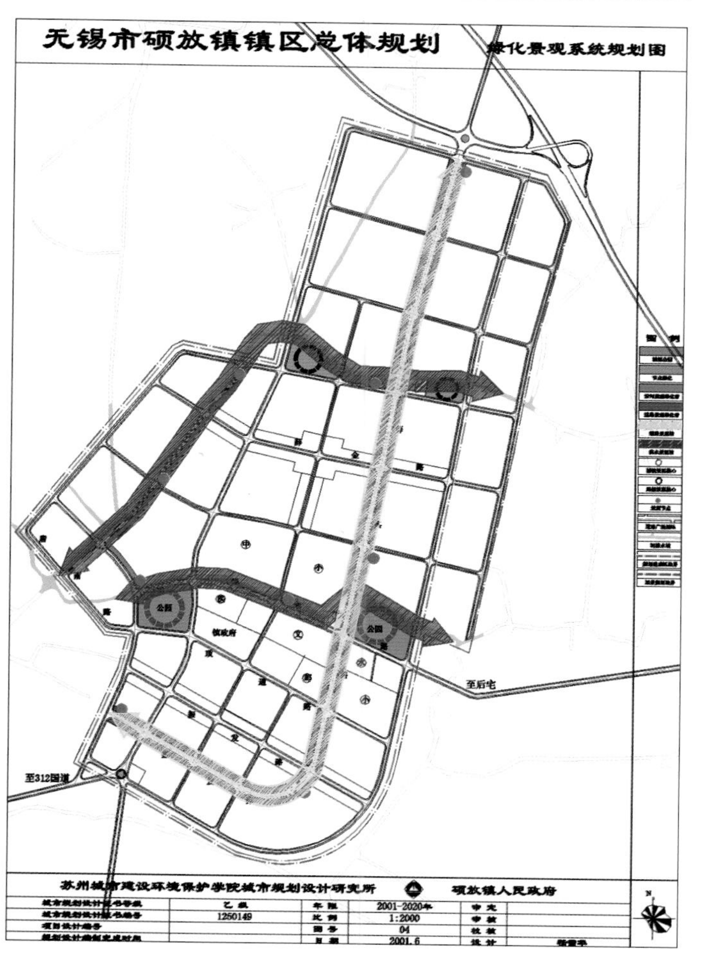
无锡市硕放镇镇区总体规划
绿化景观系统规划图
图 例
公园
镇政府
至后宅
至312国道
苏州城市建设环境保护学院城市规划设计研究所
硕放镇人民政府
乙 级
1250149
年 限
2001-2020年
比 例
1:2000
图 号
04
日 期
2001.6

江苏盐城秦南镇总体规划

学校 苏州科技学院

分类 城市总体规划

学生 鲁晓军、何辉鹏、奚雪松等(四年级)

指导教师 杨忠伟

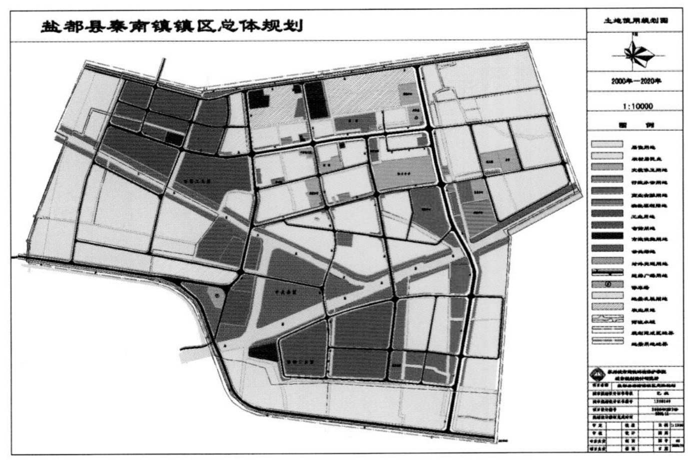

教师点评

规划立足秦南镇区域中心镇的前提，紧密结合地形，合理安排镇区的各项功能用地，注重为区域整体配套的原则。总体布局创造具有地方特色的空间景观，强调规划的弹性，提高规划对区域经济发展的适应性，同时提出了建设生态型城镇的目标。

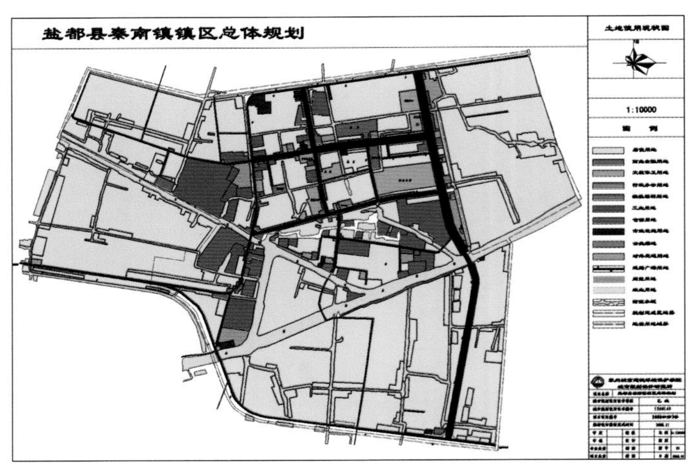

方案简介

秦南镇地处盐城市区西南30km处，西、南、北分别与兴化、宝应、建湖三县市毗邻。现状镇区主要集中在三里河、朱沥沟以北地区，沿光明中路和人民路两侧拓展。经过近年来的建设镇区已初具规模，形成相对完善的镇区布局结构。秦南镇是江苏省219个重点中心镇中36个联系点之一，因而秦南的发展建设将具有一定程度的政策优势。盐金公路在秦南镇区的南部通过。

根据秦南镇现状特点和区位条件，规划确定秦南镇区性质为：盐都县域西部地区科技发达、工贸强盛、文化繁荣的中心城镇。近期镇区总人口规模为2.5万，远期镇区总人口规模为3.96万。

规划根据现状用地情况和规划区空间条件，综合考虑各项投资强度，确定未来镇区用地。

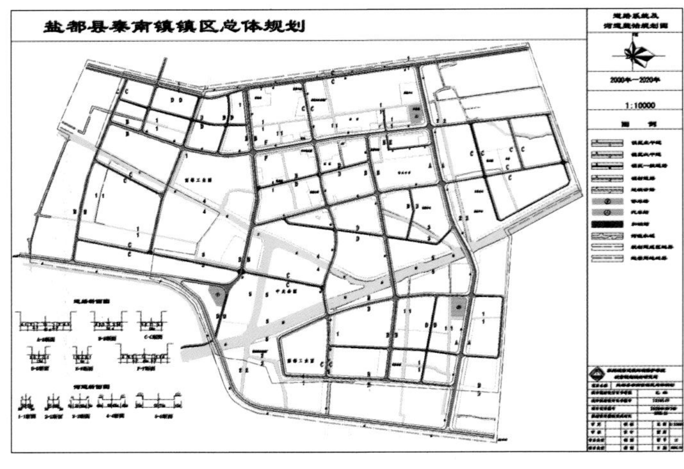

发展格局为：结合现有镇区，跨越泽夫路向东发展，朱沥沟以南适当发展，形成西起陈立村，东至关陈村，北达汞北路，南抵盐金公路，依托老镇区，发展东部新区，适当发展南部地区，形成朱沥沟南北组团式的镇区结构。

镇区规划结构以对外交通干线盐金公路为依托，结合现状道路骨架，形成"北区六纵三横加内环，南区环形"的主体道路架构。

镇区规划布局结构采用组团式的结构模式，以朱沥沟为界分为南北两个综合性组团。综合性组团通过对居住生活与工作、休憩等功能的统一集中布置，尽可能地缩短居民出行距离，使居民的工作、上学、购物、休憩等活动尽可能地就近解决，减少城镇内不必要的交通量，创造以步行为尺度的城镇空间结构。

秦南镇区规划布局呈"一心、两片、四区"的结构。

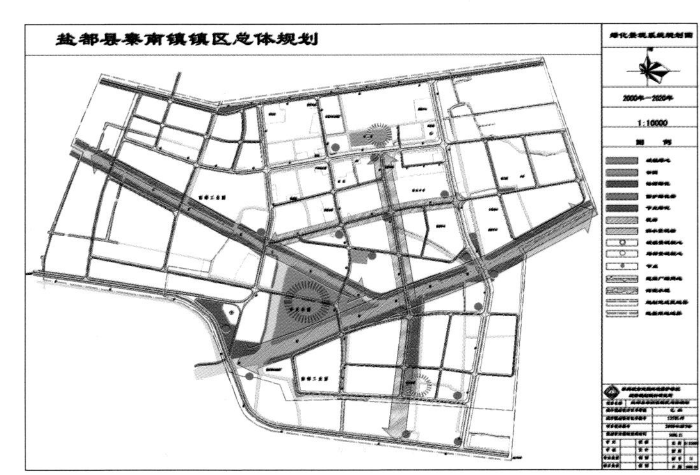

江苏苏州东山历史文化名镇总体规划

学校 苏州科技学院
分类 城市总体规划
学生 陈晓军、陶 飞、蒋 宁、吴 皓等(四年级)
指导教师 杨忠伟、蒋灵德

教师点评

规划从东山镇为省级历史文化名镇这一角度出发，强调对镇区历史人文景观的保护和继承，总体布局采用江南古镇的空间模式，结合东山的山水文化，营造传统的居住生活理念；规划用地功能组成在强调弘扬传统理念的基础上，增加具有时代特征的内容，进一步拓展古镇在发展过程中的魅力。

方案简介

东山镇位于苏州市西南 40km，是太湖中的一座半岛，东与渡村镇接壤，与西山隔水相望。镇区各项公建配套设施齐全，随着城镇近几年的不断更新，老镇区逐步衰弱，新建公建配套设施均布置在紫金路、启园路、银湖路、莫厘路、洞庭路两侧。

东山三面环太湖，有广阔的湖滨景观，东山有大片的山地，自古留下了不少人文、历史遗迹，绚丽的湖光山色和众多的名胜古迹吸引了无数游客。巧夺天工的雕花大楼和紫金庵的南宋神塑十八罗汉堪称双绝，其又是 13 个环太湖国家级风景区之一。

东山镇镇区性质确定为：历史文化名镇，苏州市西南地区的重点中心镇，全镇社会、经济与文化发展中心。近期镇区总人口 3.53 万，远期为 4.38 万。

镇区发展依托现有镇区拓展，形成新老区有机结合、协调发展的城镇布局形态。合理安排镇区各项功能用地，形成一个系统完善、运转高效的城镇功能结构体系。

以现状道路骨架为基础，形成“内外环结合，棋盘式布置”相交叉的主体道路构架，线形流畅、联系便捷、主次分明、功能清晰。

综合安排镇区绿化系统，保持“居住与果园相嵌套”的城镇特色环境，通过规划，营造一个多层次、全方位、立体化的城镇绿化体系，提高城镇环境质量，增强城镇空间艺术效果。

合理配置各项公共服务设施，形成一个分级完善、配套齐全的城镇服务网络体系，提高居民生活品质。

延续太湖之滨、江南水乡城镇布局历史文脉，重点保护历史地段街区风貌，营造时代与历史融合的现代化江南小城镇风貌。

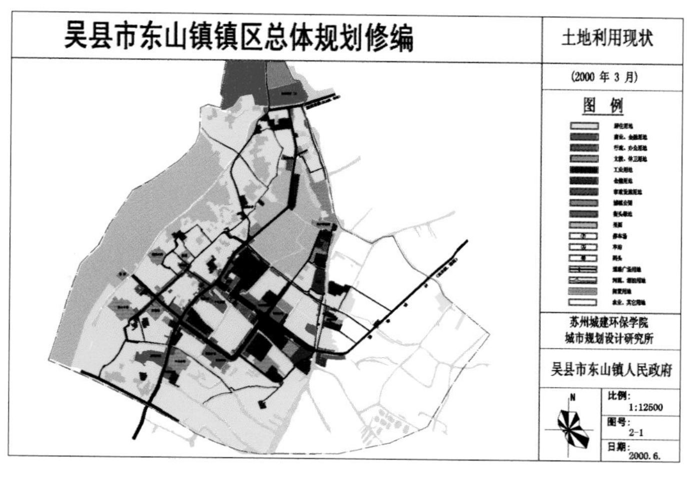

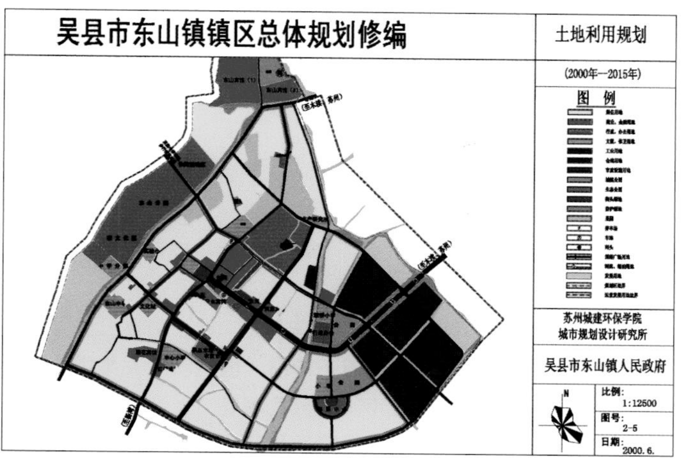

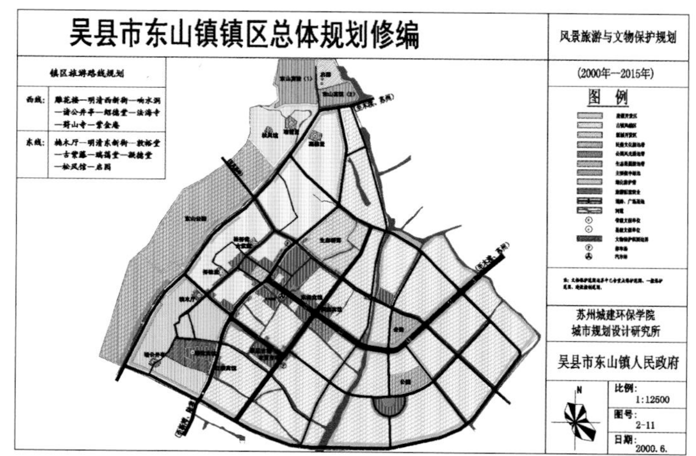

昆山市千灯镇总体规划

学校 苏州科技学院
分类 城市总体规划
学生 钟 晟、宇 啸、罗 超、朱海晨等(四年级)
指导教师 陆志刚

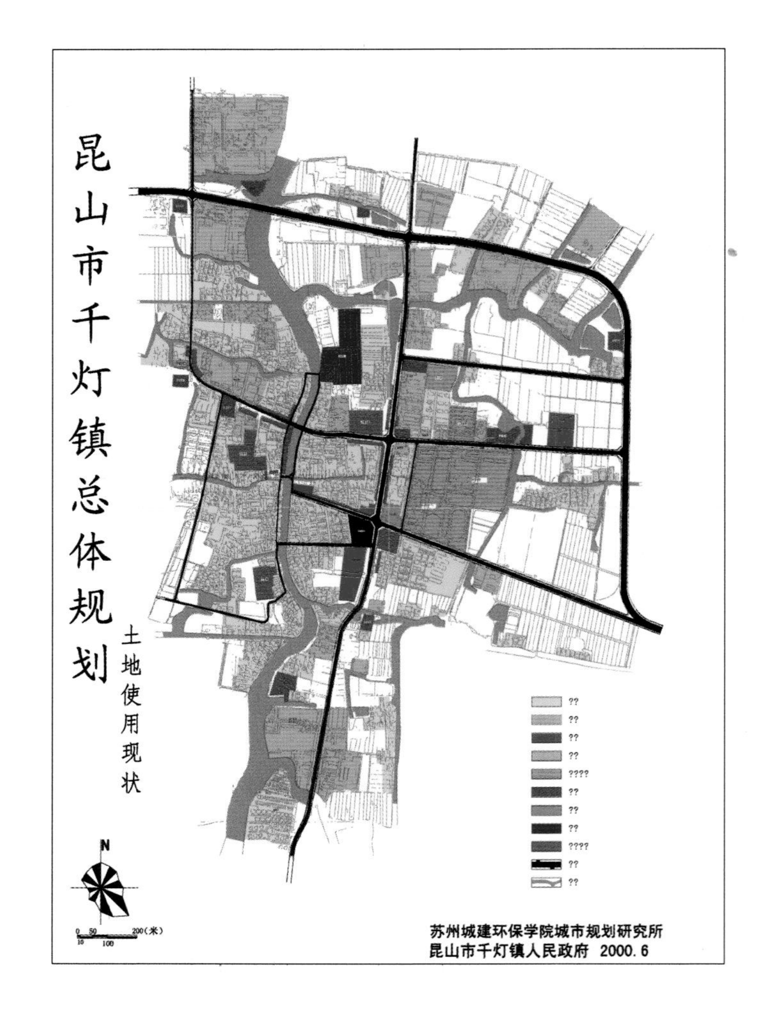

教师点评

千灯镇总体规划设计能较好地完成本课程设计的教学要求，完整、全面地进行现状调查，在总体布局的考虑上能结合千灯镇的实际情况合理地安排各类规划要素，尤其是对千年古镇的未来发展进行了认真的研究，对工业区的发展提出了明确的要求。

方案简介

1.千灯镇概况

千灯镇位于昆山市区东南13.5km处，居山境腹地，全镇面积42.67km²。

千灯历史悠久，距今已有2500年历史。从少卿山出土的新石器时代晚期文物说明，早在四五千年前，境内已有人类活动。古镇物华天宝、人文荟萃，江南水乡风貌明显，至今仍保留着“水陆并行”、“河街相邻”的棋盘式格局和“小桥、流水、人家”的古朴风貌，素有“金千灯”之美称。现存的人文景观“三宝”即：秦峰塔、少卿山、亭林墓，被列为省级文物重点保护单位。

2. 规划指导思想

规划做到为古镇保护和新区建设提供依据，充分考虑江南水乡城镇特色，并使镇区合理布局，功能分区明确，落实环境保护措施，突出千灯发展以保护古镇及建设千灯镇区为重点，继承千灯古镇的悠久历史和文化传统，保持地方特色和传统文化氛围，营造既有现代化的设施，又有古镇古朴宁静的生活氛围。

3.城镇性质

千灯镇的城镇性质确定为：昆山市域南部的中心城镇之一，具有深厚文化底蕴的现代化水乡城镇。

4.城镇规模

镇区发展用地规模：

近期：2.43km²，

远期：3.28km²。

5.布局结构

镇区整体布局结构可概括为：

“三横，三纵”的主要道路骨架；

“井”字形河道网络；

“北工业、南居住”的布局形态；

以“十”字形的镇区中心及发展主轴加一条老街旅游服务带。此外，在镇区“三叉桥”、新镇区东北部形成两个次中心，从而形成东北工业区、西南居住区，主要公建居中的团块式规划布局结构。

“三横”是：少卿路，千石路，以及规划的南端主干道；“三纵”是：少卿北路，秦峰路以及规划的东侧干道。

6.功能分区

沿机场路南侧为现状工业区，在现有的秦峰路、少卿东路两侧继续发展公共设施，在千石路与机场路相交处形成小规模工业区。千石路以南规划形成居住区。保护性开发“石板街”，结合北大桥、秦峰塔、延福寺、顾墓等系列人文、历史景观形成系统的旅游景点。

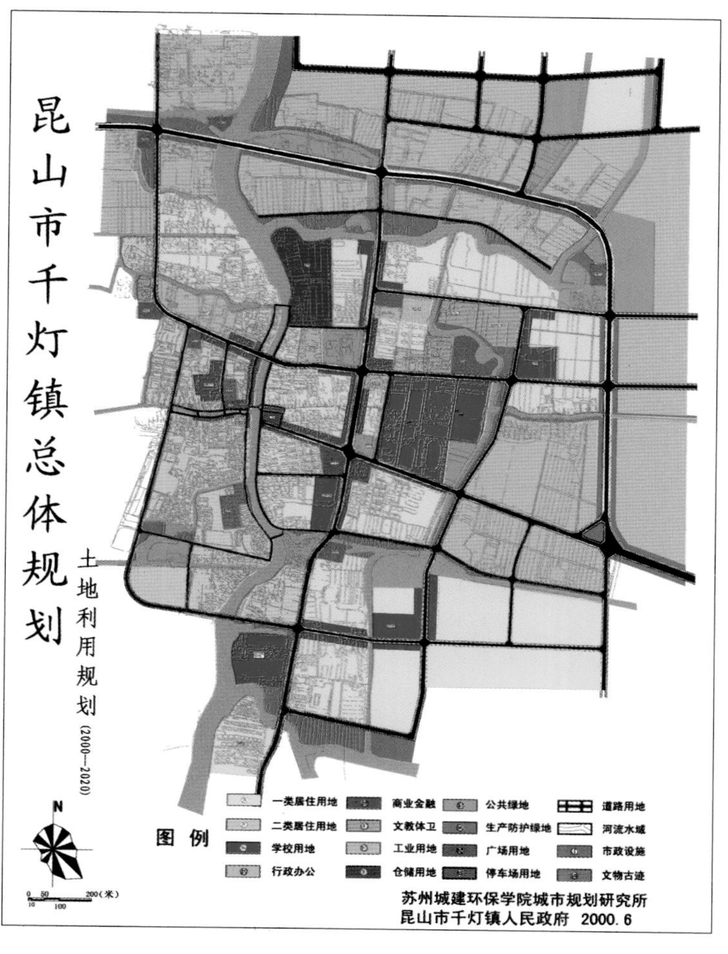
昆山市千灯镇总体规划
土地利用规划
(2000—2020)
N
图 例
一类居住用地
二类居住用地
学校用地
行政办公
商业金融
文教体卫
工业用地
仓储用地
公共绿地
生产防护绿地
广场用地
停车场用地
道路用地
河流水域
市政设施
文物古迹
200(米)
苏州城建环保学院城市规划研究所
昆山市千灯镇人民政府 2000.6

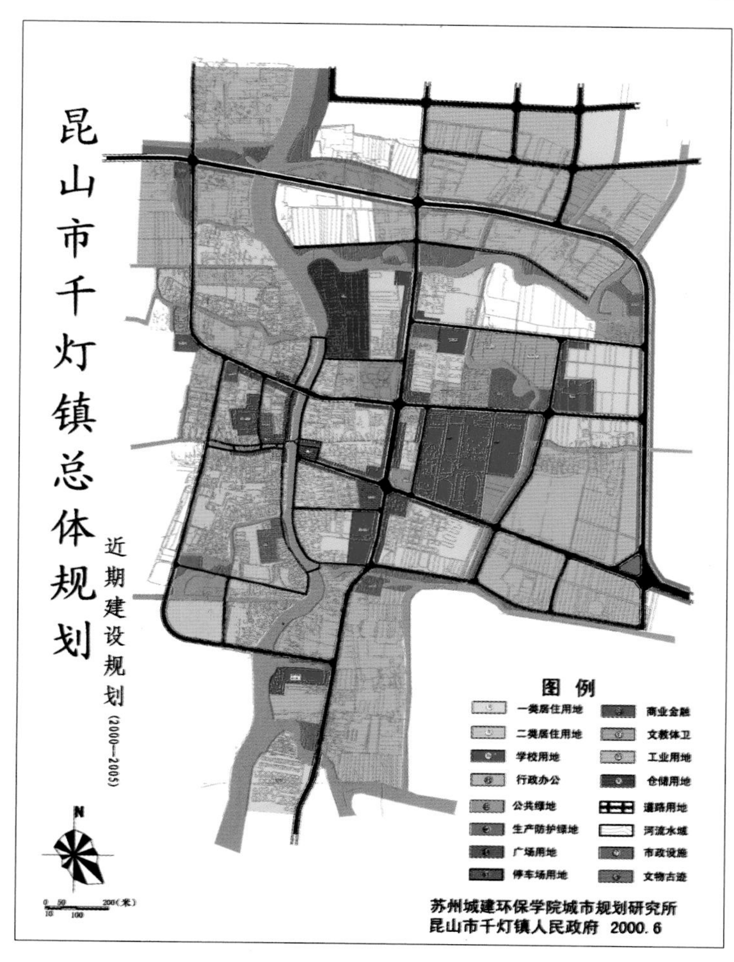
昆山市千灯镇总体规划
近期建设规划
(2000—2005)
图 例
一类居住用地
二类居住用地
学校用地
行政办公
商业金融
文教体卫
工业用地
仓储用地
公共绿地
生产防护绿地
广场用地
停车场用地
道路用地
河流水域
市政设施
文物古迹
N
200(米)
苏州城建环保学院城市规划研究所
昆山市千灯镇人民政府 2000.6

铁法市城市总体规划

学校 天津大学
分类 毕业设计
学生 四年级
指导教师 运迎霞

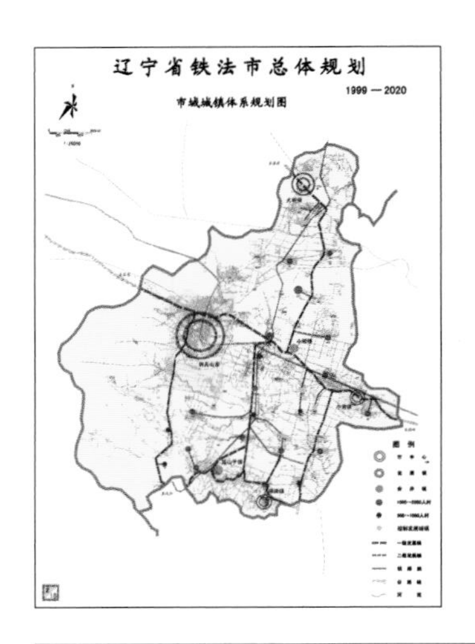

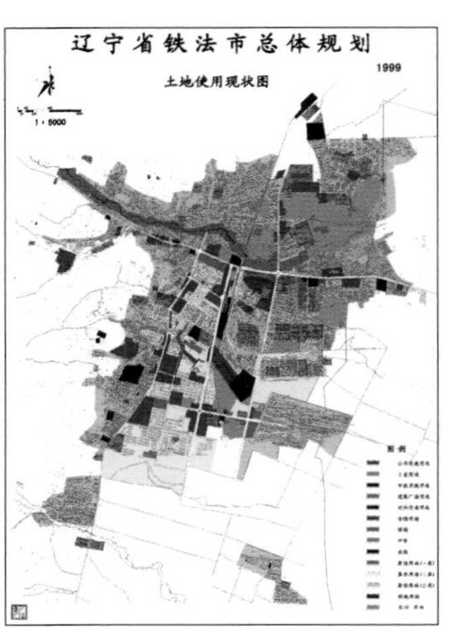

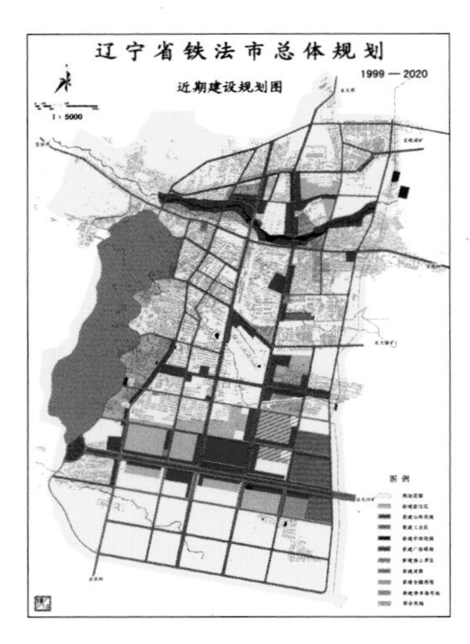

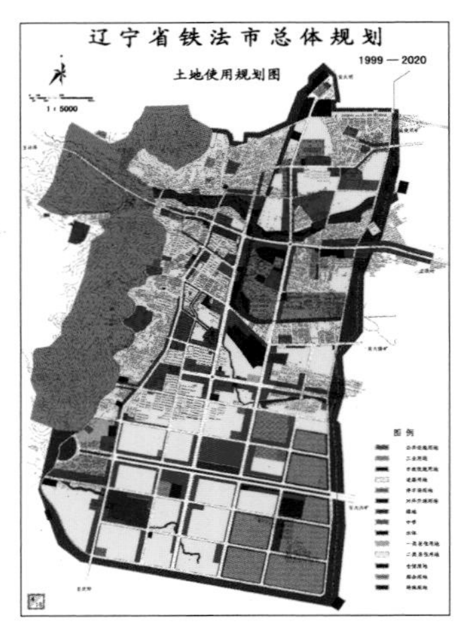

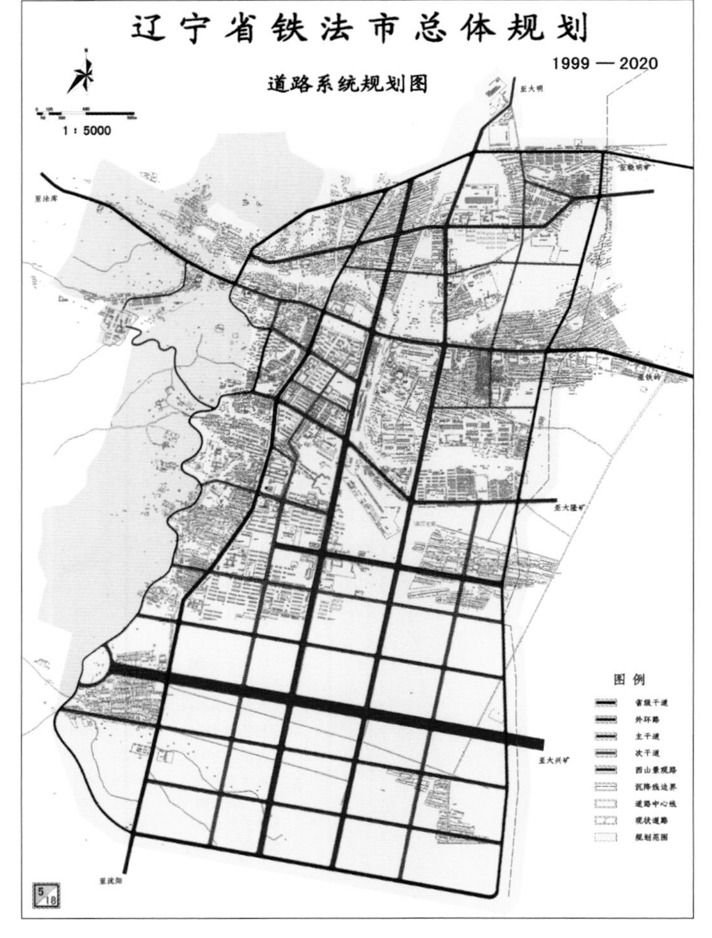

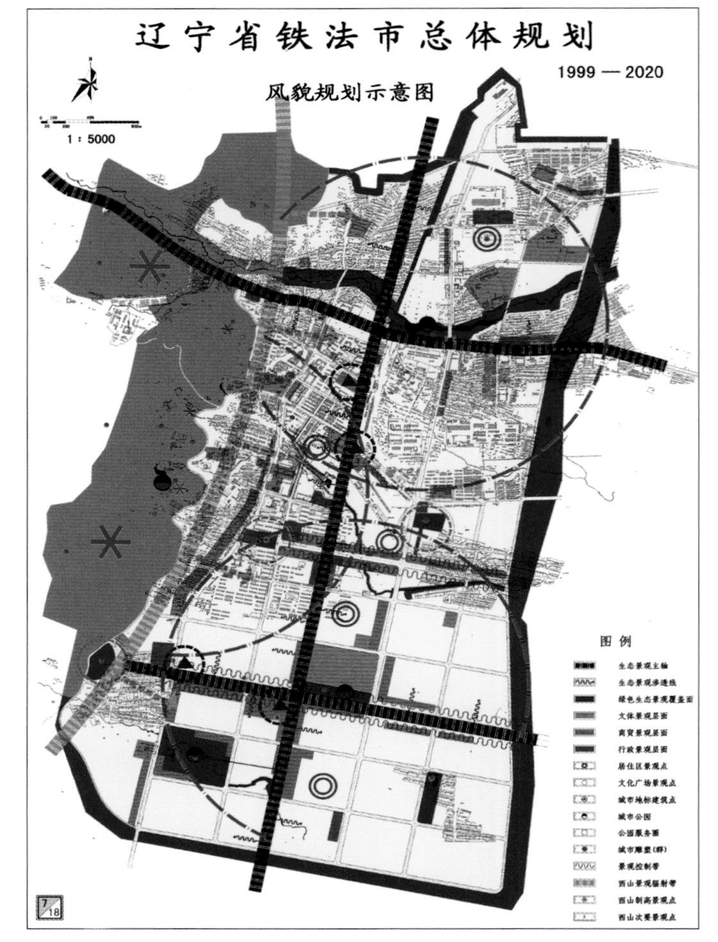

天津经济技术开发区生活区总体规划

学校　天津大学
分类　毕业设计
学生　白　金、林　静
指导教师　陈　天

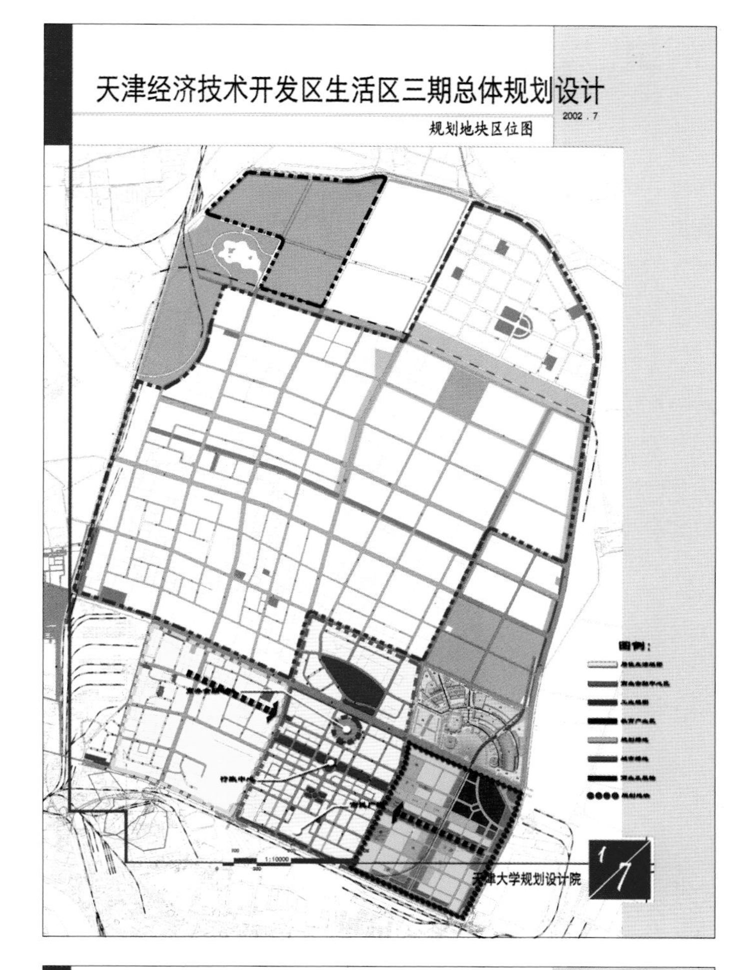

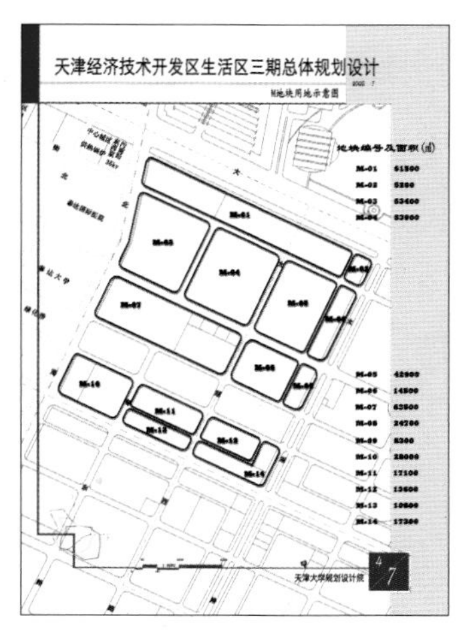

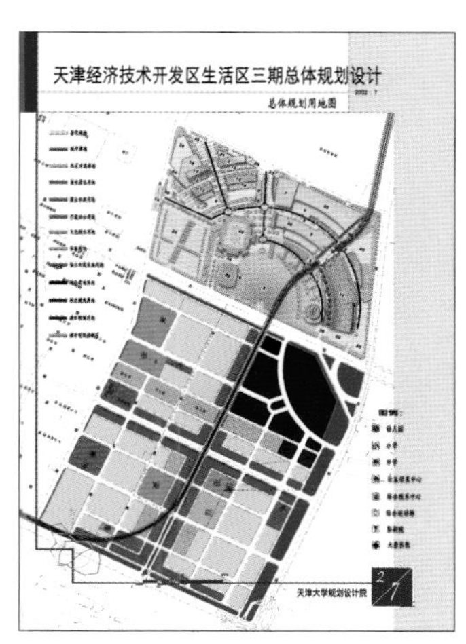

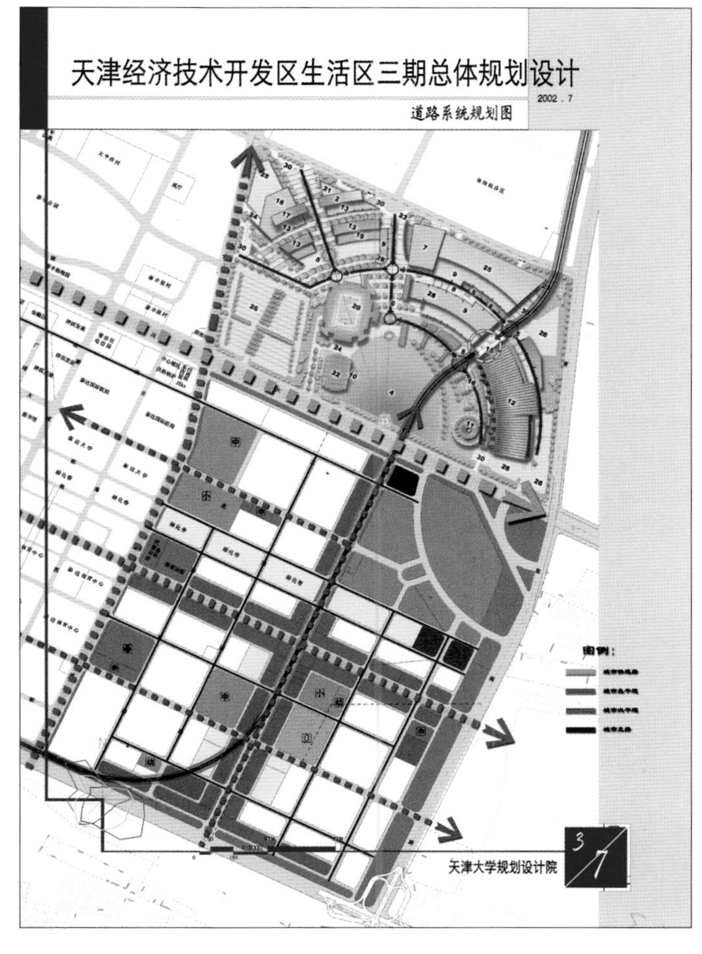

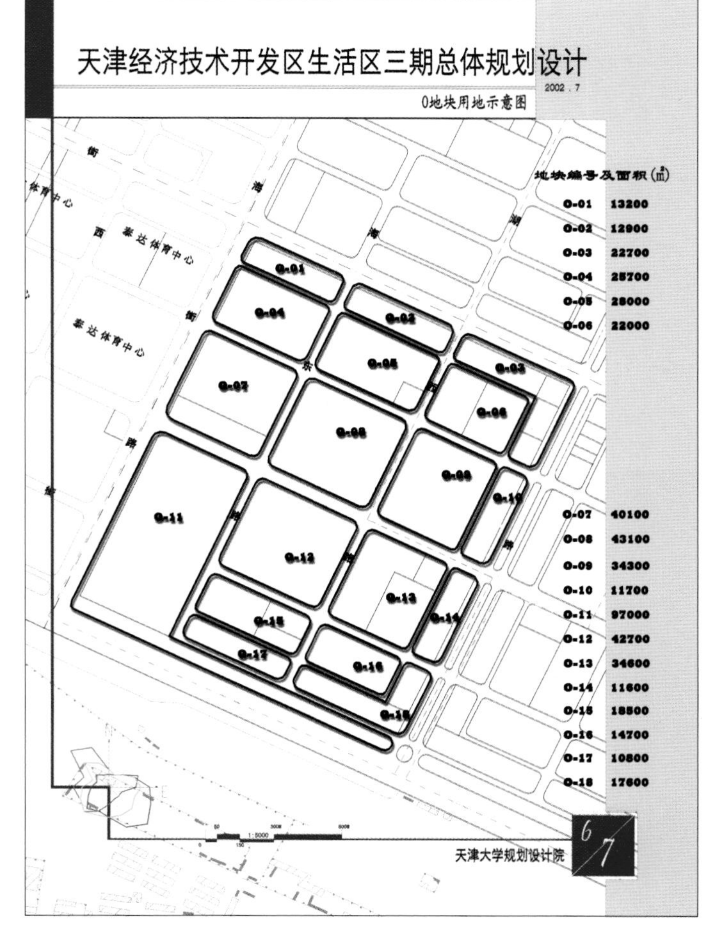

泰达广场规划设计 -1

学校 天津大学
分类 城市设计
学生 曾宪丁(四年级)
指导教师 陈 天

教师点评

围绕“天鹅”造型（天津市博物馆）的主题，避开以自我为中心的传统思路，以“云彩”来衬托“天鹅”的动感，实为方案的可贵之处。

以“云彩”衬托“天鹅”形成具有动感且整体性强的城市公共空间，并结合周边环境，以自由的轴线与城市相和谐。但方案本身西部处理尚欠火候，尺度欠推敲。

方案用色较有创意，以和谐的暖色为主的平面与冷色为主的透视对比共存，丰富了表现形式，创造出强烈的视觉冲击。

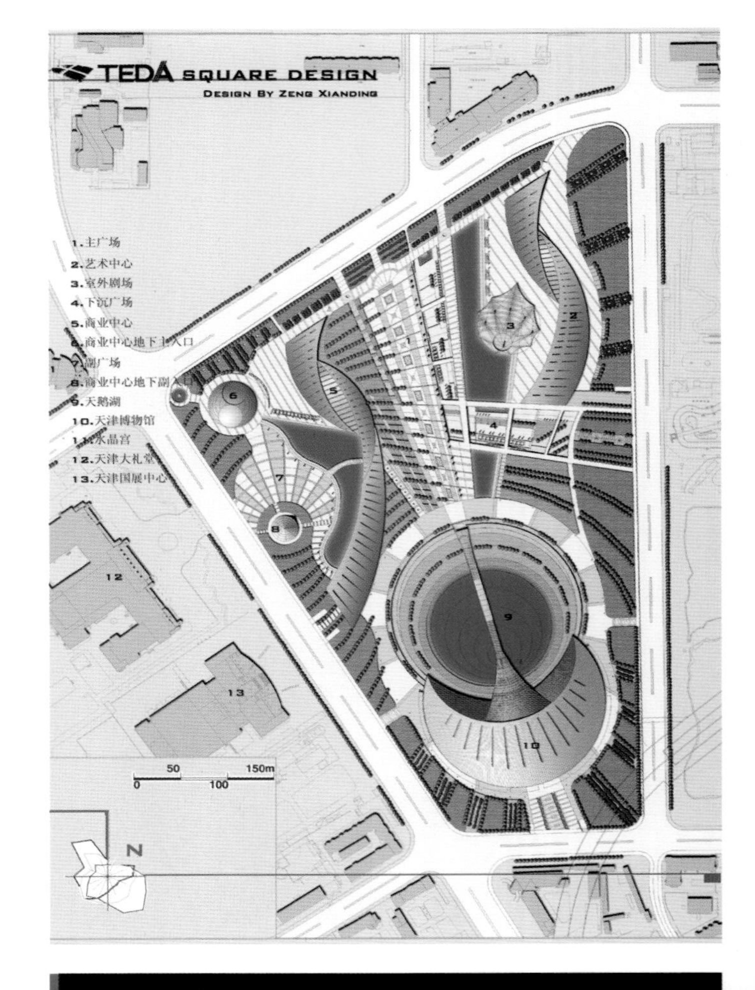

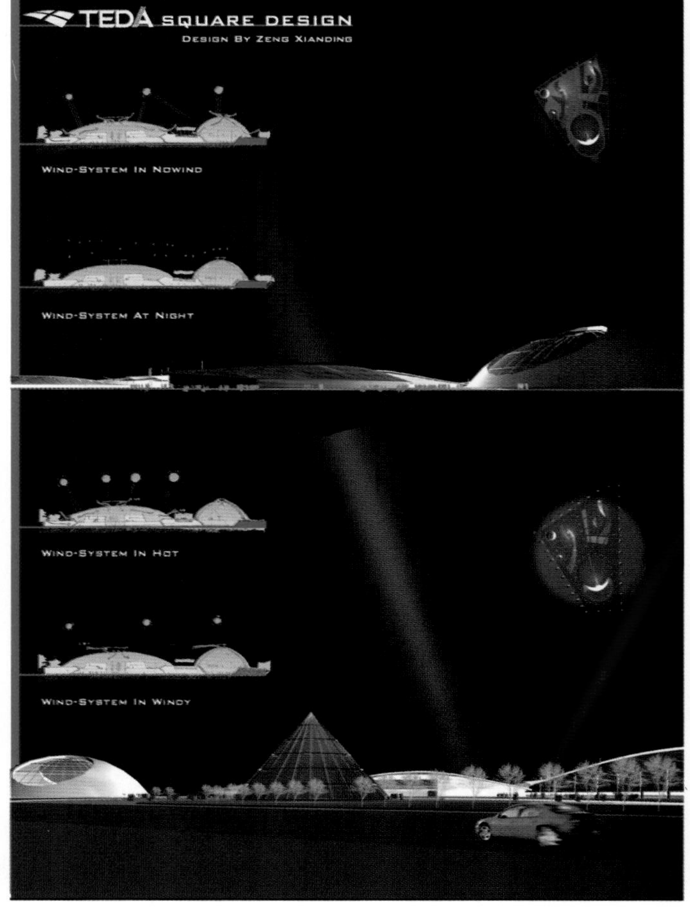

泰达广场规划设计 -2

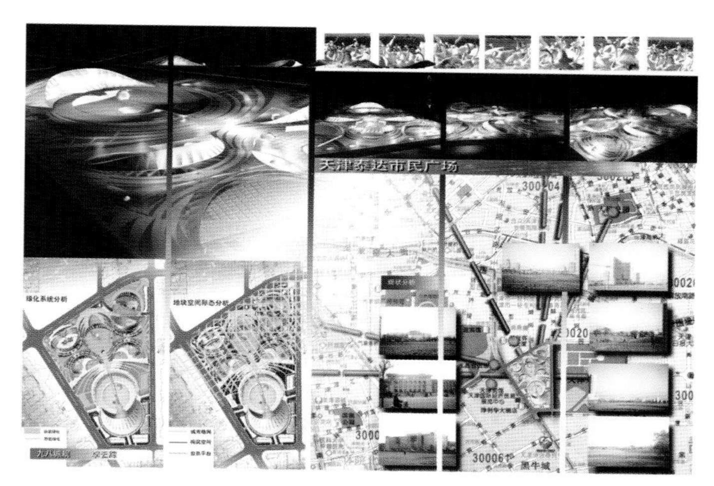

学校　天津大学
分类　城市设计
学生　李云辉（四年级）
指导教师　陈　天

教师点评

整体创意自流线走势发展而来，纯粹干净。作者似应补充一点更有力的根据支持此创意，以便使方案更具说服力。

方案具有良好、流畅的平面形态和足够的开放性，对周边严肃刻板的建筑也是一种调剂。

计算机表现给人视觉印象良好，但表现的充分度和清晰度略有欠缺。

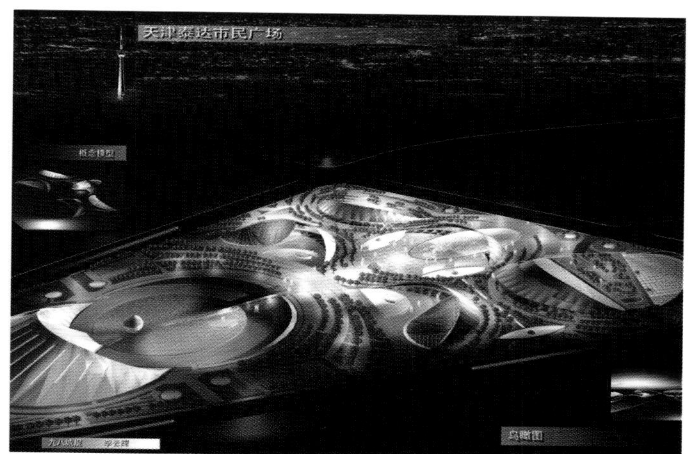

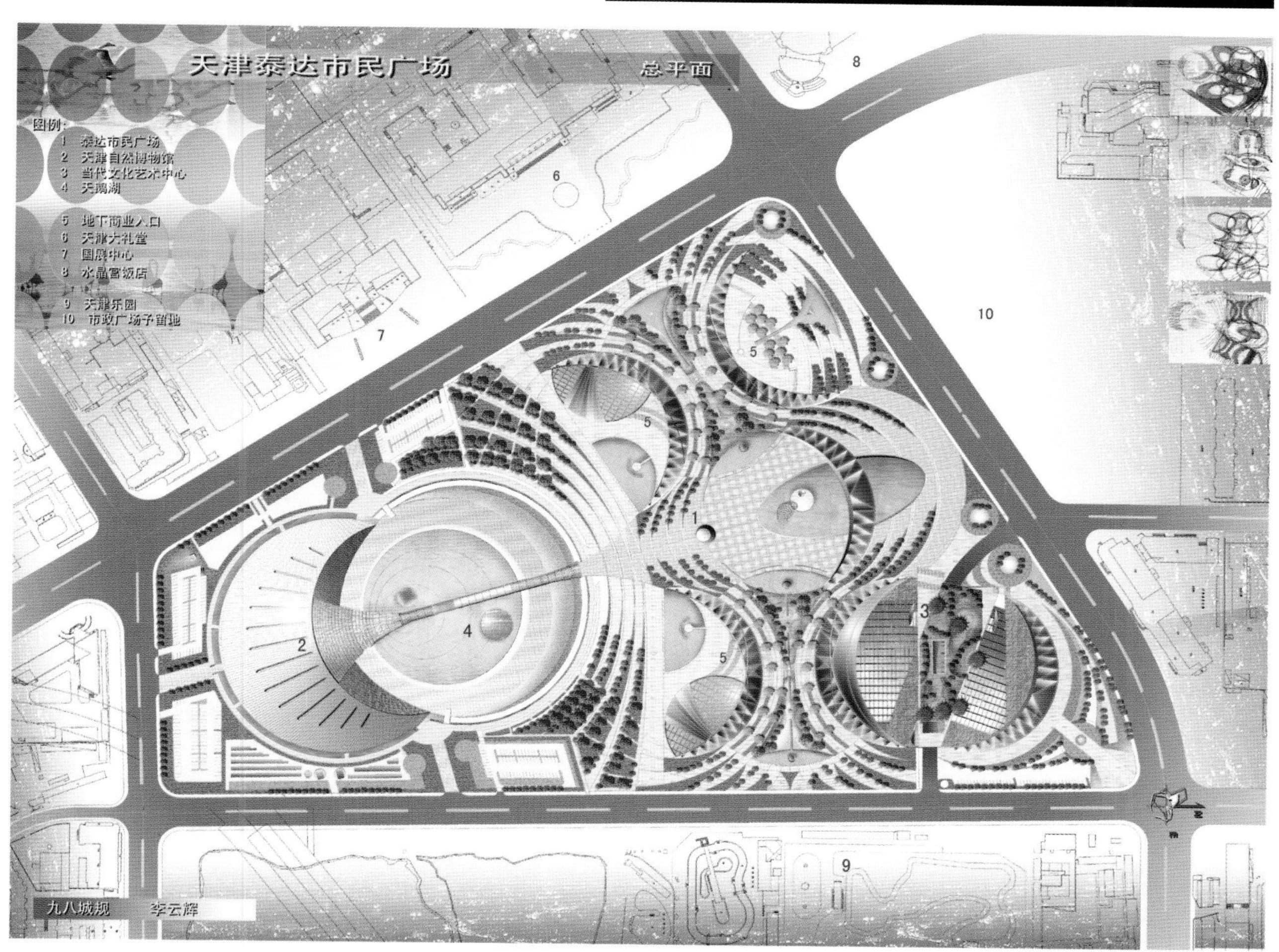

西站地区城市设计 -1

学校　天津大学
分类　城市设计
学生　程富花、孔松岩(四年级)
指导教师　龚清宇

教师点评

将铁路线路地下化，将原有铁路用地置换为城市建设用地，提高了城市土地利用率。

进行了大量深入细致的现状调查，到现场和相关部门（铁三院、规划局）收集大量资料。虽然方案可行性存在较大难度，自设难题，但提出了合理的解决方式，形成完整方案。

表现深入细致。

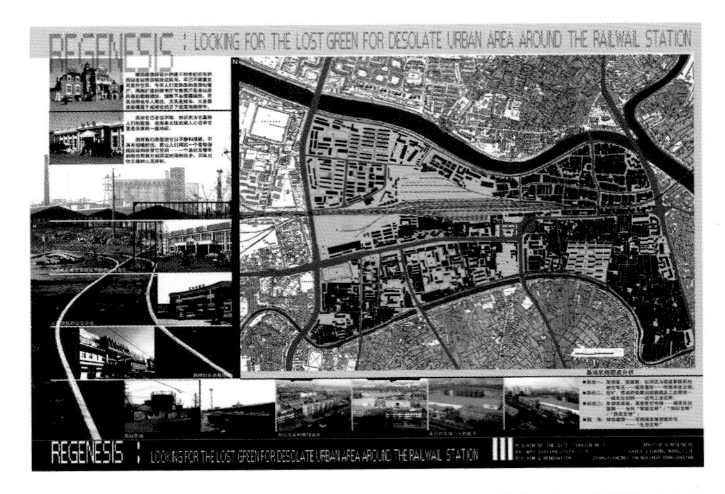

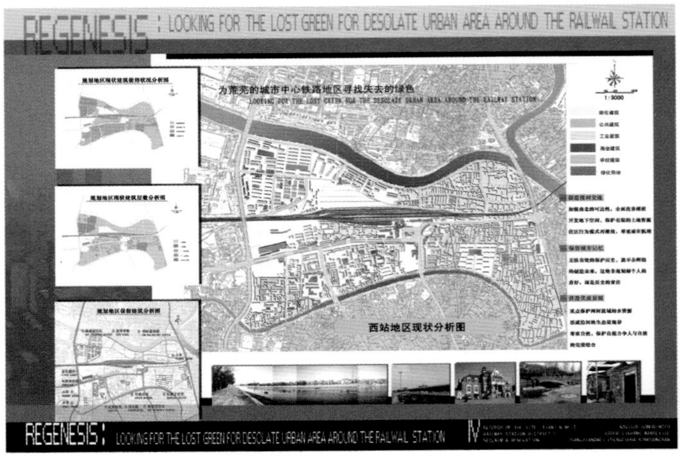

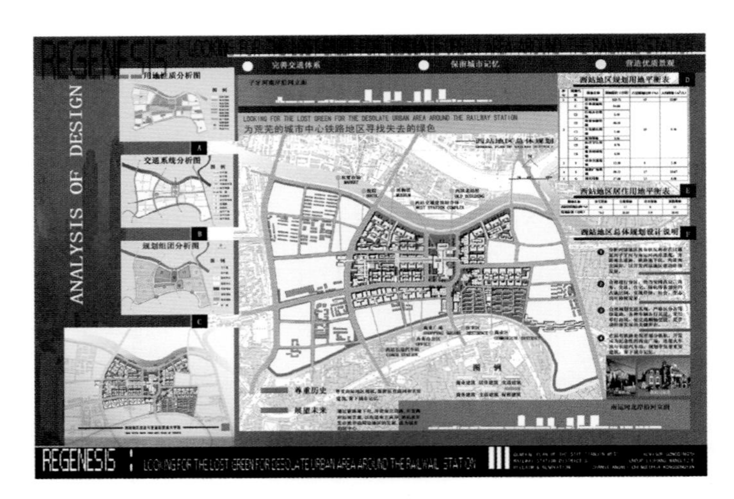

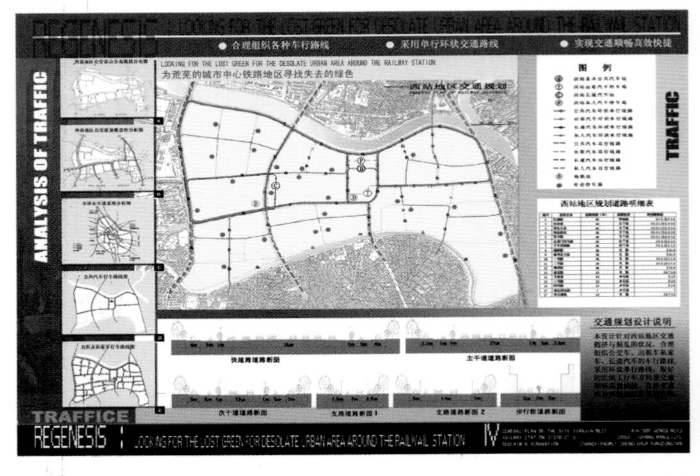

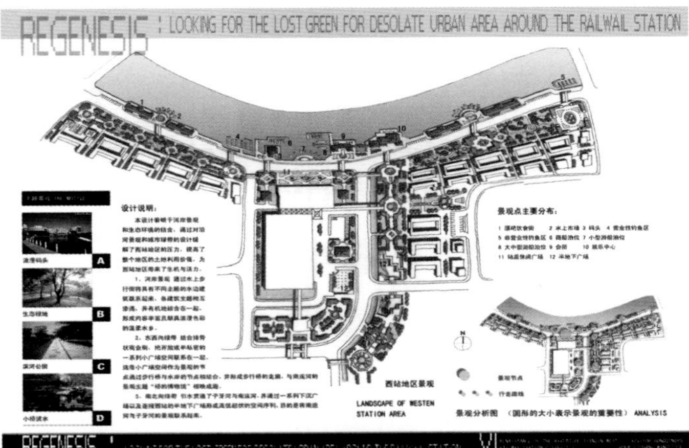

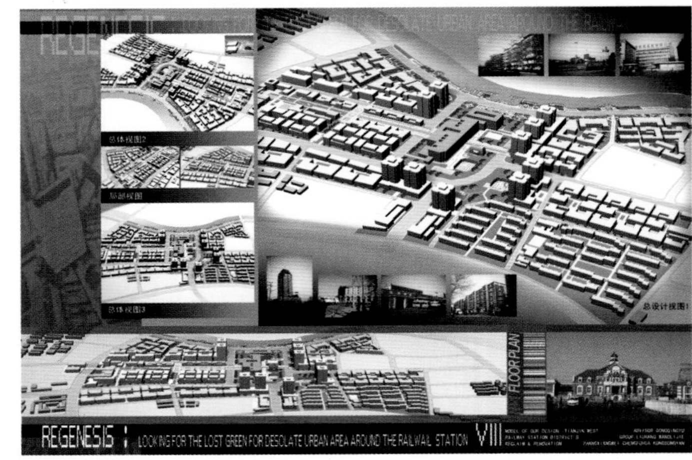

西站地区城市设计 -2

学校　天津大学
分类　城市设计
学生　王林超、白　金（四年级）
指导教师　龚清宇

教师点评

解决当下交通问题，考虑了回民区的保护与利用。

从交通问题出发，结合旧区更新提出解决方案，使技术问题得到很好的解决。

整体性好，主题条理清晰。

西站地区城市设计 -3

学校 天津大学
分类 城市设计
学生 林 静、曾宪丁(四年级)
指导教师 龚清宇

教师点评

提出城市有机生长理论，主题突出。

通过分阶段建设，使城市有机生长理论得到具体落实，形成完整建设方案。

主题表达鲜明突出。

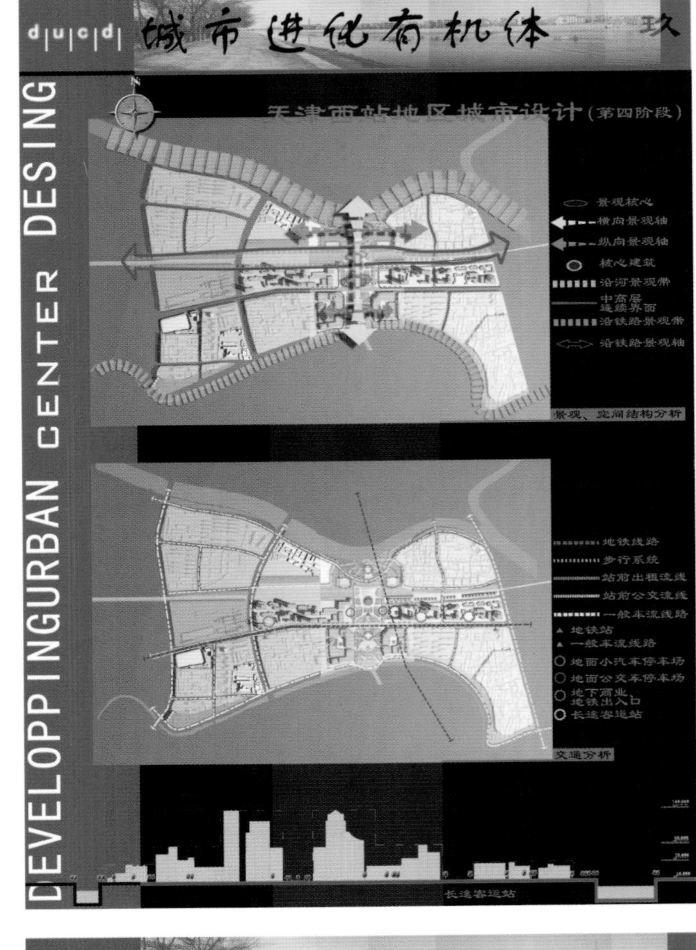

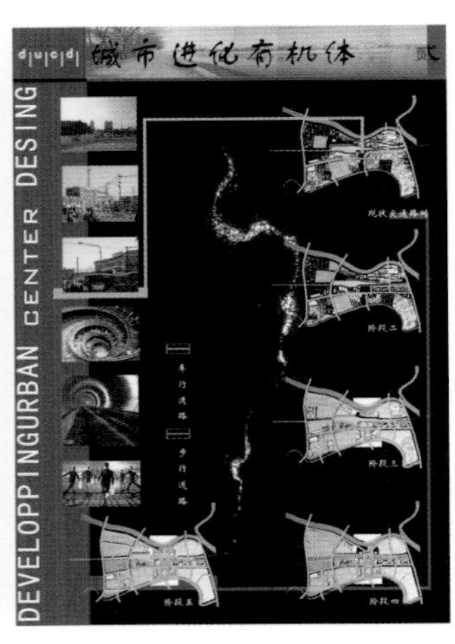

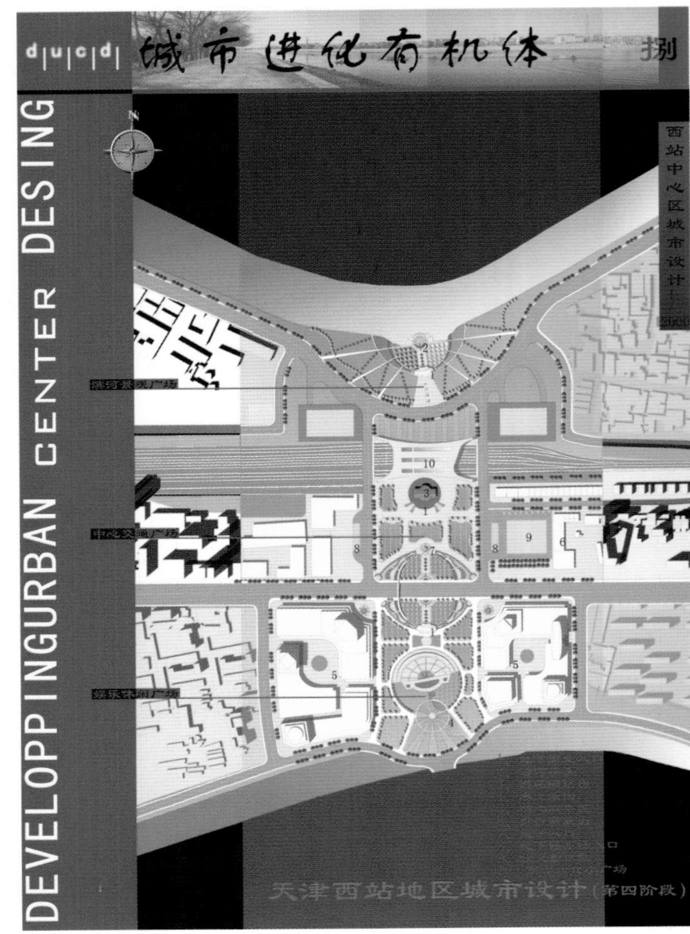

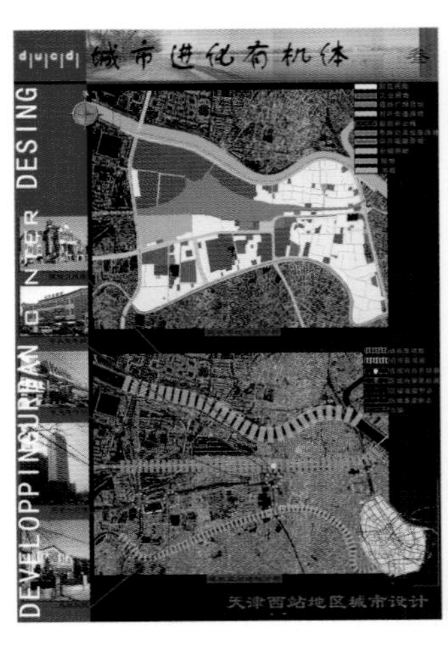

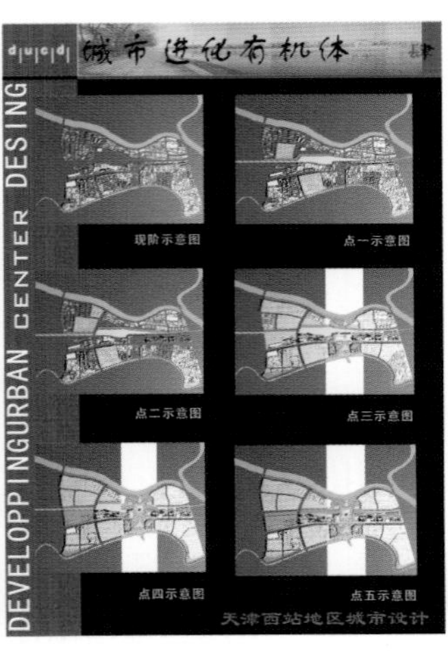

滨海新区中心区城市设计-1

学校 天津大学
分类 城市设计
学生 李　荣（四年级）

教师点评

对滨水型商务空间结构组织，交通组织，开放空间塑造进行了有益的尝试，实现一种以中低密度的混合布局为主的商务区构想。

结合交通分析、建筑街坊、空间组织，建立与滨水环境有机结合的街道网络，将CBD空间划分为“核心区”、“内缘区”、“外缘区”，建立了与之关联的功能分区、道路系统概念。向滨水区引导一个连续开放的空间序列，构成区域的空间主轴线。

表现能力较强，构思完整。图纸说明与技术指标欠缺。

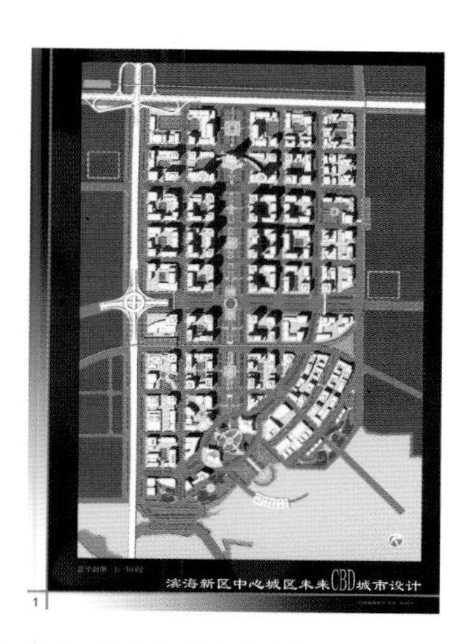

1

2

3

滨海新区中心区城市设计 -2

学校 天津大学
分类 城市设计
学生 赵博阳、郑国栋(四年级)

教师点评

建筑以同一形式的模块进行拼接、分割，形成了严整的街坊形象，水域景观的引入成为本方案的一大特色。

设计以“城”为概念，用街区化的手法处理建筑空间，一条纵深的开放空间将水域与建筑有机结合在一起。

构思完整并辅以各个空间的细节说明，能够完整清晰地表达设计者意图，但在图面色彩搭配以及整体感处理上欠深入考虑。

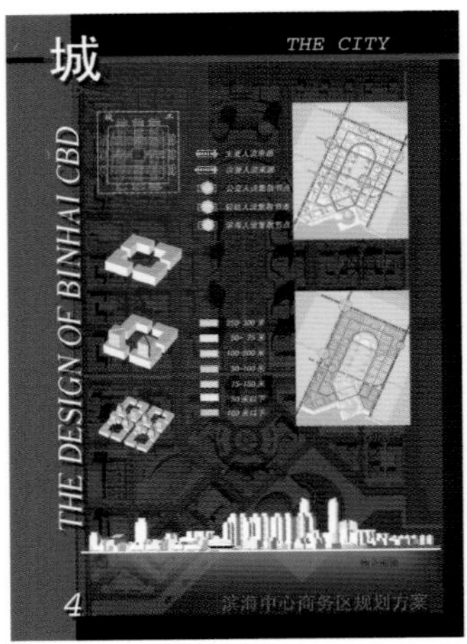

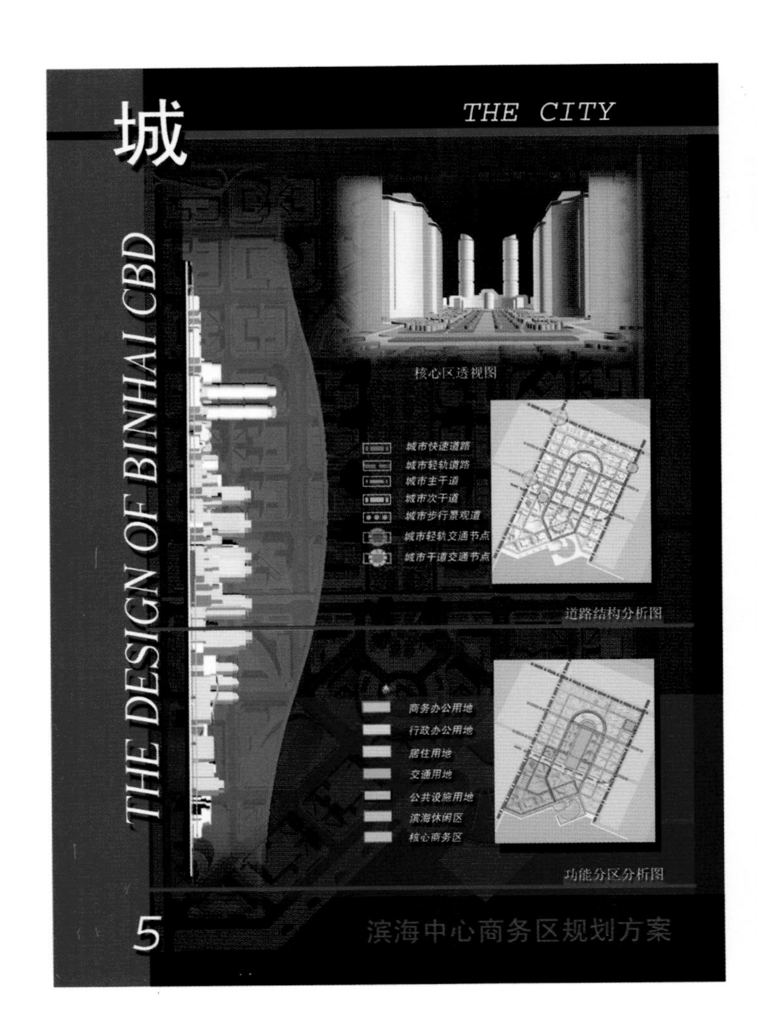

滨海新区中心区城市设计 -3

学校　天津大学
分类　城市设计
学生　王　哲（四年级）

教师点评：

注重生态这一理念，布置了城市开放空间，同时使绿色开放空间与建筑空间有机结合，丰富了城市空间系统的层次。

用不同的城市元素有机结合在一起，增强城市活力，以相垂直的两条绿带统领整个设计。水面轴线收尾过于简单，欠推敲。

色彩协调，构思完整清晰，重点突出，能够较清晰地表达设计者的意图。

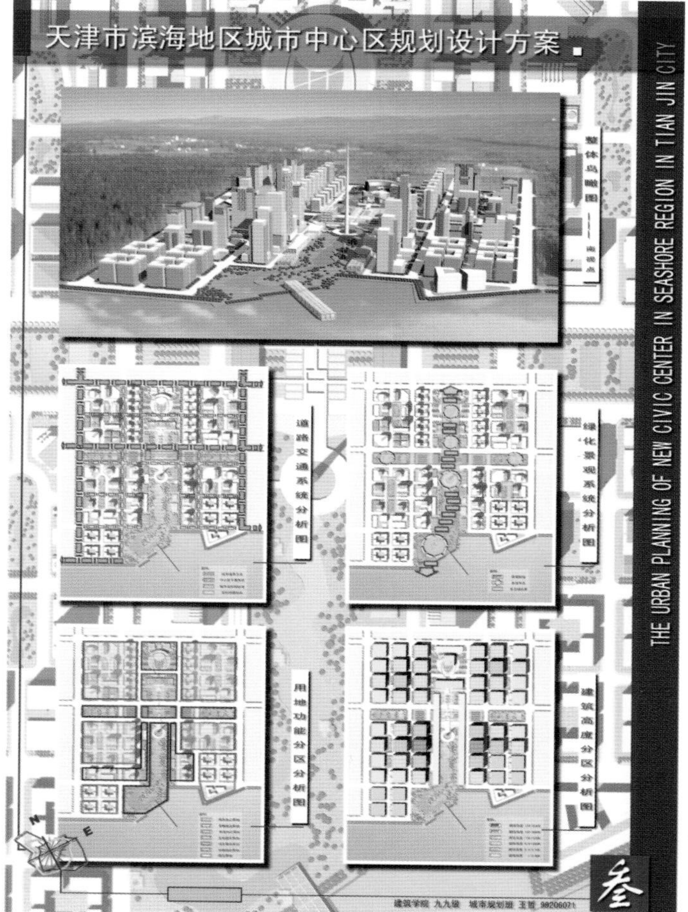

复旦大学（邯郸路校区）校园规划设计 -1

学校 同济大学
分类 城市设计
学生 赵渺希等（四年级）
指导教师 包小枫

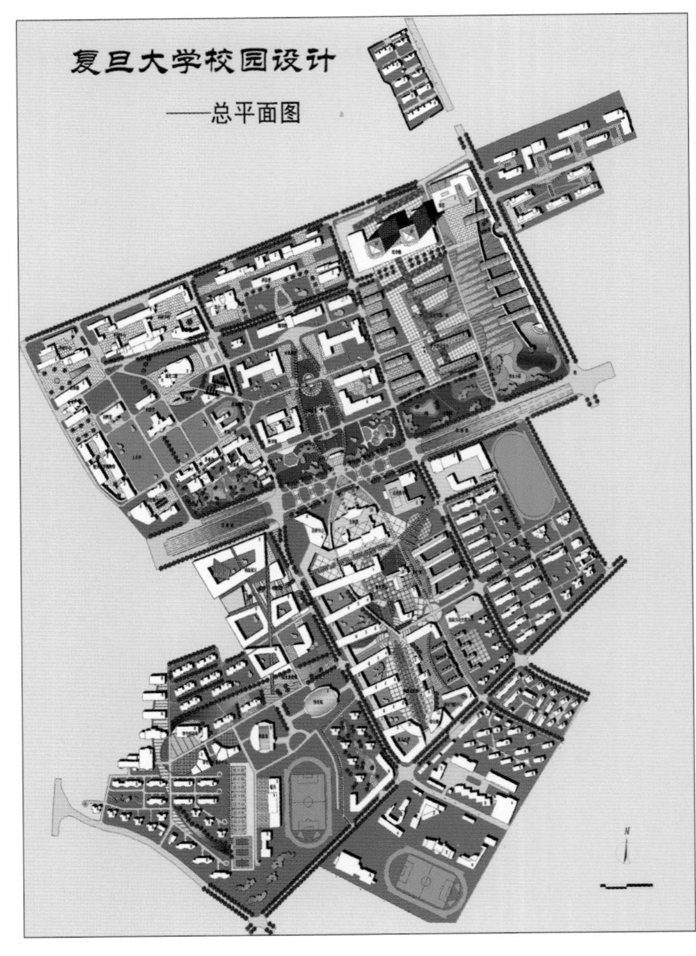

教师点评

本案从城市快速交通下穿邯郸路思考出发，用相互扭合的两条 DNA 曲线，将复旦大学邯郸路南北两侧校园连为一体；用连续空间的引导，塑造了一个传播着思想和文化，流动着的静态交流空间和强有力的形态中心。规划通过对复旦校园功能的整合、空间的编织、交通的梳理、建筑和景观的聚散组织，延续了复旦近百年的历史文脉，并开创出更加鲜明的校园形象。

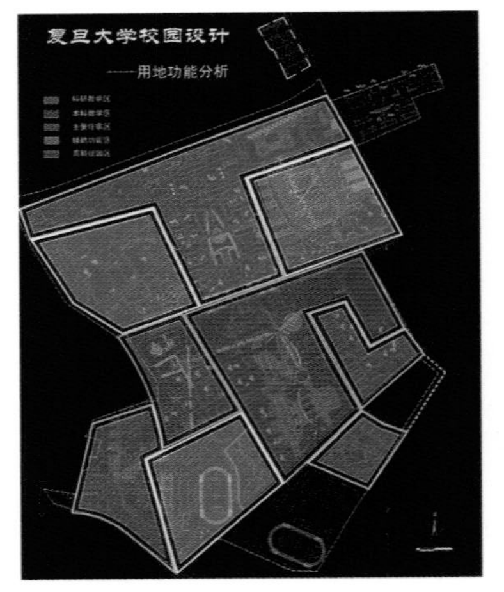

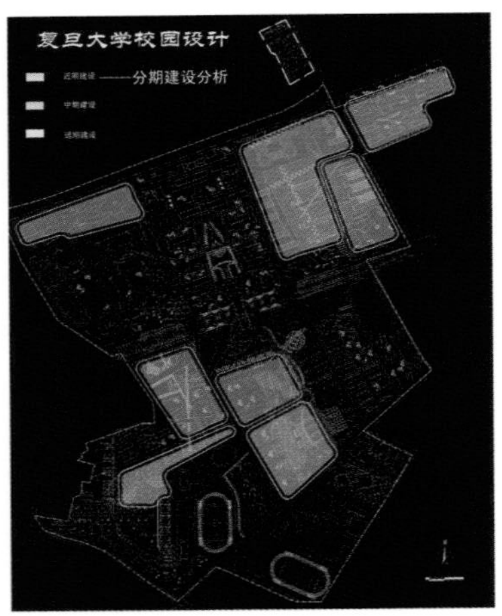

复旦大学（邯郸路校区）校园规划设计 -2

学校　同济大学
分类　城市设计
学生　贺宇凡等（四年级）
指导教师　包小枫

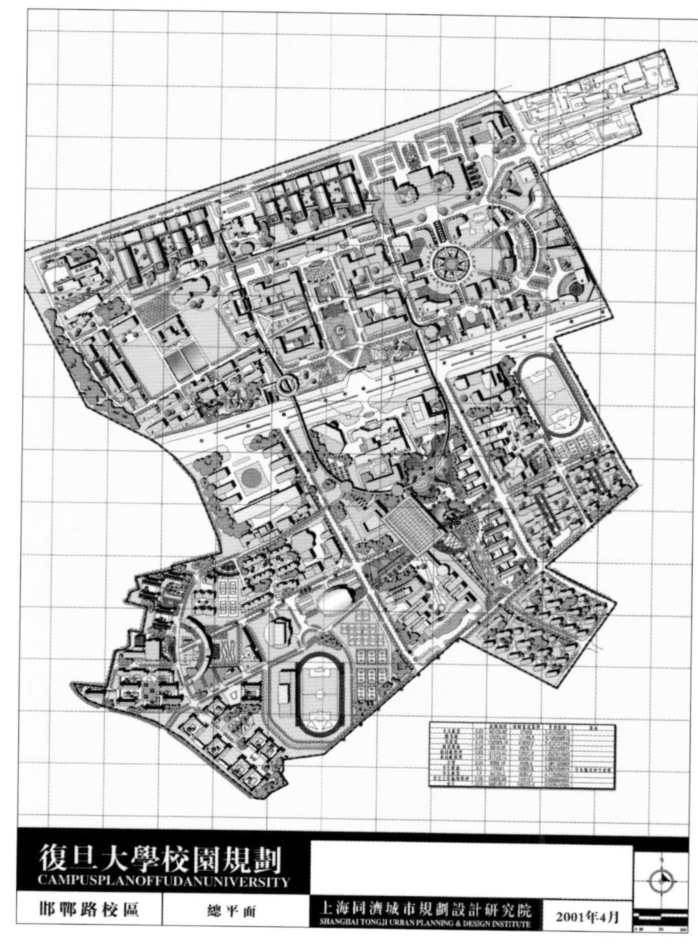

教师点评

本案对复旦校园进行了大胆的改造建设。方案的核心框架是跨越邯郸路地面交通的环形高架系统——一个交通的环、结构的环、景观的环。遵循“教学科研集中、生活服务分散”的中心聚集发展构想，环形系统一方面将公共教学与图书馆等校园核心建筑收于环内，同时通过相切、相交、包含的关系将校园内的数条轴线统一于这一环上，将庞大的校园收束为一个整体，结构严谨，分区明确。

环形系统亦是景观的长廊——利用空中优势一方面有效控制校园各广场与景观节点，同时又通过自身形式的变化，把视点由地面转向空中，创造出崭新而独特的校园景观。

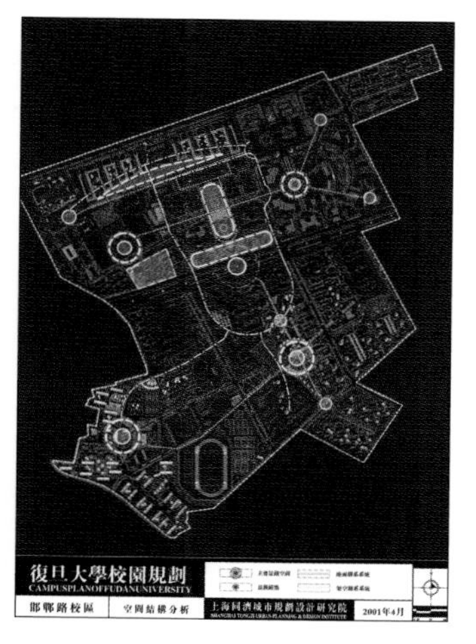

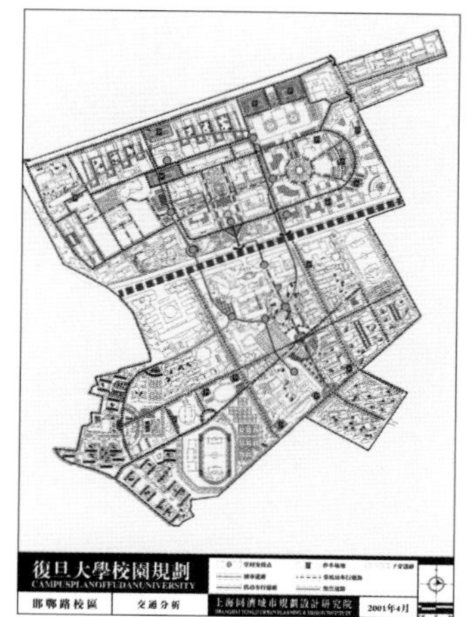

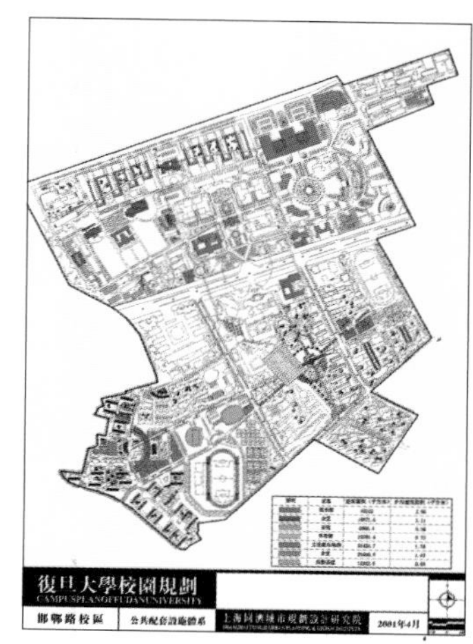

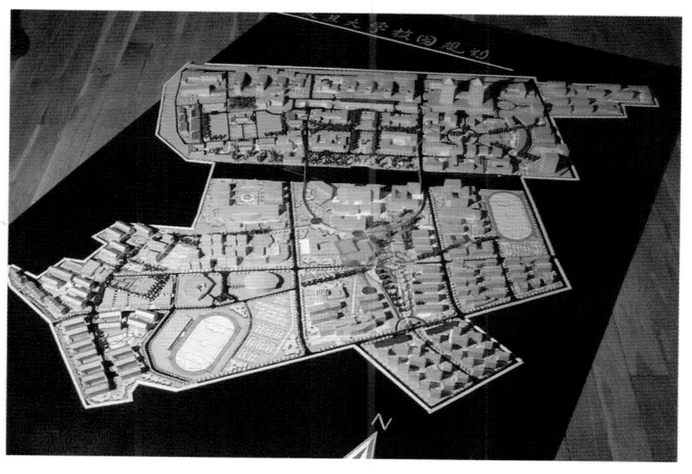

复旦大学（邯郸路校区）校园规划设计 -3

学校　同济大学

分类　城市设计

学生　张　立、谭征桢、彭雪辉（四年级）

指导教师　王　骏

教师点评

本案对复旦校园现状和周边交通作了详细、细致的调查。在原有校区的骨架上，通过空间的整合和修复，形成六个相对完整、空间肌理相异的有机组团。通过一个下穿邯郸路的环状连续公共开敞空间将南北校园各个功能组团紧密联系，并通过视线的连续和空间的开敞塑造了一个新旧融合、环境优美、尺度宜人，并具有个性特点的世纪名校。

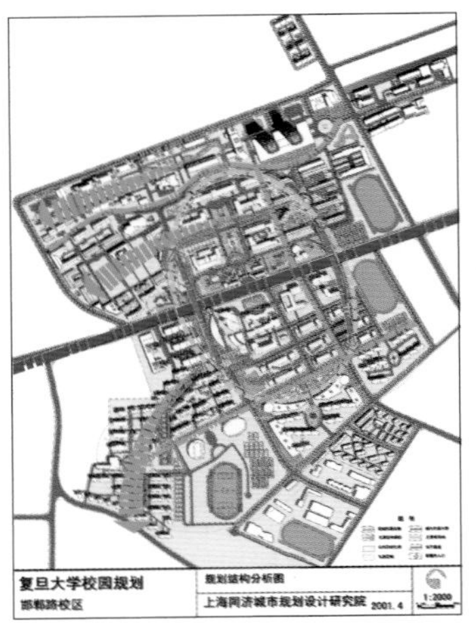

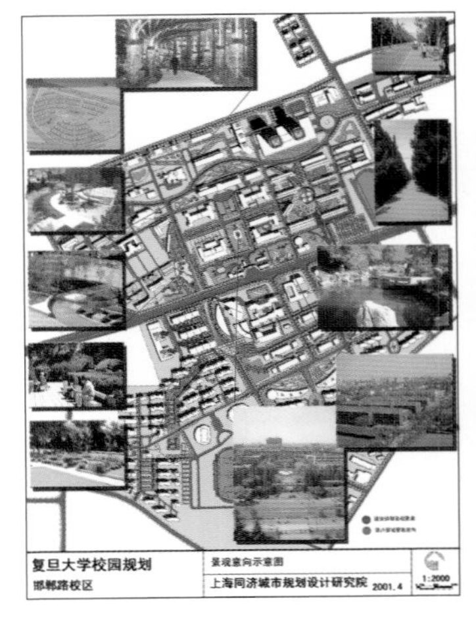

十六铺地区城市设计 -1

学校 同济大学
分类 城市设计
学生 孙 光、吕 梁、刘 畅（四年级）
指导教师 张轶群

教师点评

该地区为外滩一体化整体建设的中段区域，是以旅游服务为主，以延伸和补充中央商务区功能为辅的综合功能区。该设计方案通过对上海城市及本区域现状与背景文化的大量调查，提出：无论从功能的角度还是空间形态的角度，它都是一个过渡地带。因此，不宜过分强调新兴城市空间的独立性格，而应以一种“谦和”的姿态，在豫园地区与小陆家嘴地区间建立一座桥梁。

设计将基地从北至南分为三个组团，恰当地解决了各部分的功能需求。在形态上，较好地把握了城市空间开发的尺度与密度，延续了城市的现有文脉，既突显了老外滩在本地区空间结构上的核心意义，又通过“商业综合体”的开发和滨江休闲岸线的设置，进一步拓展和丰富了地区的旅游服务功能，并促进了豫园商业旅游区与外滩滨江地区的功能通道，为地区增加了特色与魅力。

步行系统丰富了滨江地区的开放空间的层次与景观利用的方式，组合出丰富的、糅合了功能与景观的城市空间，使中心区段巧妙地、自然而然地成为真正意义上的“滨江公共生活中心”。

本设计比较注重空间经验与场所感受，注重在不同层面对设计对象的分析，构思具有一定的深度。

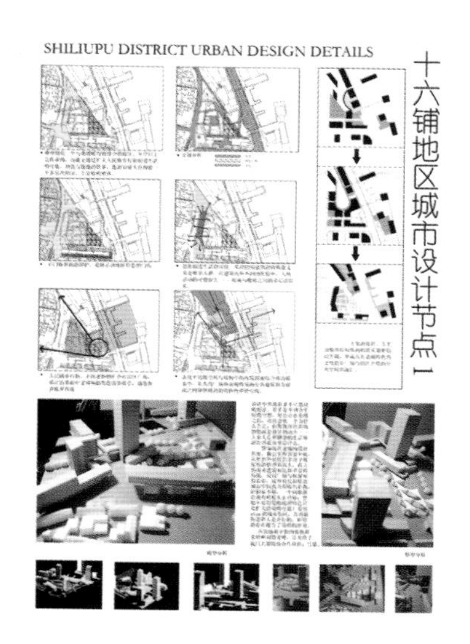

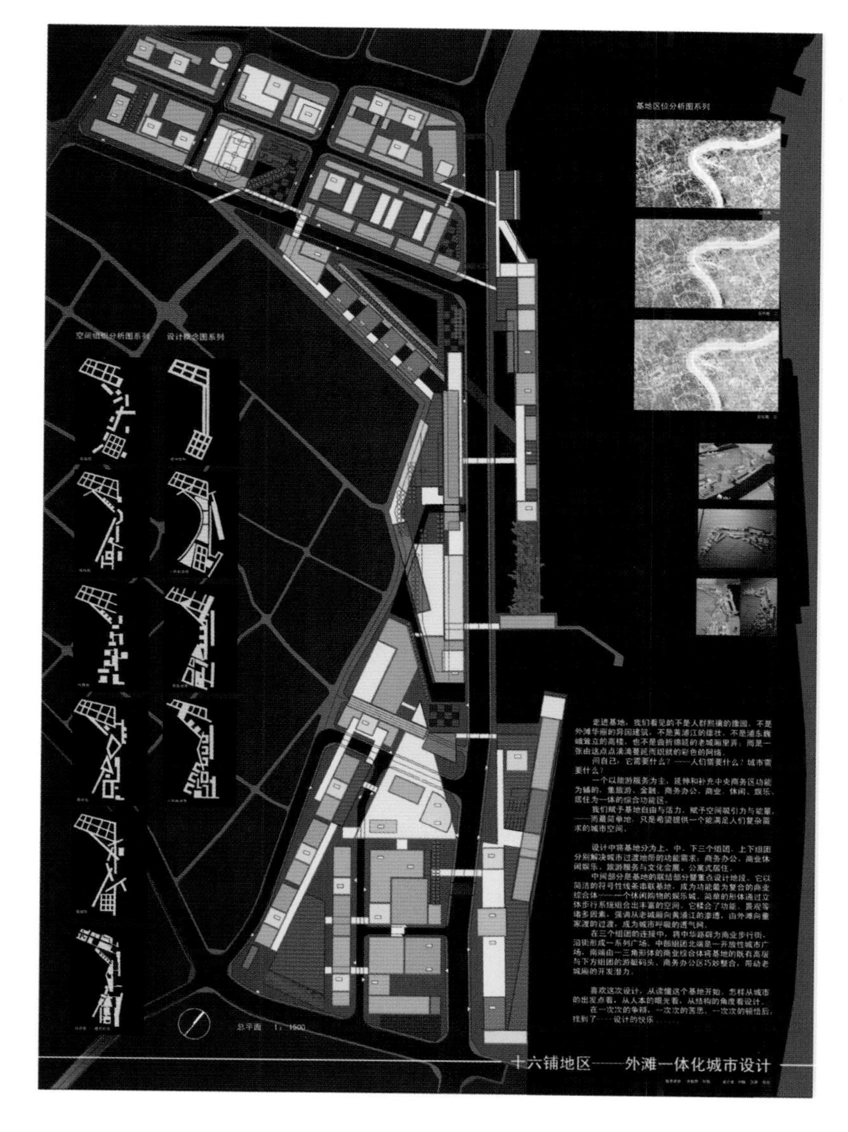

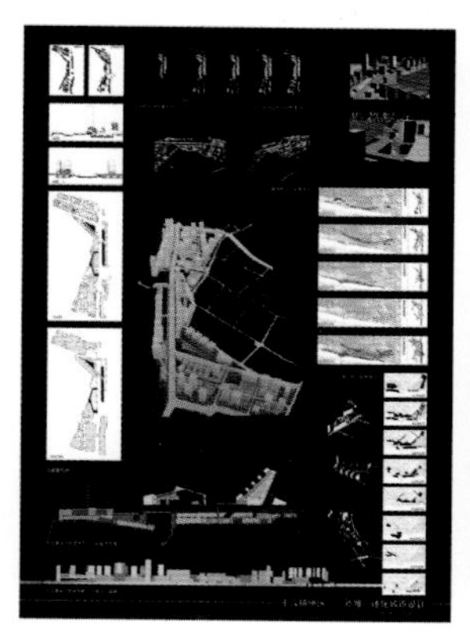

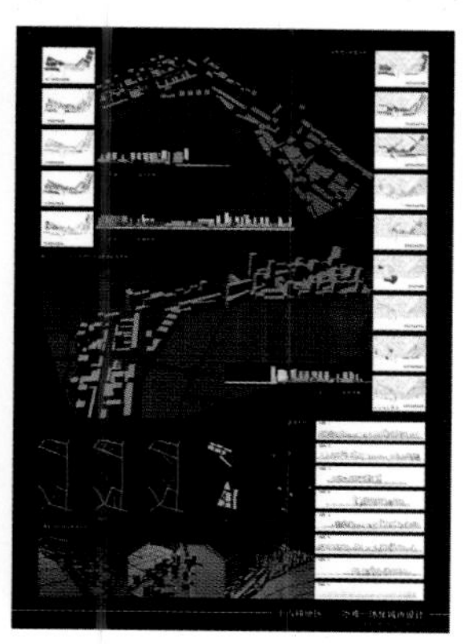

十六铺地区城市设计-2

学校　同济大学
分类　城市设计
学生　范燕群、刘　璇、胡　浩、葛　岩（四年级）
指导教师　张轶群

教师点评

这里展示的是与一个完整的教学过程（现状调查、分析与评价→整体城市设计→区段与节点设计）相对应的教学成果。

此设计方案在总体设计中力图在浦江沿岸的黄金地段创造一个新型的城市中心，在历史性外滩以及整体都市之间提供一个具有凝结力的过渡纽带，在空间上充分利用浦东陆家嘴金融之对景，在核心区域采取大面积“留白”的作法，以一系列动态的空间尺度与形态迥异的广场群，引入江景，并与豫园相对应，以造隔江相望、今昔共存之势。

在交通上，利用地下隧道解决中山东二路造成的割裂状态，使核心空间直接亲水。

方案的另一特点在于对十六铺客运码头的保留与改造，并以此为中心形成休闲娱乐综合区，丰富了地区的旅游服务功能。

方案在公共空间尺度与密度的把握上稍嫌不足，个别建筑与广场的尺度过大。

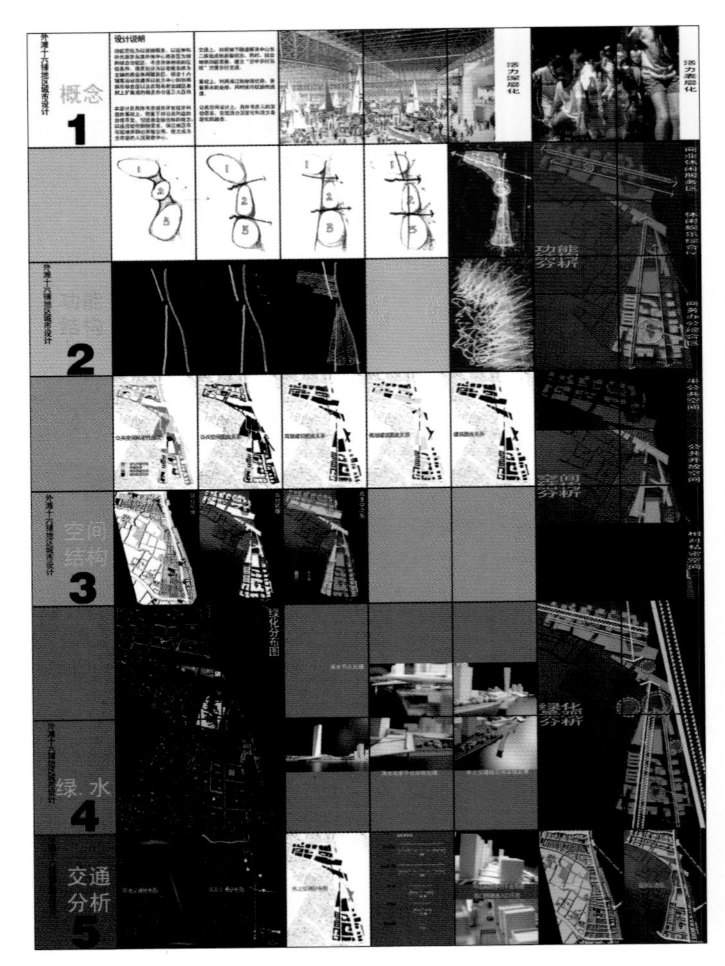

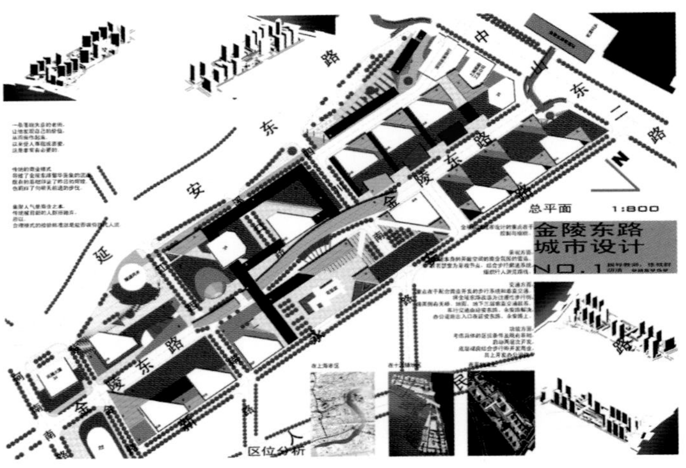

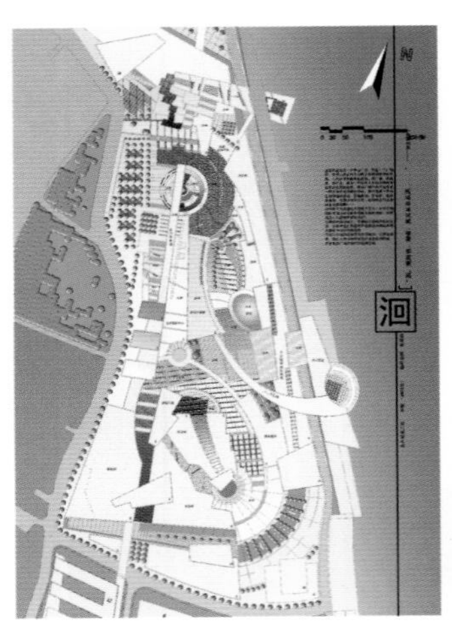

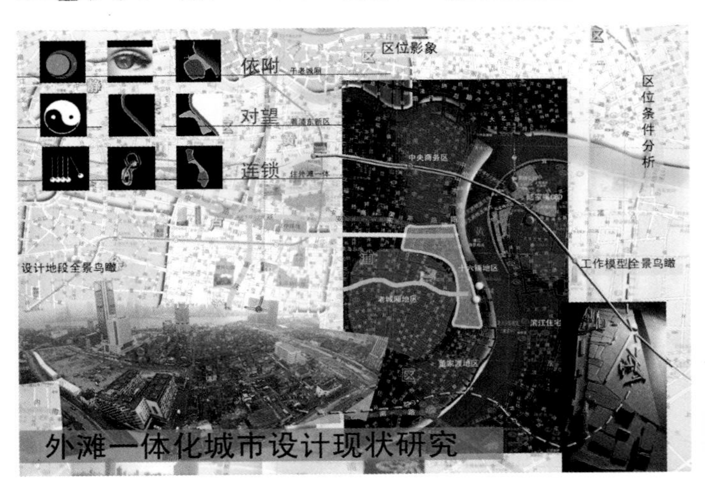

南京西路石门路地区城市设计 -1

学校 同济大学
分类 城市设计
学生 赵锦华、朱 炜、周 俊、刘福振(四年级)
指导教师 张轶群

教师点评

由于地铁二号线在此地区经过，给石门路、吴江路地区的改造与再开发带来了机会。设计命题为“商业街区的设计与开发”，但设计者没有就商言商，而是另辟蹊径，结合地段内大量里弄建筑的保护与再开发，提出了“文化街市”的概念。

本方案在对地区内里弄建筑全面、详实地调查的基础上，借鉴上海新天地开发的成功经验与苏州河沿岸的艺术生存方式，以怀旧的空间形态、全新的生活、文化、艺术形态为历史街区注入新的活力，也丰富了南京西路地区的商业形态。

在里弄建筑的改造与设计方面，方案构思新颖、细腻，从入口、广场与街区三个层面，运用场所塑造的方法，注重核心空间的情境设计，并糅合了现代的建筑语汇与材料，对空间资源进行整合，打破封闭的空间格局，使其向城市开放。

本设计从方案构思、模型制作到成果表现都表现出极强的创造力。

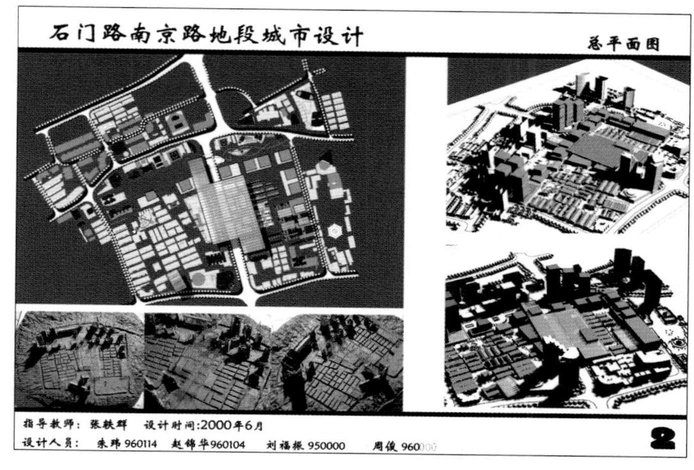

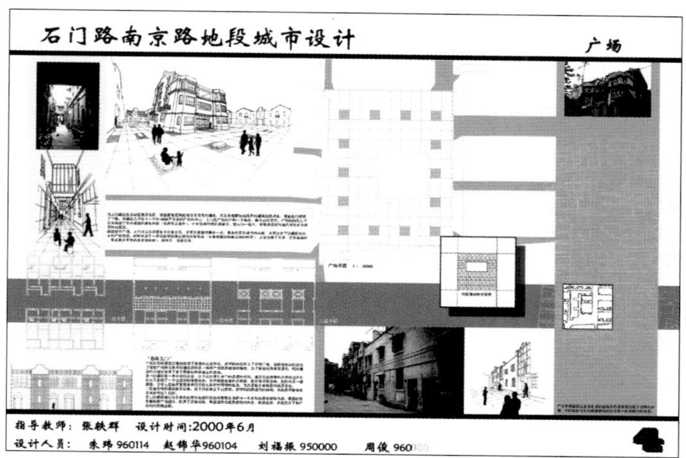

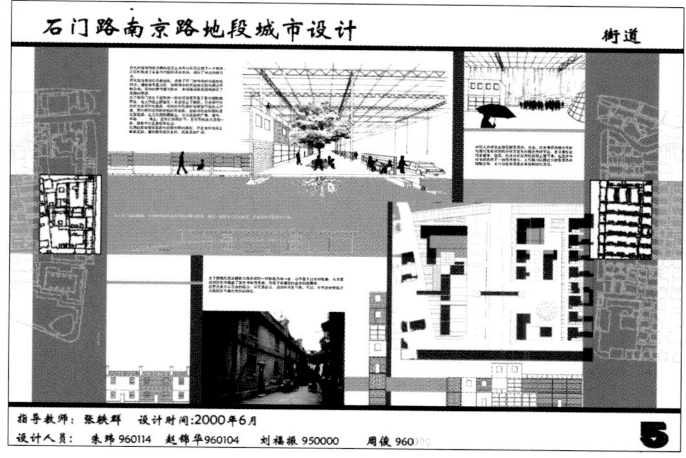

南京西路石门路地区城市设计-2

学校 同济大学
分类 城市设计
学生 朱弋宇、郑 科、赵之怡(四年级)
指导教师 张铁群

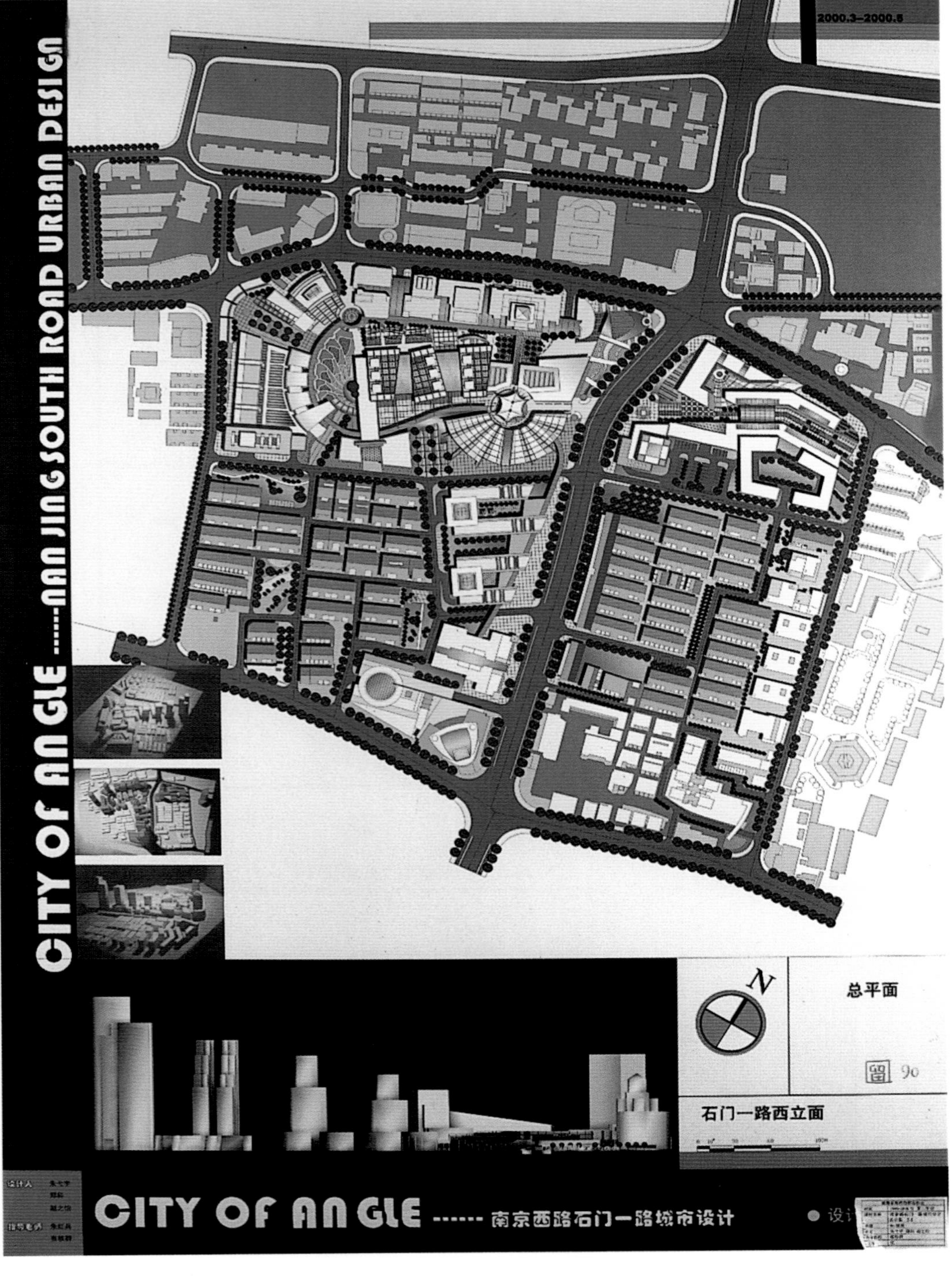

南京西路石门路地区城市设计-3

学校 同济大学
分类 城市设计
学生 朱弋宇(四年级)
指导教师 朱红兵、张轶群

南京西路石门路地区城市设计－4

学校 同济大学
分类 城市设计
学生 郑 科（四年级）
指导教师 张轶群

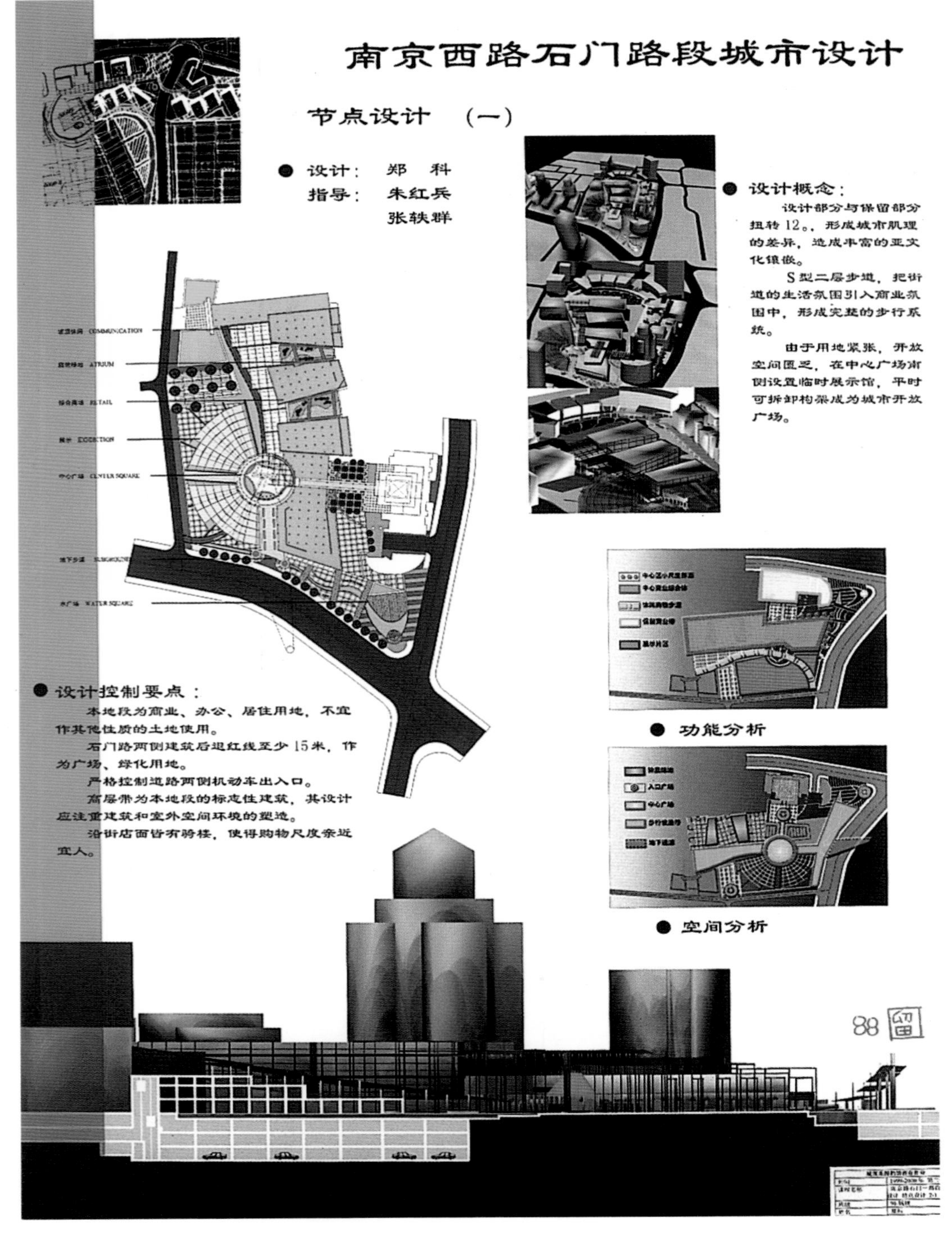

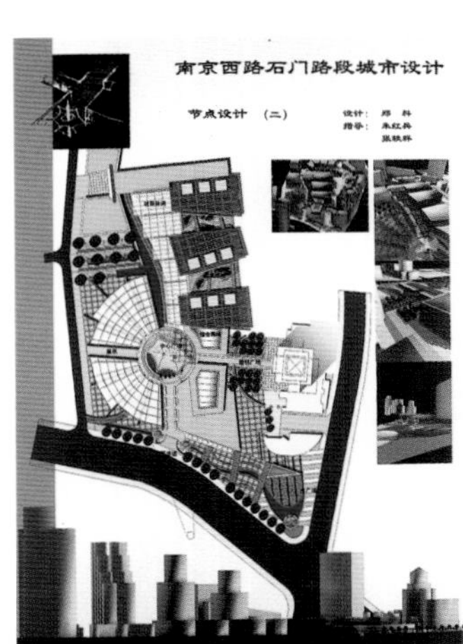

董家渡地区城市设计

学校　同济大学
分类　城市设计
学生　汪　辉、余　兰、刘　艳、许菁云（四年级）
指导教师　张轶群

教师点评

本项目为外滩一体化整体建设的南段，功能定位为“以高档居住、休闲功能为主的滨江居住区”。设计方案以“系统层叠”的方法将高层建筑、社区公园、带状绿地、公共设施、历史建筑群以及交通枢纽用一个二层的平台步行系统组合在一起，并编织了一个网络，联结了基地的不同部分。

东西向“梳状”的绿化与公共设施带在引入了江景的同时，改善了基地的土地开发的价值与条件。

社区公园、董家渡教堂与公共设施共同成为整个区域的公共中心，与南浦大桥比邻的“交通综合体”也是方案的一个特色。有机自然的结构网络在塑造整体形态的同时，也形成了丰富自然、别具特色的竖向城市天际形态，与浦江对岸的高层建筑群遥相呼应。

方案的不足之处在于对公共设施的规模缺乏推敲，稍嫌庞大。

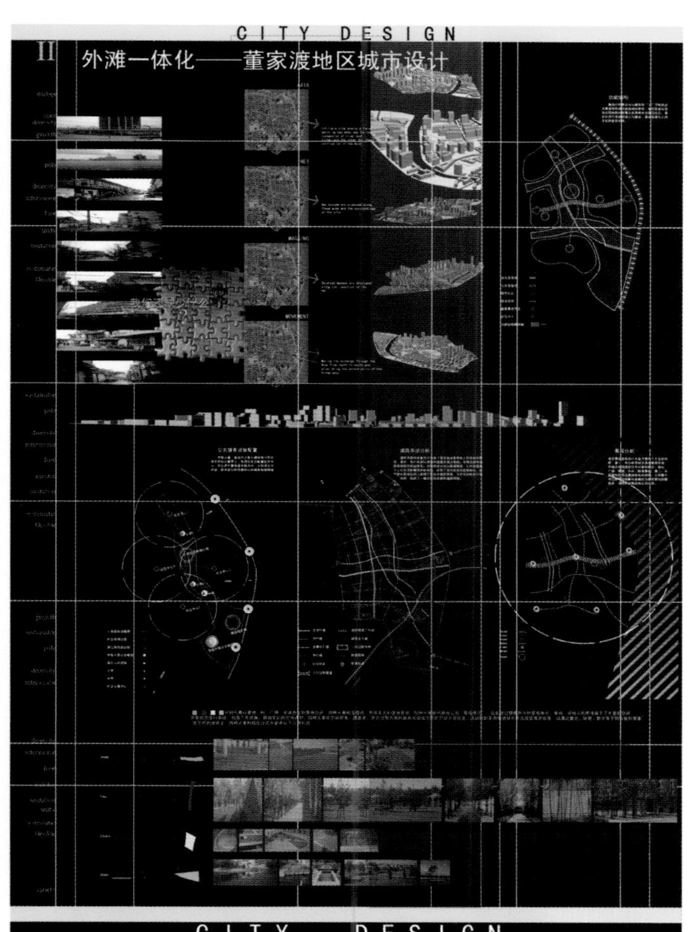

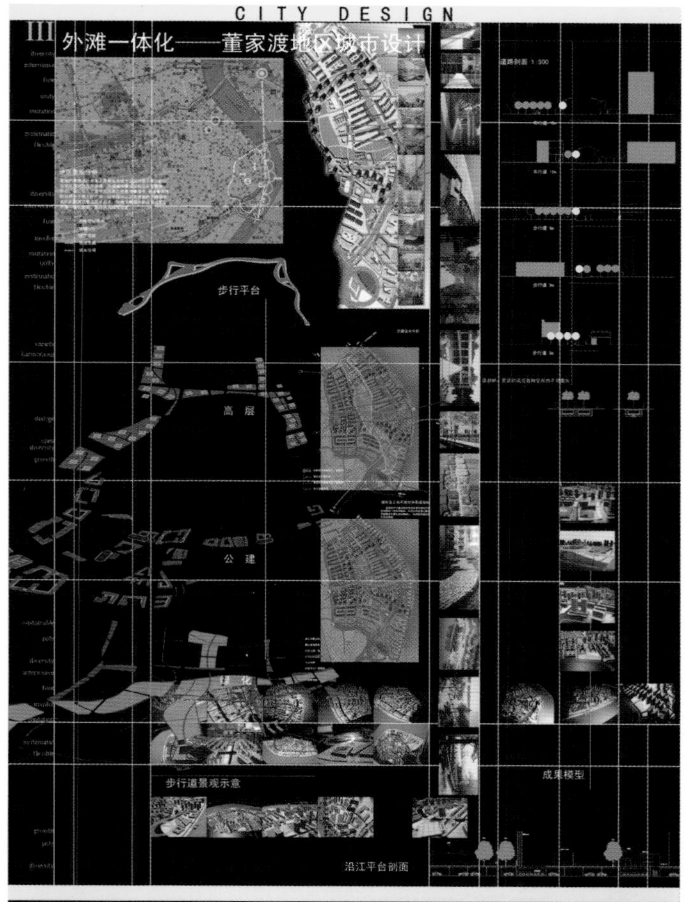

池州市城市（主城区）总体规划（调整）

学校　同济大学

分类　城市总体规划

学生　李　萱、周旋旋、金运丰、王　荻、田　野、刘　畅、吕　梁、汪　辉、张　驰、张尔薇、李新阳、周文娜、程　琳、欧豫宁、凌永丽（四年级）

指导教师　赵　民、张　松

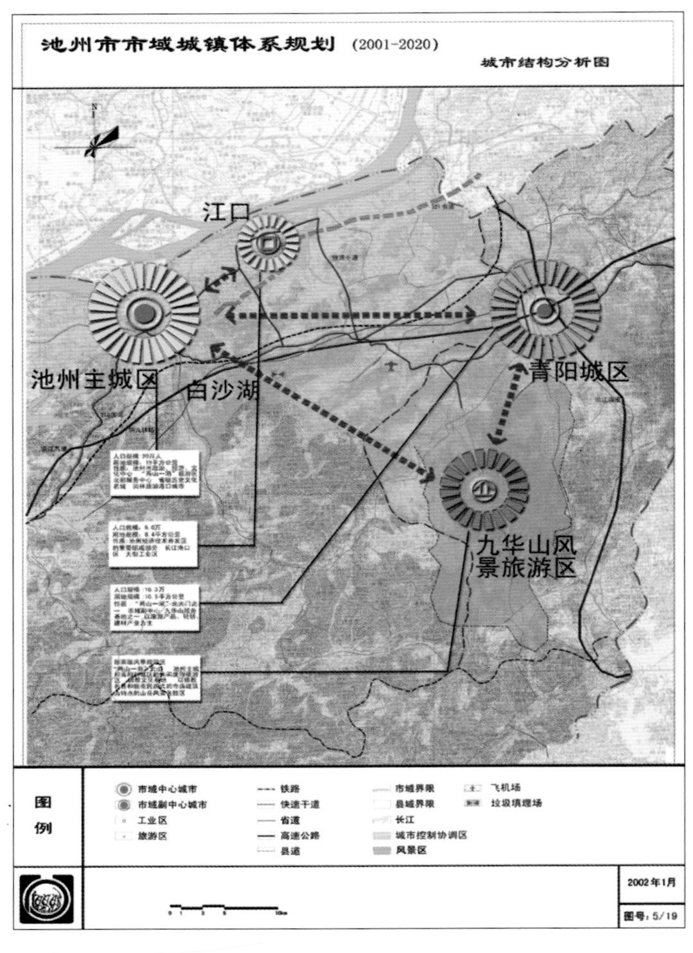

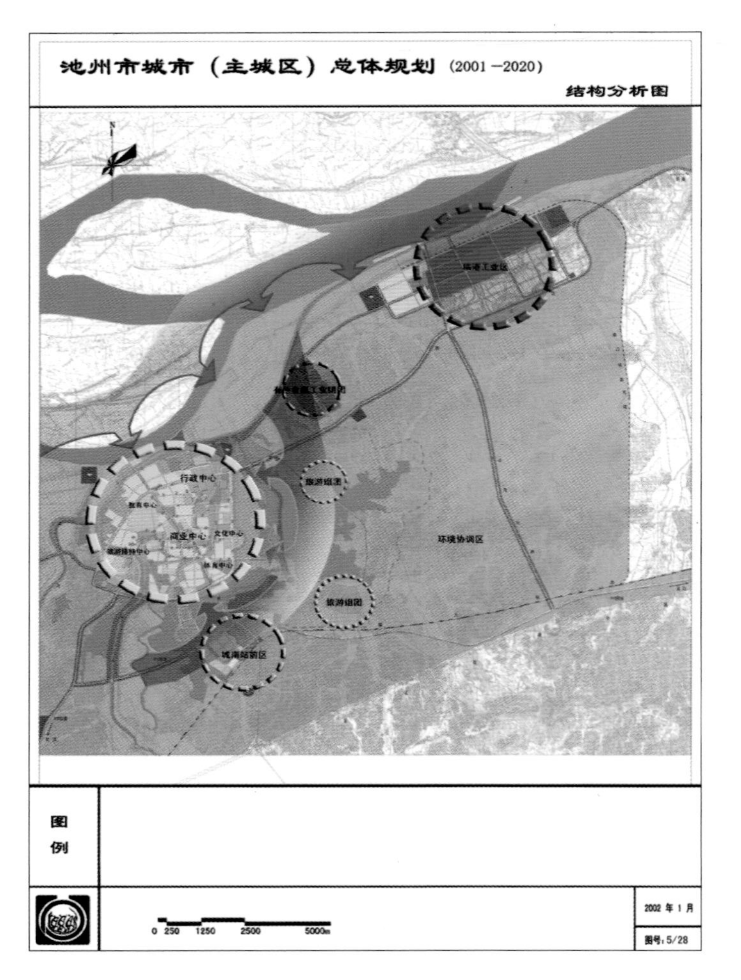

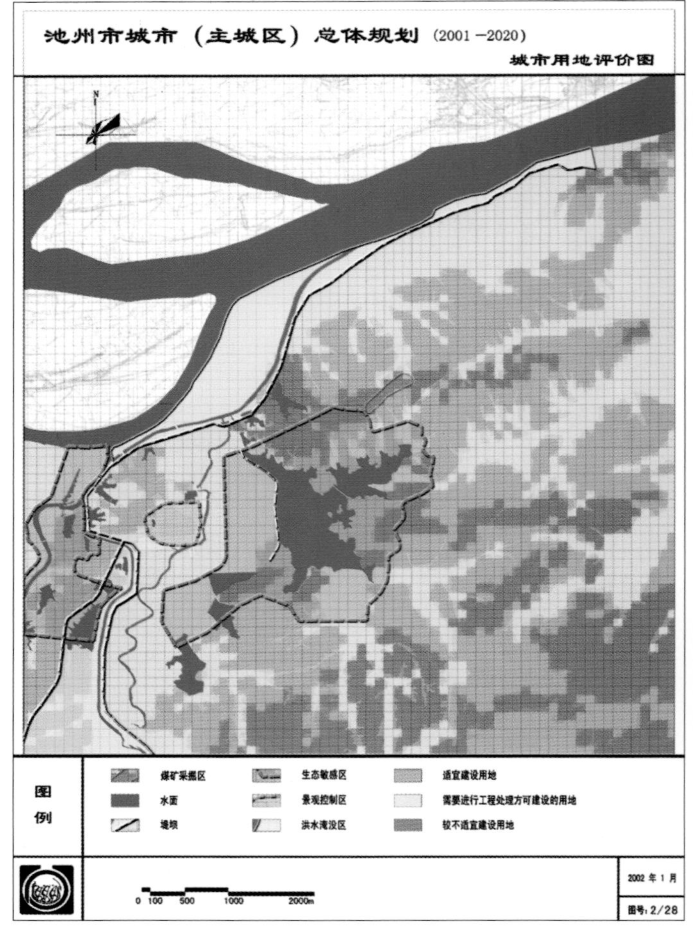

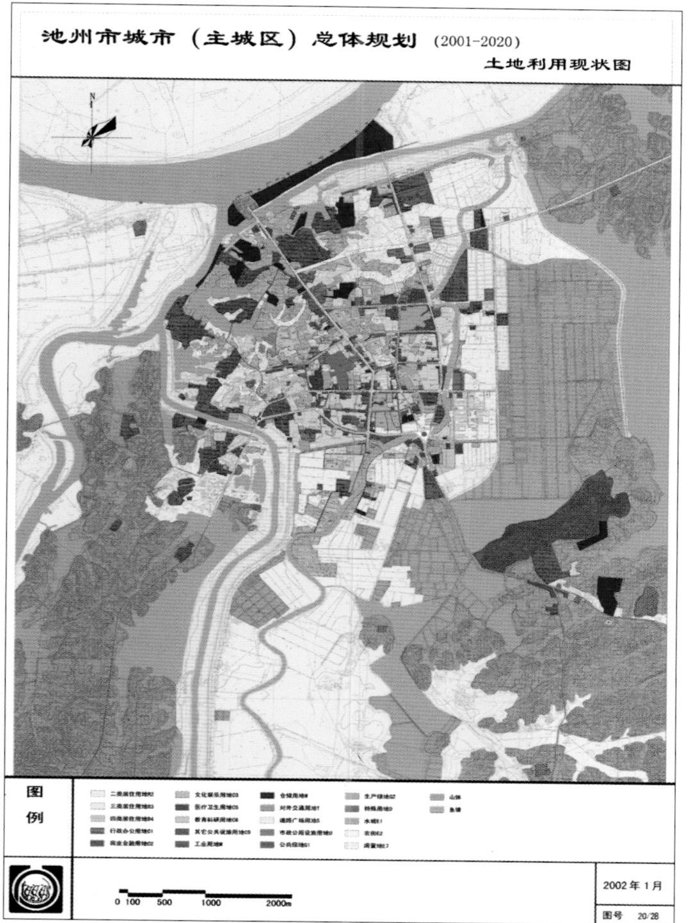
池州市城市（主城区）总体规划 (2001-2020)
土地利用现状图
图例
2002 年 1 月
图号 20/28

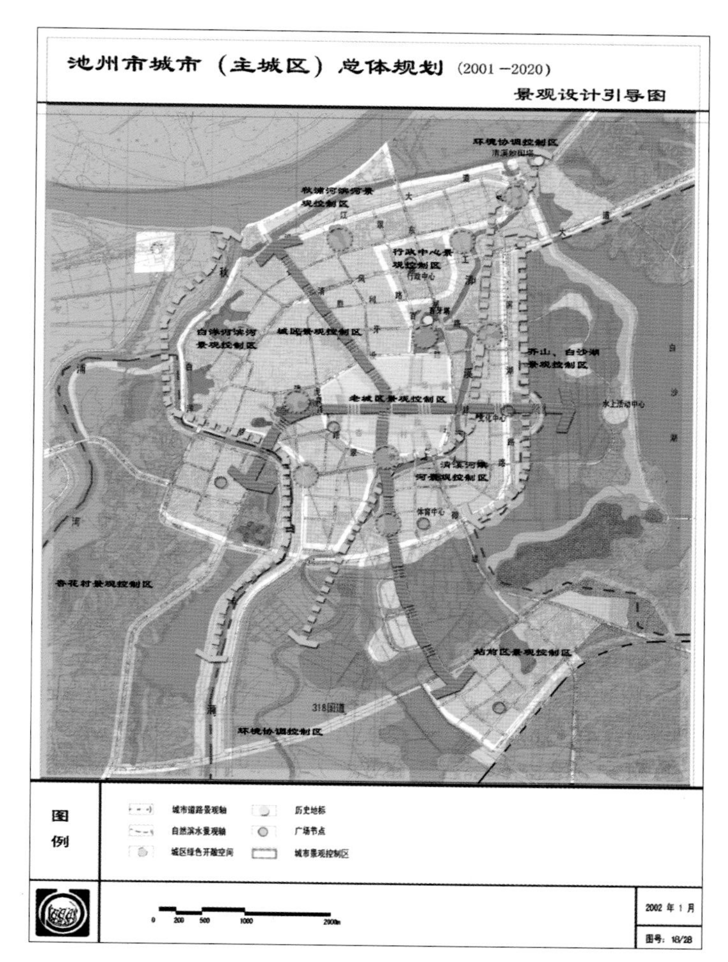
池州市城市（主城区）总体规划 (2001－2020)
景观设计引导图
环境协调控制区
秋浦河滨河景观控制区
行政中心景观控制区
白洋河滨河景观控制区
城西景观控制区
齐山、白沙湖景观控制区
老城区景观控制区
清溪河滨河景观控制区
杏花村景观控制区
站前区景观控制区
318国道
环境协调控制区
图例
城市道路景观轴
历史地标
自然滨水景观轴
广场节点
城区绿色开敞空间
城市景观控制区
2002 年 1 月
图号：18/28

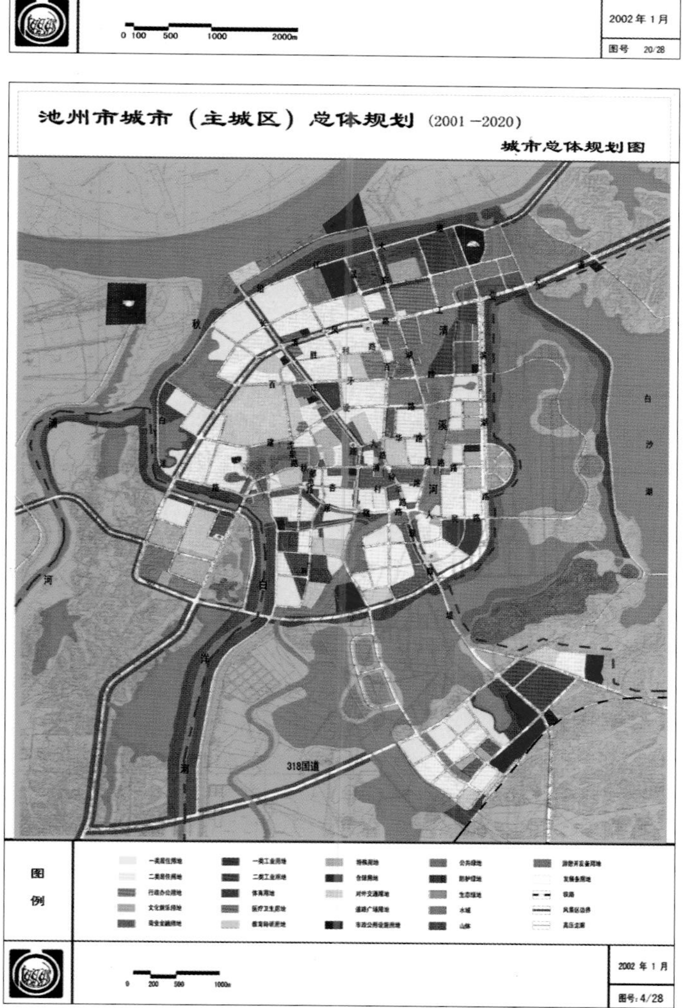
池州市城市（主城区）总体规划 (2001－2020)
城市总体规划图
318国道
图例
2002 年 1 月
图号：4/28

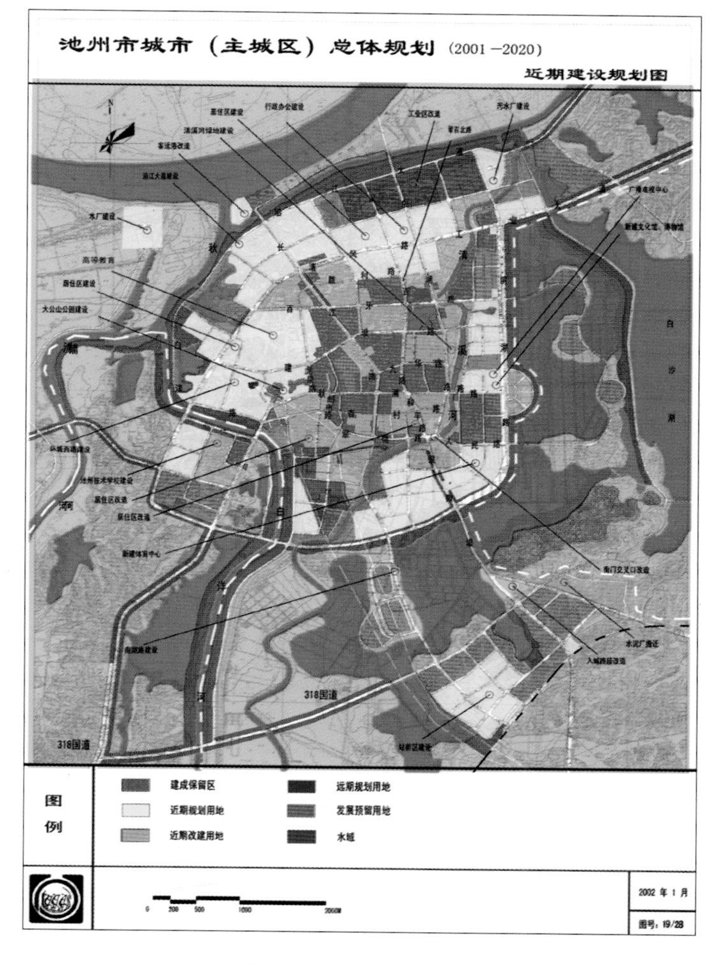
池州市城市（主城区）总体规划 (2001－2020)
近期建设规划图
318国道
图例
建成保留区
远期规划用地
近期规划用地
发展预留用地
近期改建用地
水域
2002 年 1 月
图号：19/28

潮州市城市总体规划（调整）

学校　同济大学

分类　城市总体规划

学生　李　铁、凌　丽、俞斯佳、龚　宇(四年级)

指导教师　周　俭、高晓昱

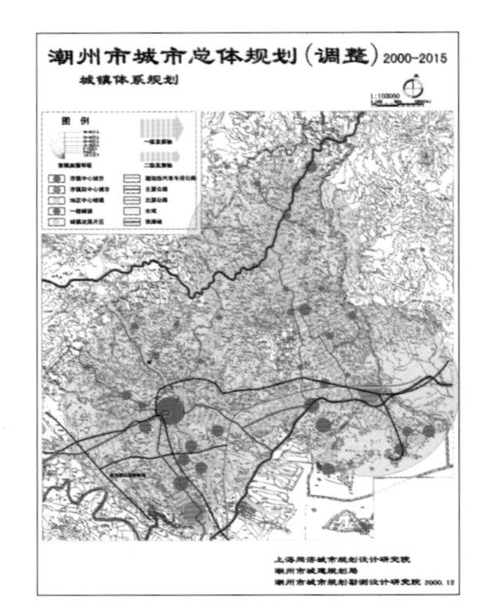

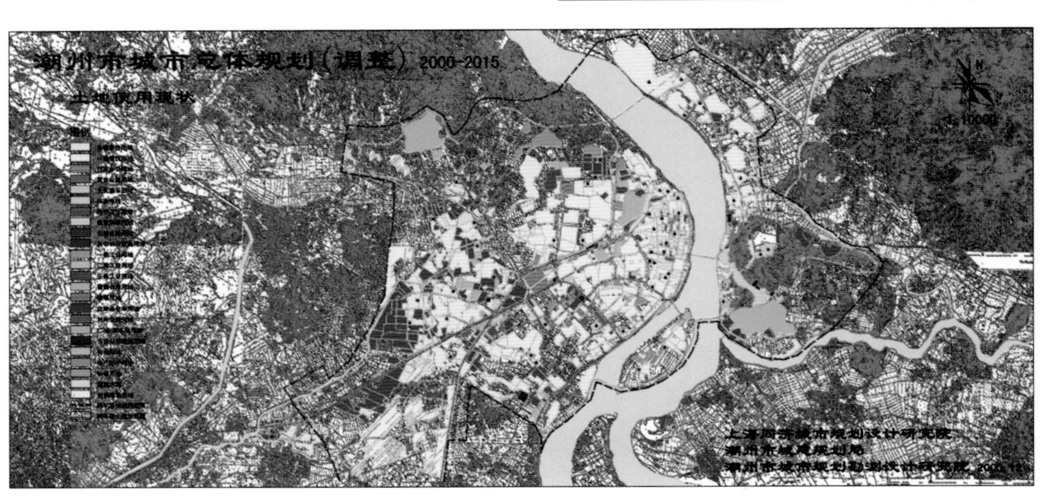

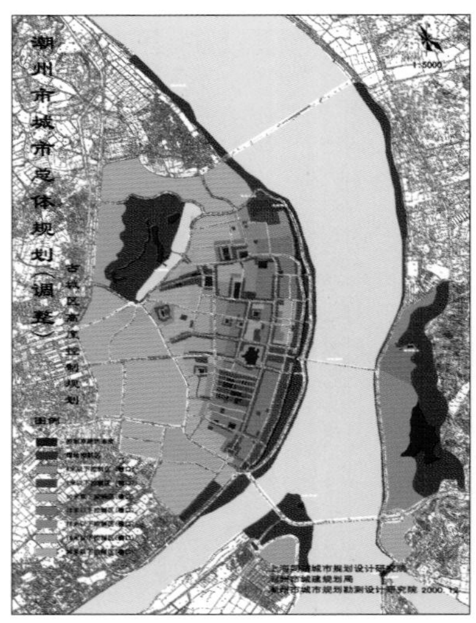

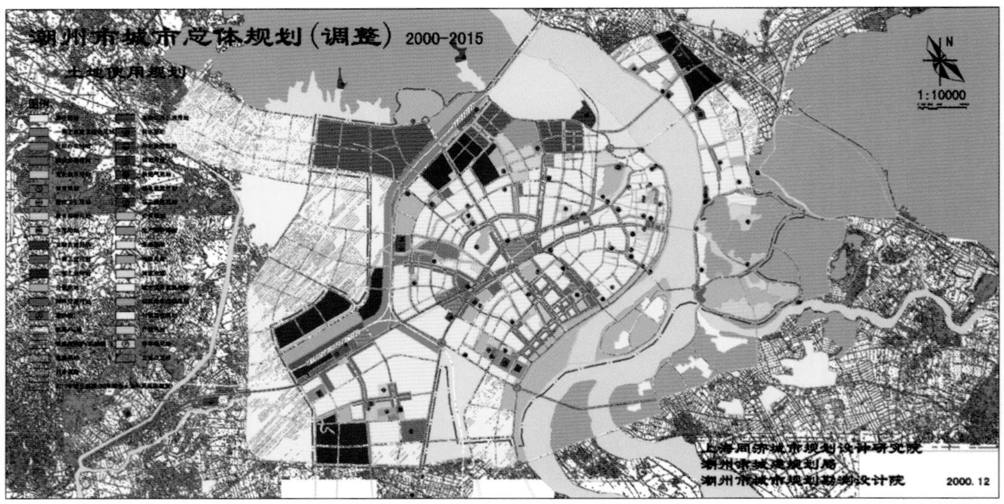

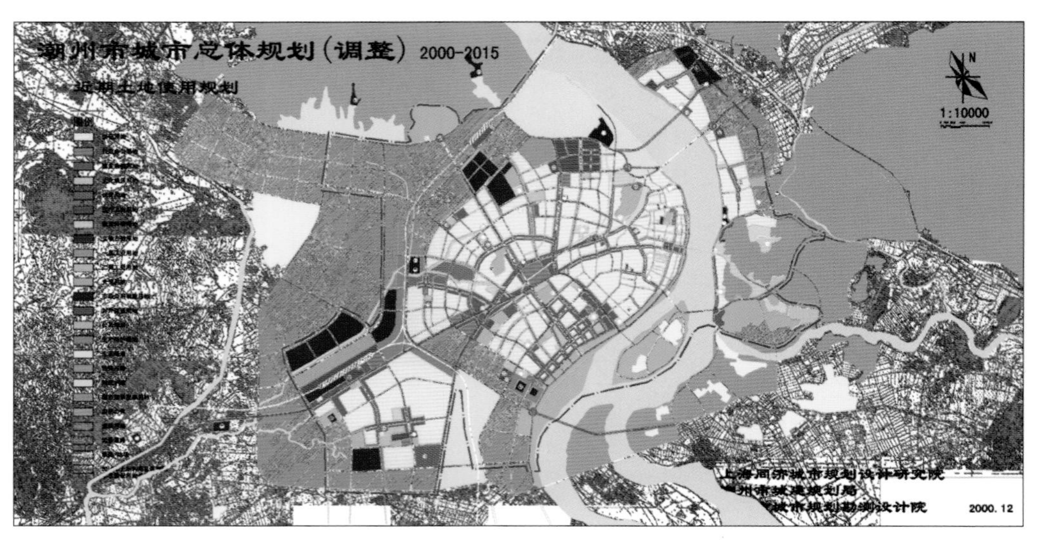

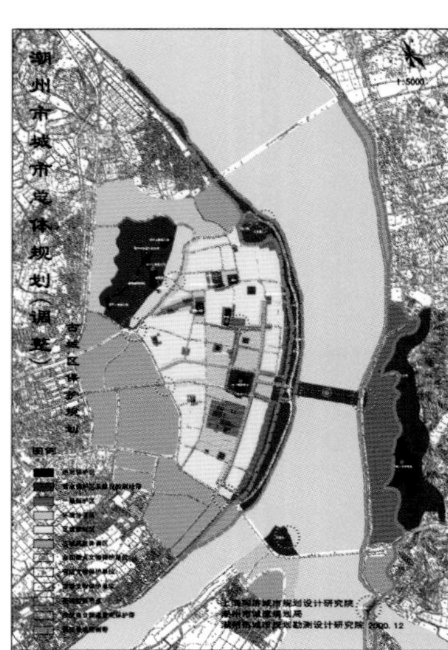

鹿寨县城市总体规划

学校 同济大学
分类 城市总体规划
学生 曹胜威、沈 政、余 潇、杨 洁、孙文清、翁晓龙、邵 磊、朱 艳、段 炼、胡 峰、于 洋、顾 克（四年级）
指导教师 彭震伟、耿慧志

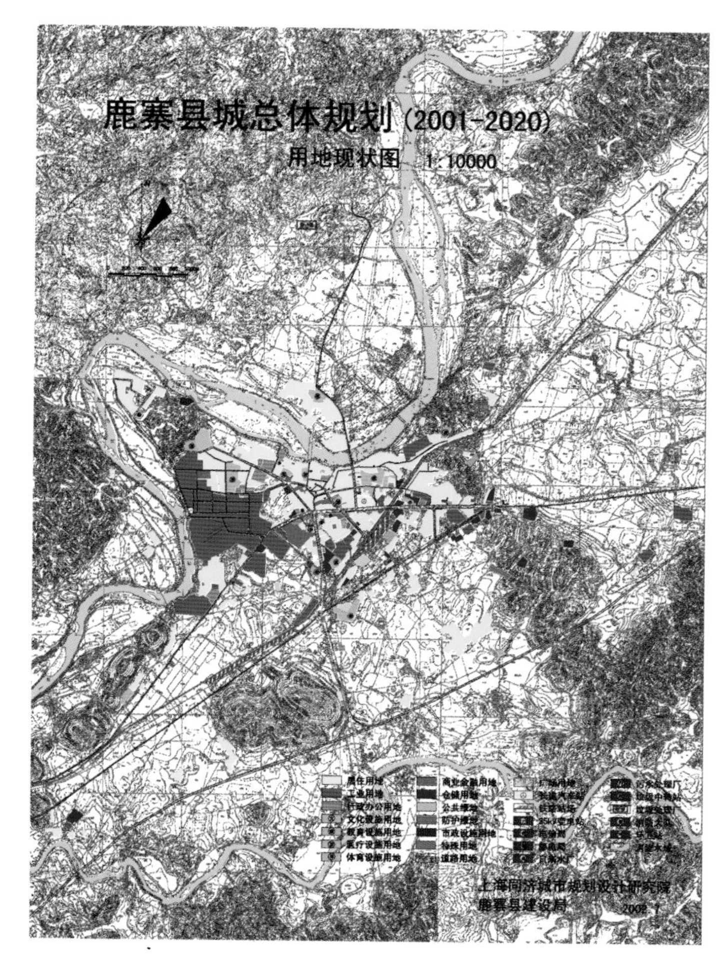

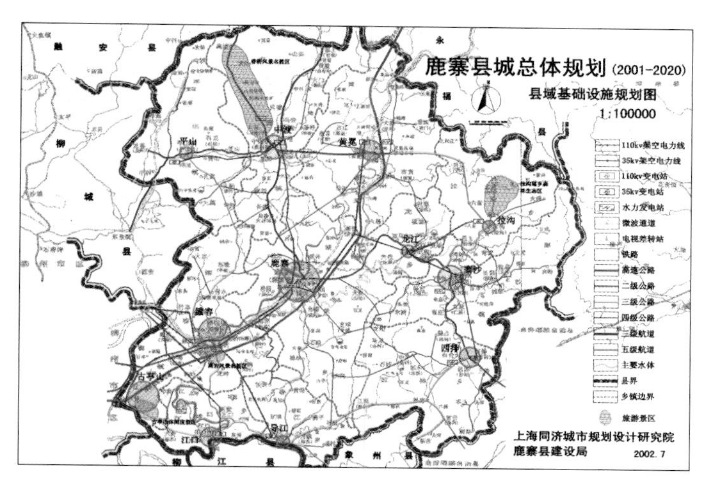

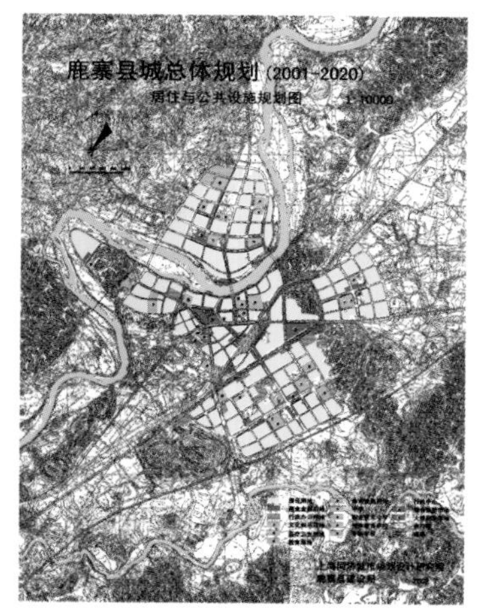

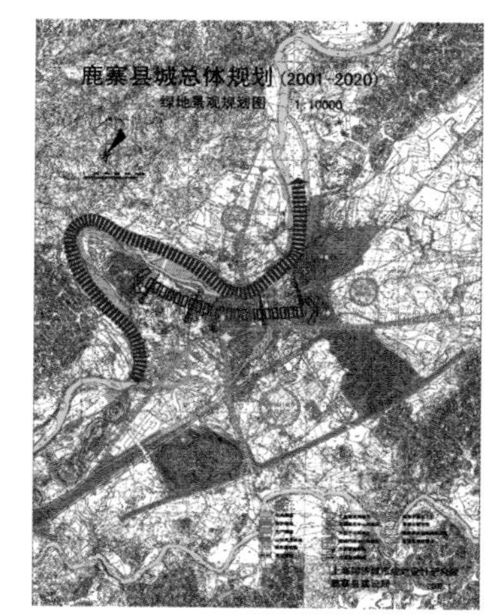

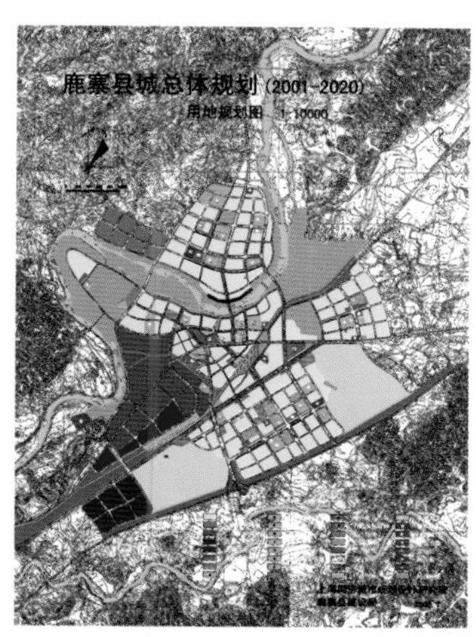

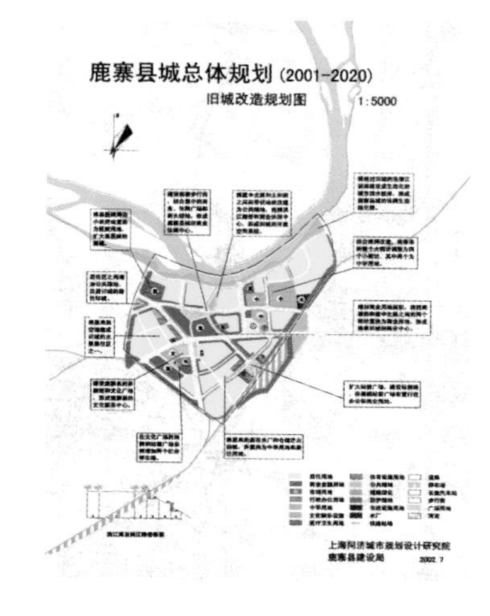

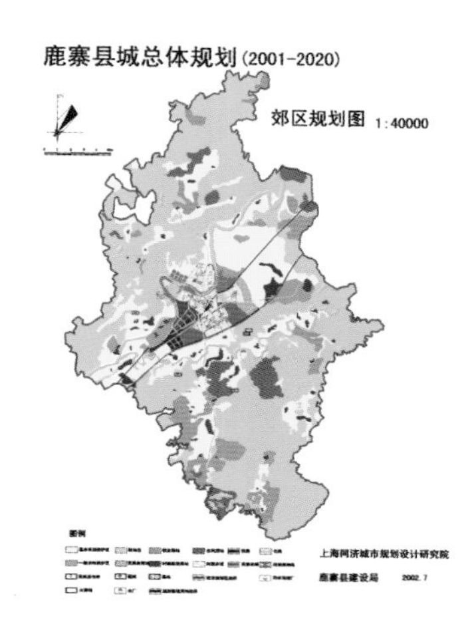

清徐县域城镇体系规划

学校　同济大学

分类　城市总体规划

学生　郭　海、周　瑾、殷　悦、李　力、宋必成、黄国洋（四年级）

指导教师　耿慧志

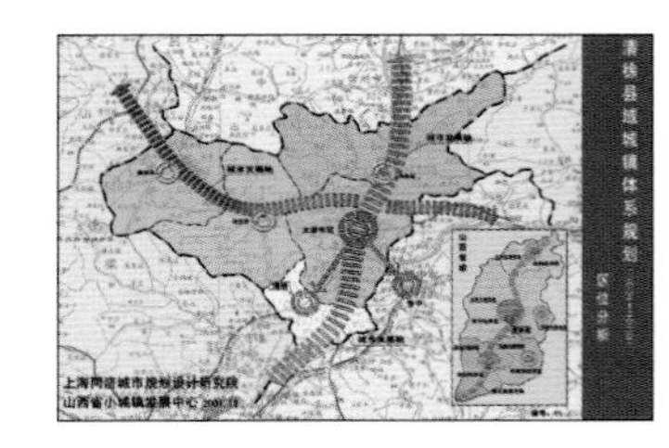

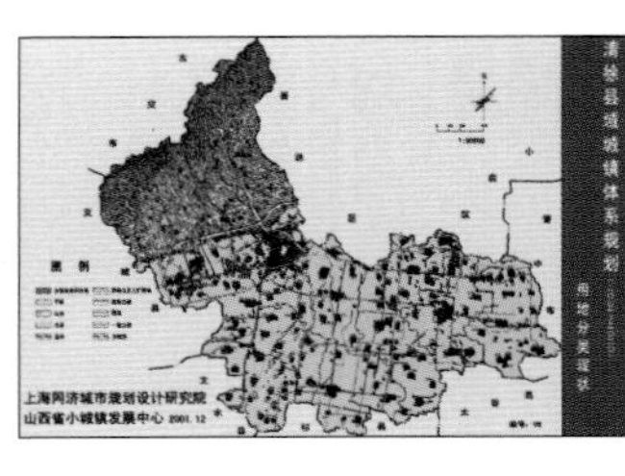

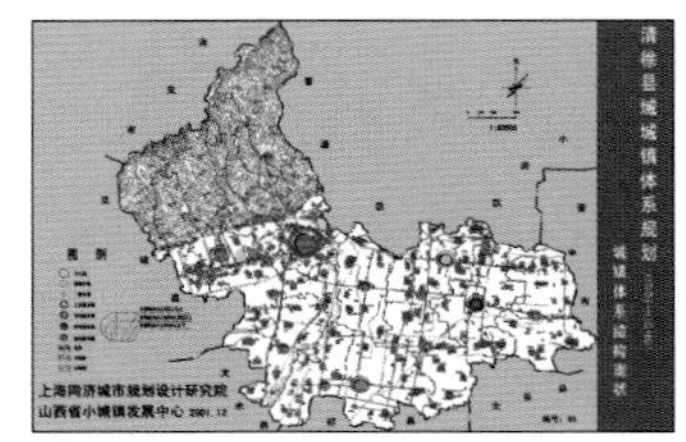

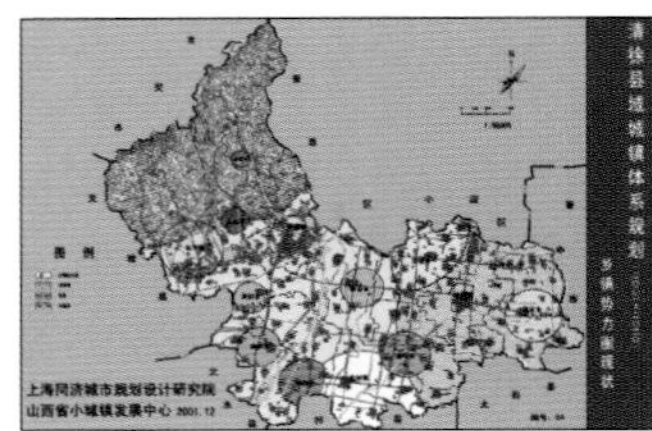

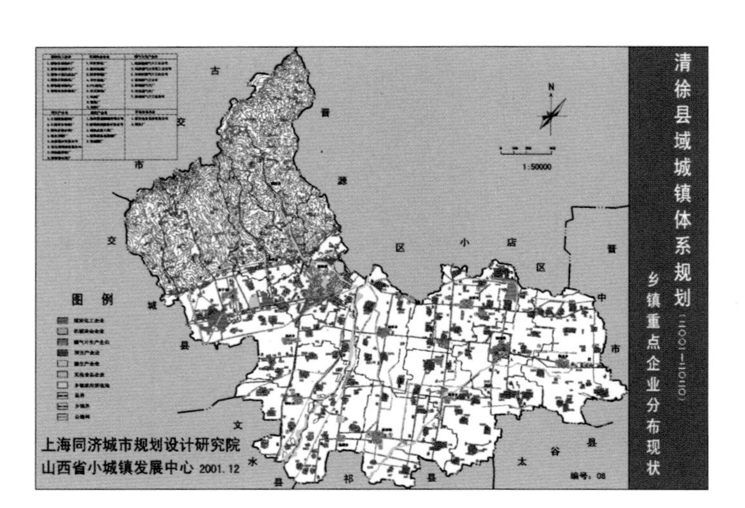

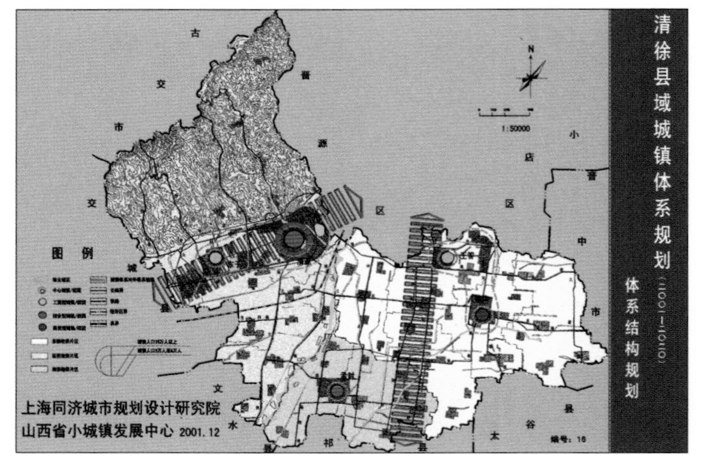

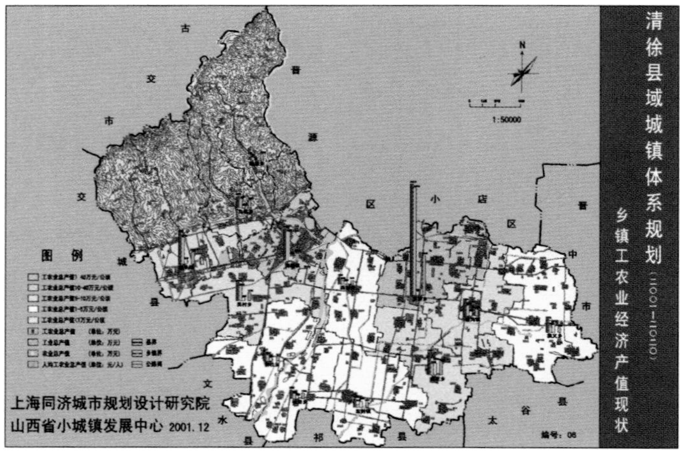

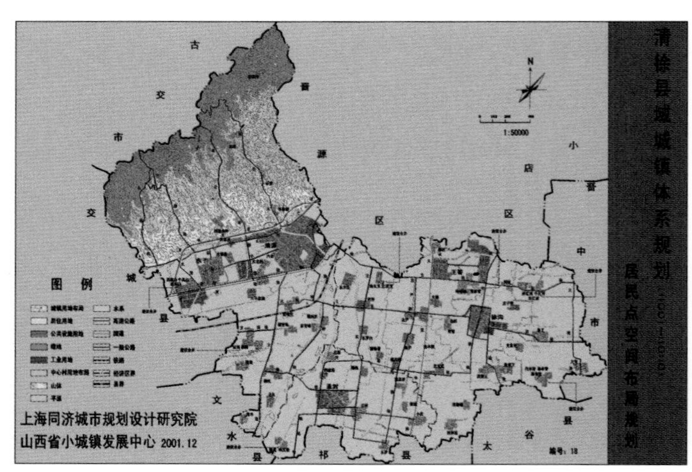

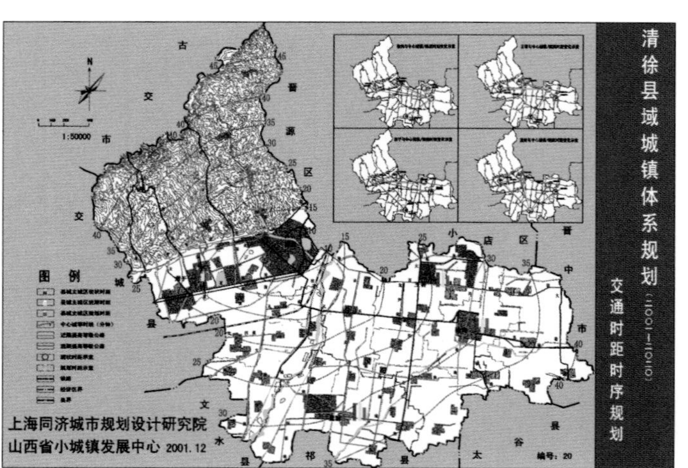

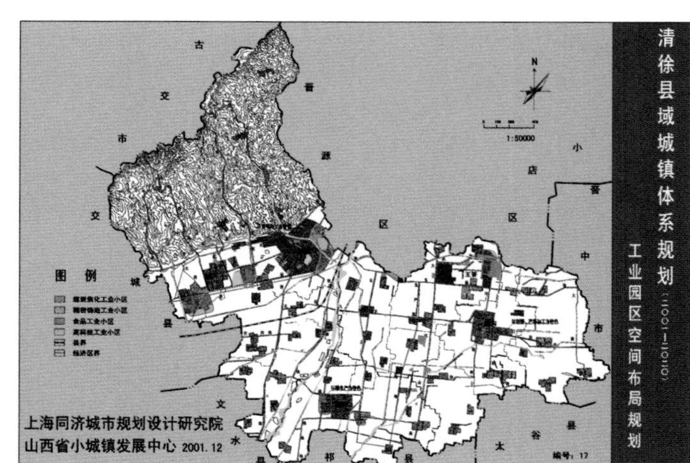

上饶市城市总体规划

学校　同济大学

分类　城市总体规划

学生　高干景、林　超、姜　红、蔡　健、康燕春、金静祺、姚文静、孙　亮、蔡智丹、施　煜、陈保禄、杨小萍、白　莹、方　斌、陈凌云（四年级）

指导教师　宋小冬、彭震伟、钮心毅

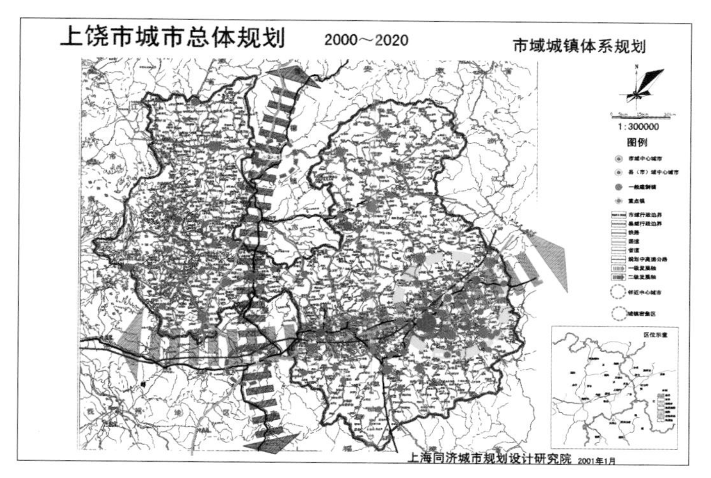

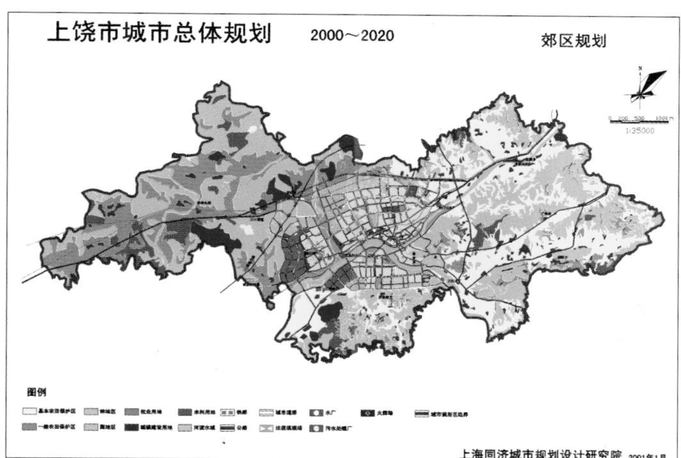

仁怀市城市总体规划

学校　同济大学

分类　城市总体规划

学生　林　璇、莫　霞、熊　伟、周玉娟、陈　科、姚存卓(四年级)

指导教师　彭震伟

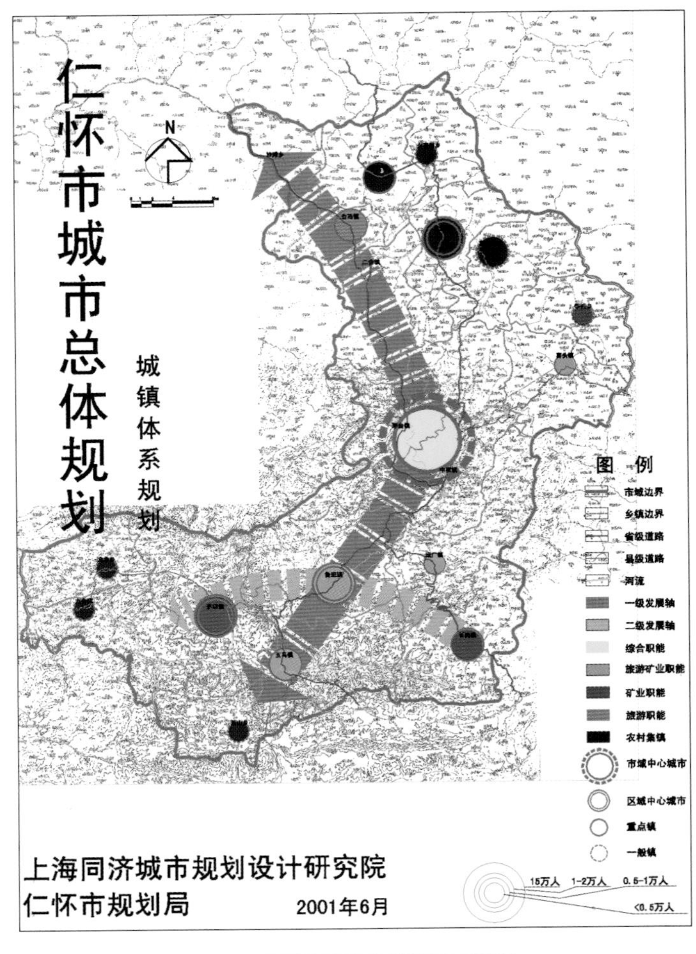

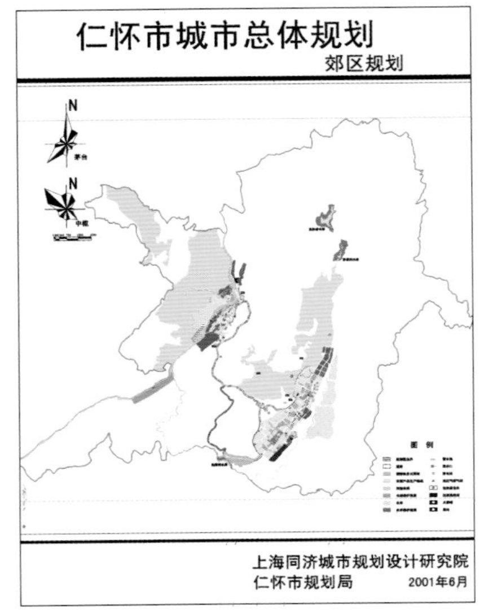

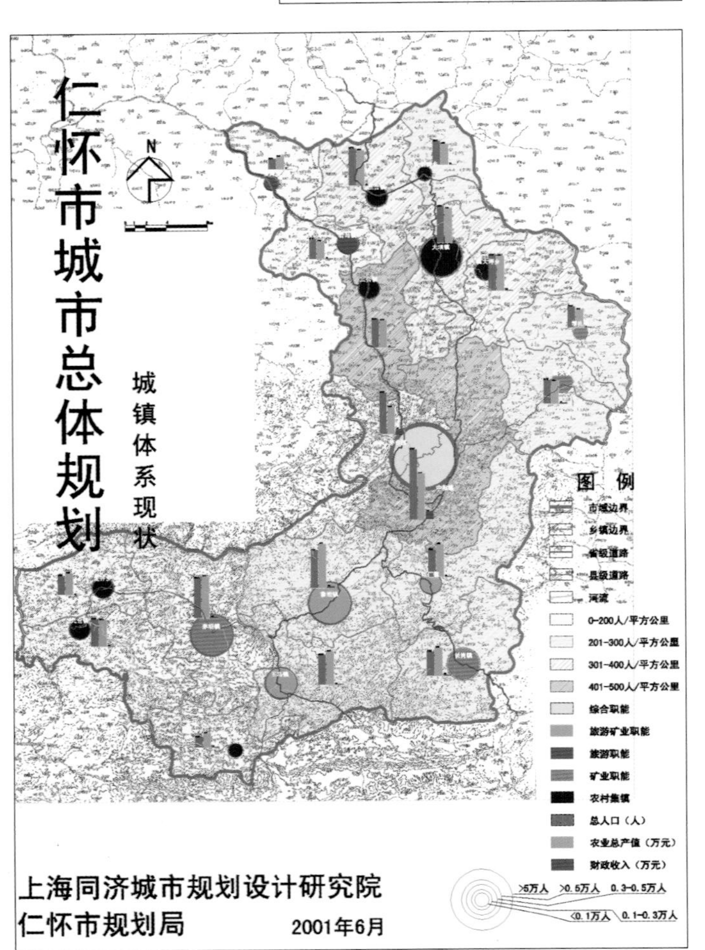

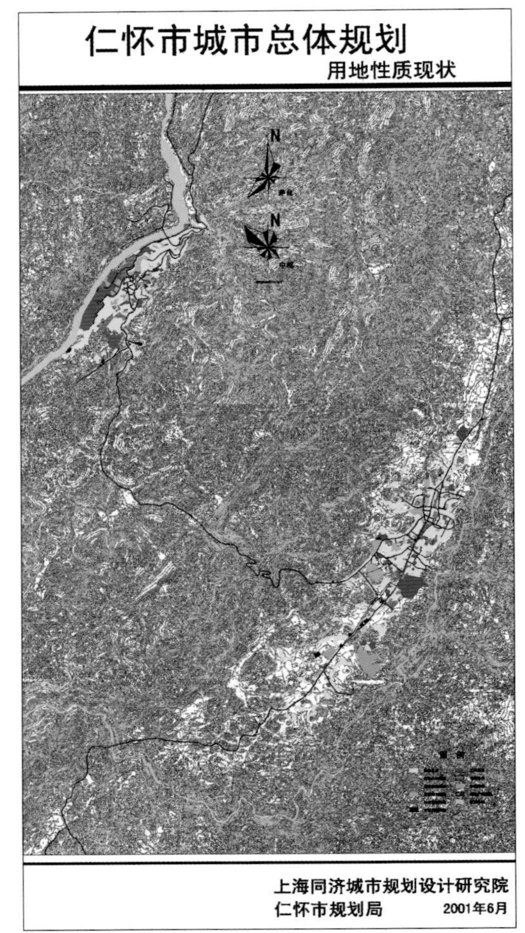

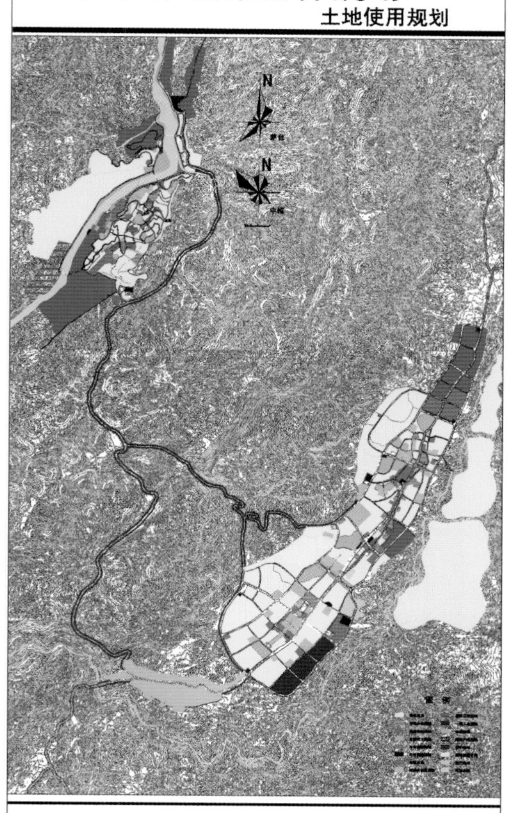
仁怀市城市总体规划
土地使用规划
上海同济城市规划设计研究院
仁怀市规划局
2001年6月

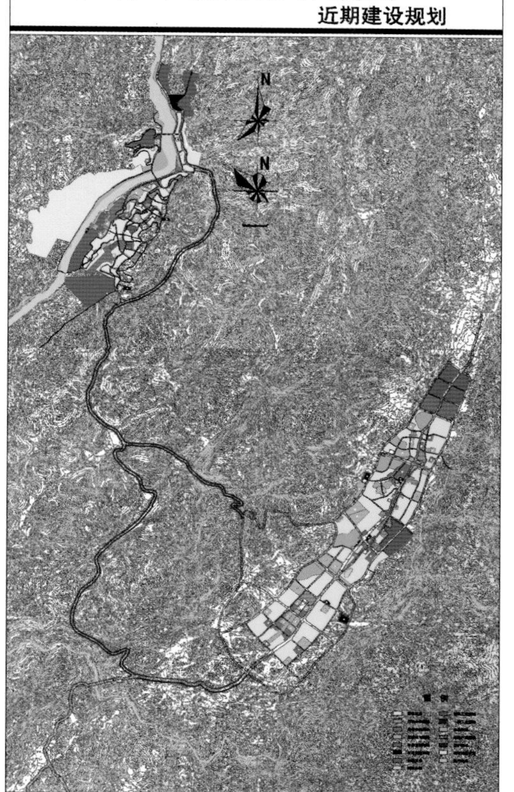
仁怀市城市总体规划
近期建设规划
上海同济城市规划设计研究院
仁怀市规划局
2001年6月

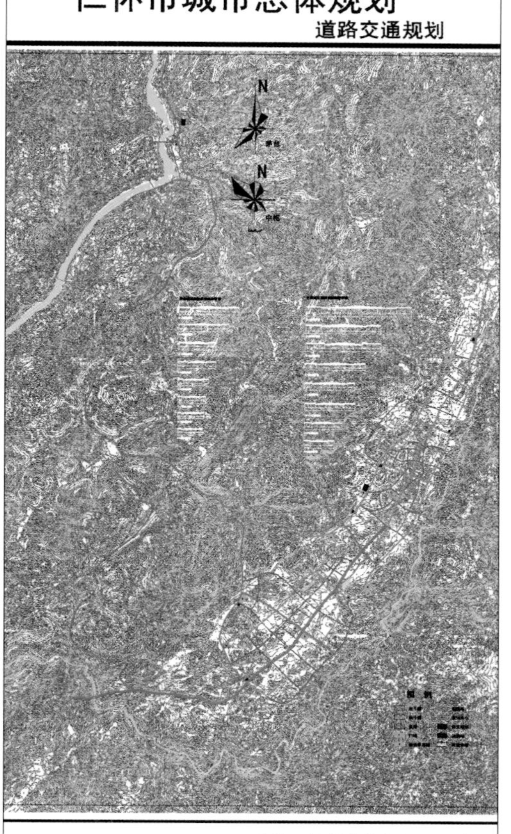
仁怀市城市总体规划
道路交通规划
上海同济城市规划设计研究院
仁怀市规划局
2001年6月

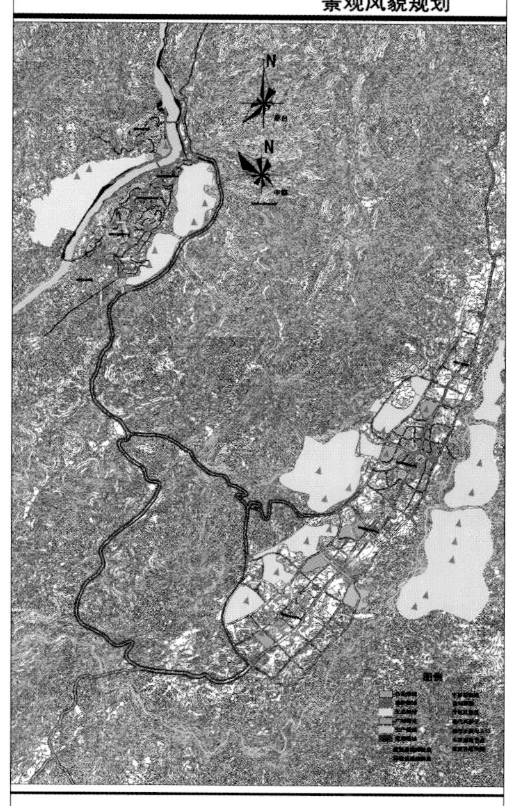
仁怀市城市总体规划
景观风貌规划
上海同济城市规划设计研究院
仁怀市规划局
2001年6月

上海铁路北广场地区城市设计 -1

学校 同济大学
分类 城市设计
学生 周大泉、马小晶、蒋 薇（四年级）
指导教师 张铁群、汤宇卿

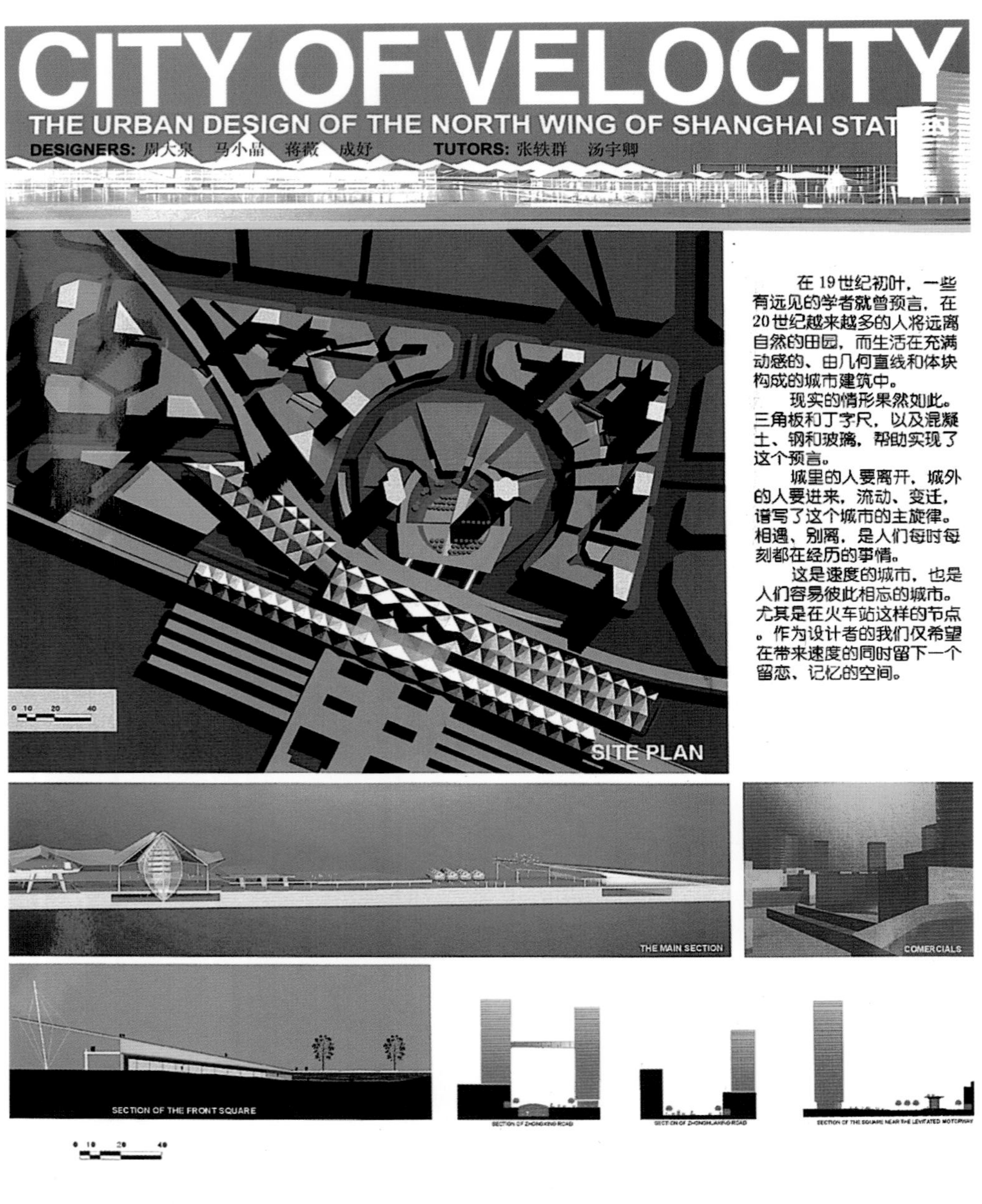

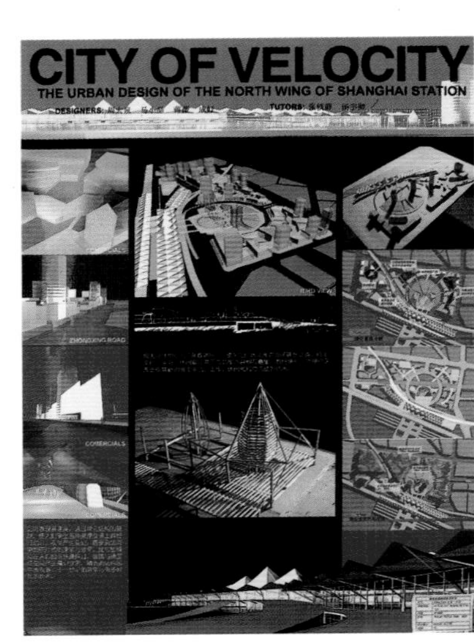

上海铁路北广场地区城市设计 -2

学校 同济大学

分类 城市设计

学生 周大泉(四年级)

指导教师 张铁群、汤宇卿

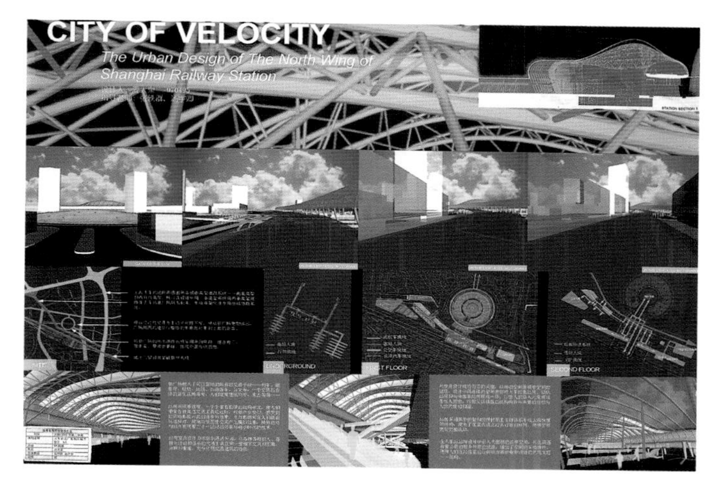

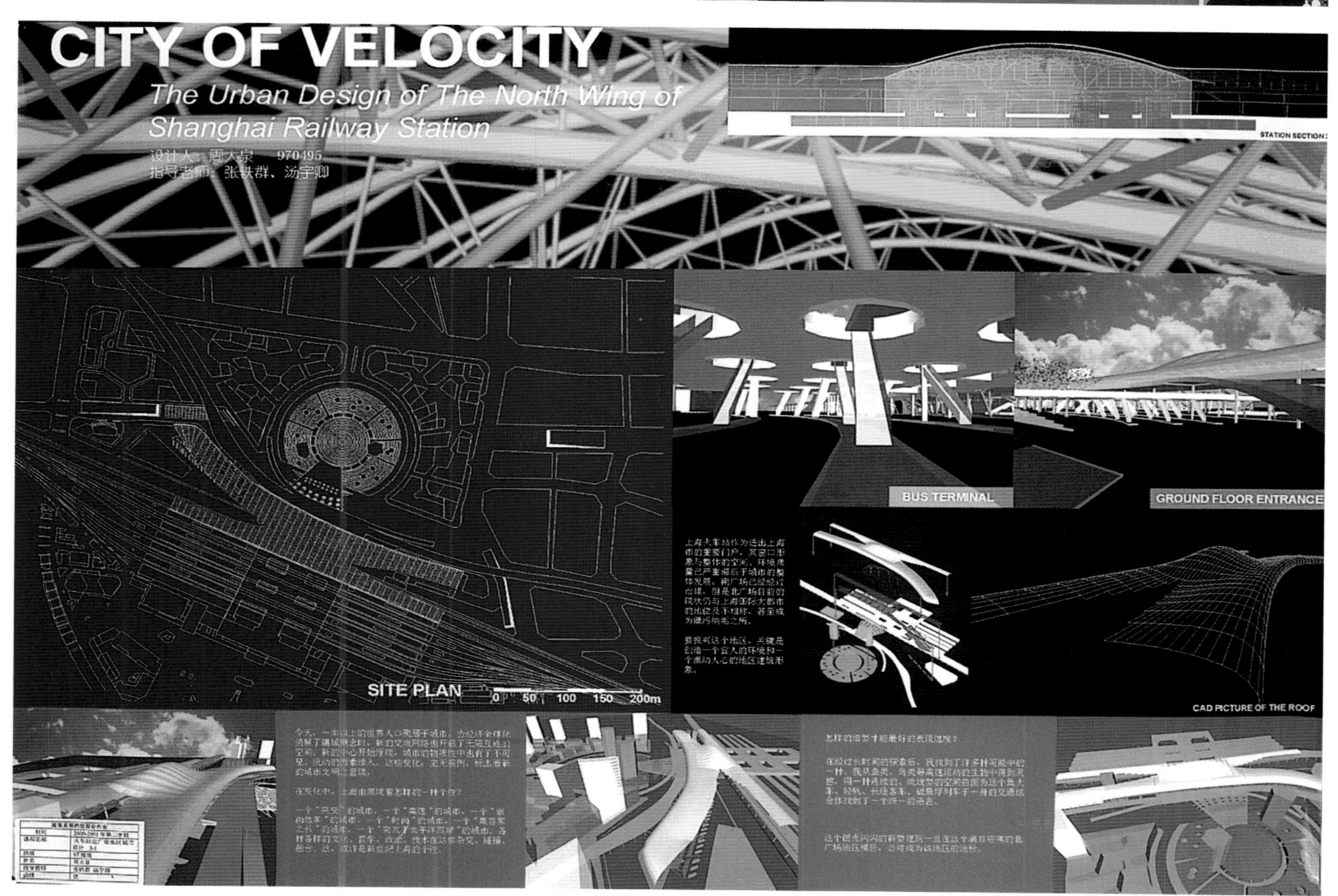

上海铁路北广场地区城市设计 -3

学校 同济大学

分类 城市设计

学生 马小晶（四年级）

指导教师 张铁群、汤宇卿

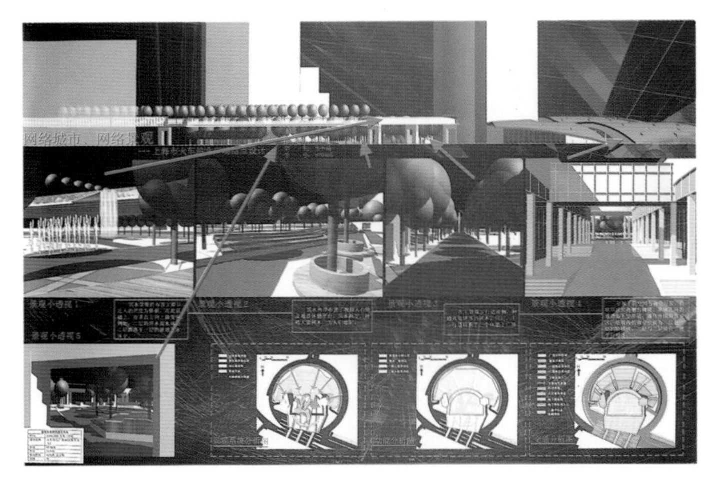

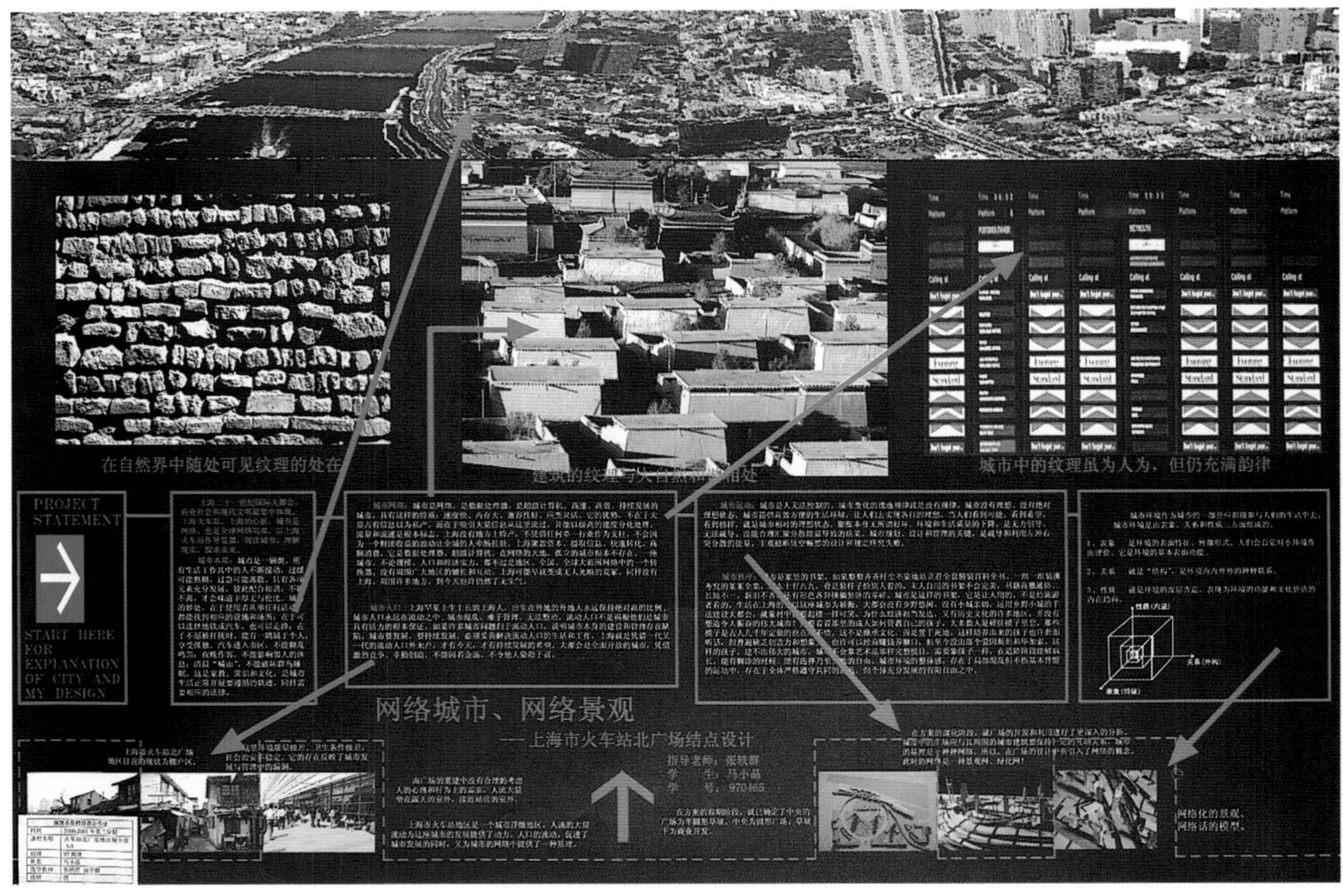

上海铁路北广场地区城市设计 -4

学校 同济大学
分类 城市设计
学生 林 超、李文墨、李光一、漆 珺(四年级)
指导教师 张轶群

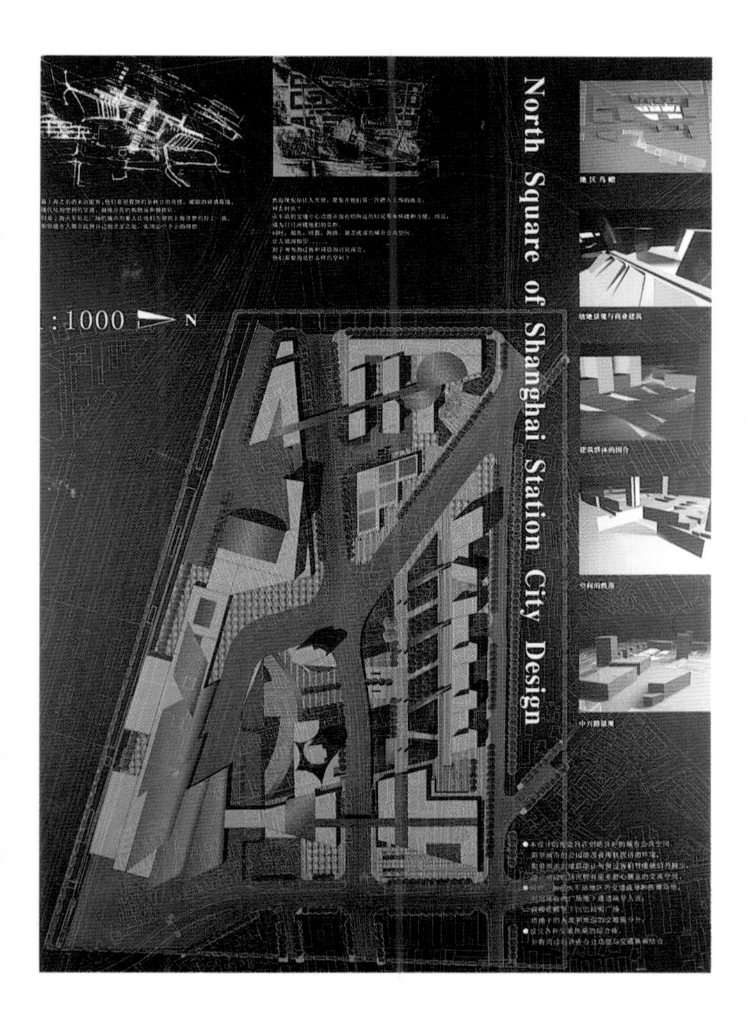

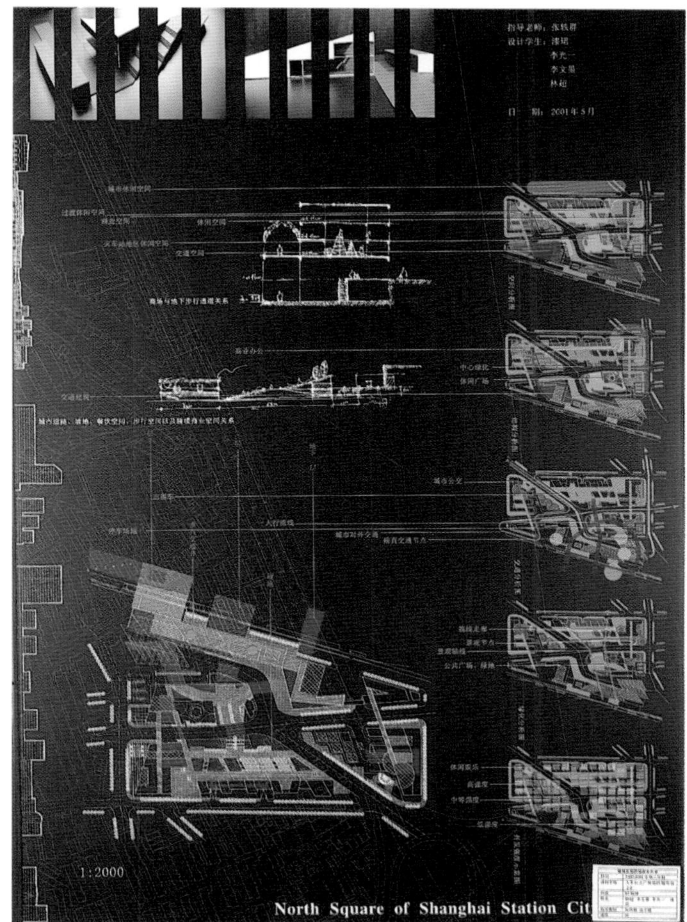

上海铁路北广场地区城市设计 -5

学校　同济大学
分类　城市设计
学生　林　超（四年级）
指导教师　张轶群

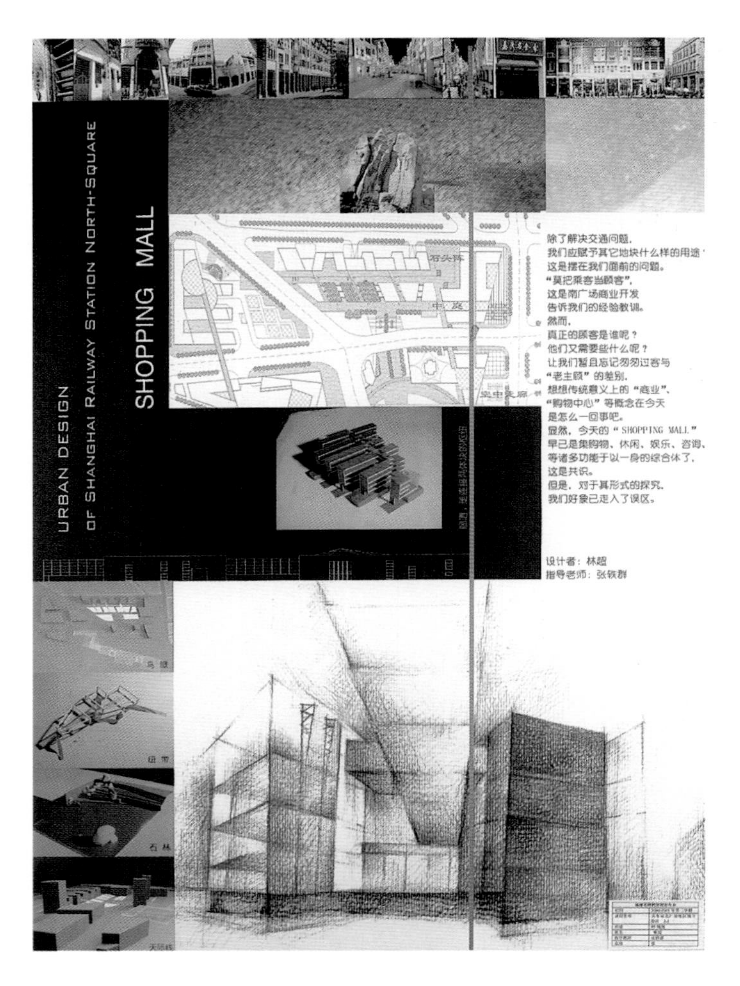

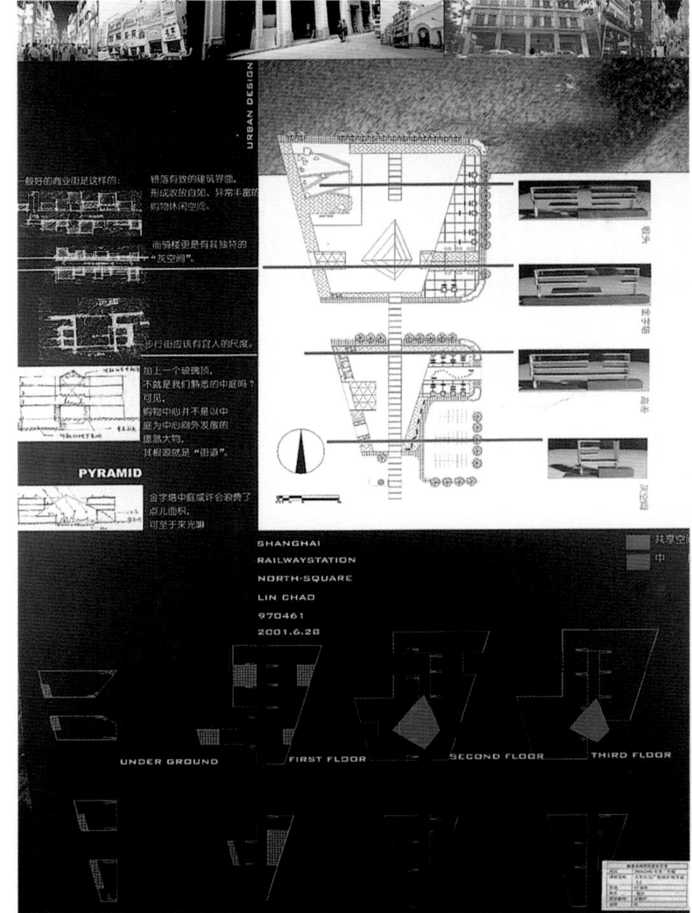

上海铁路北广场地区城市设计 -6

学校 同济大学
分类 城市设计
学生 李文墨(四年级)
指导教师 张轶群

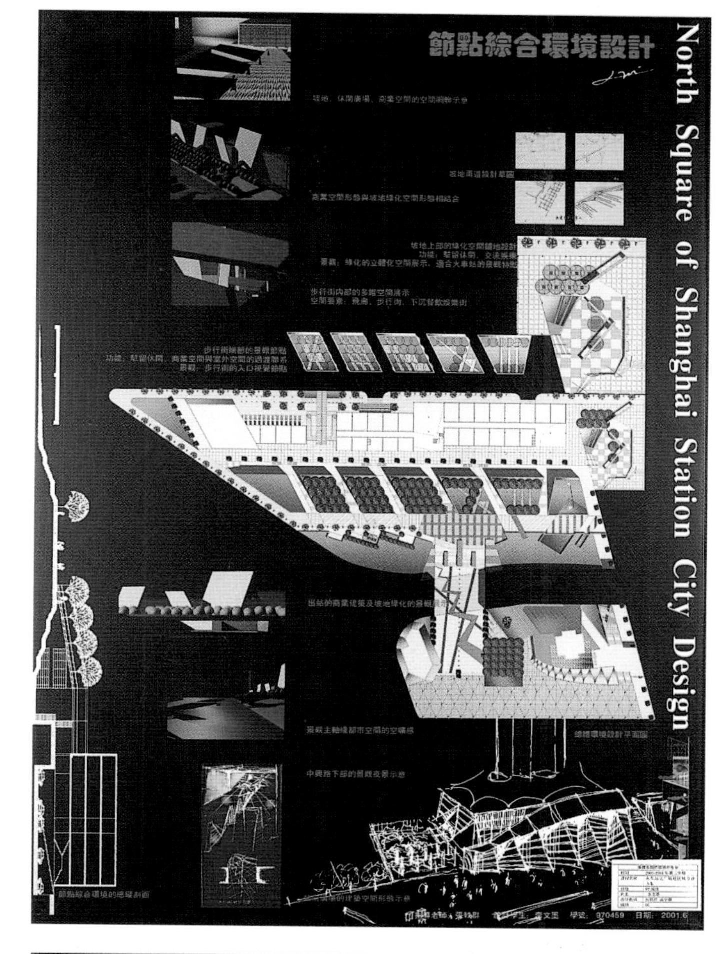

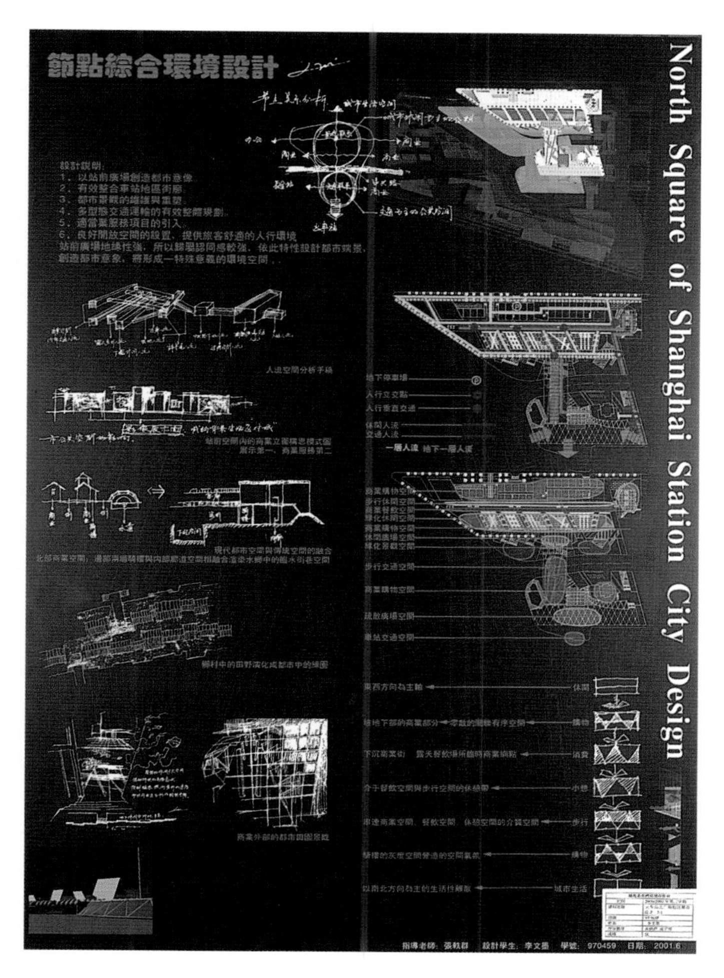

李家村中心区规划设计

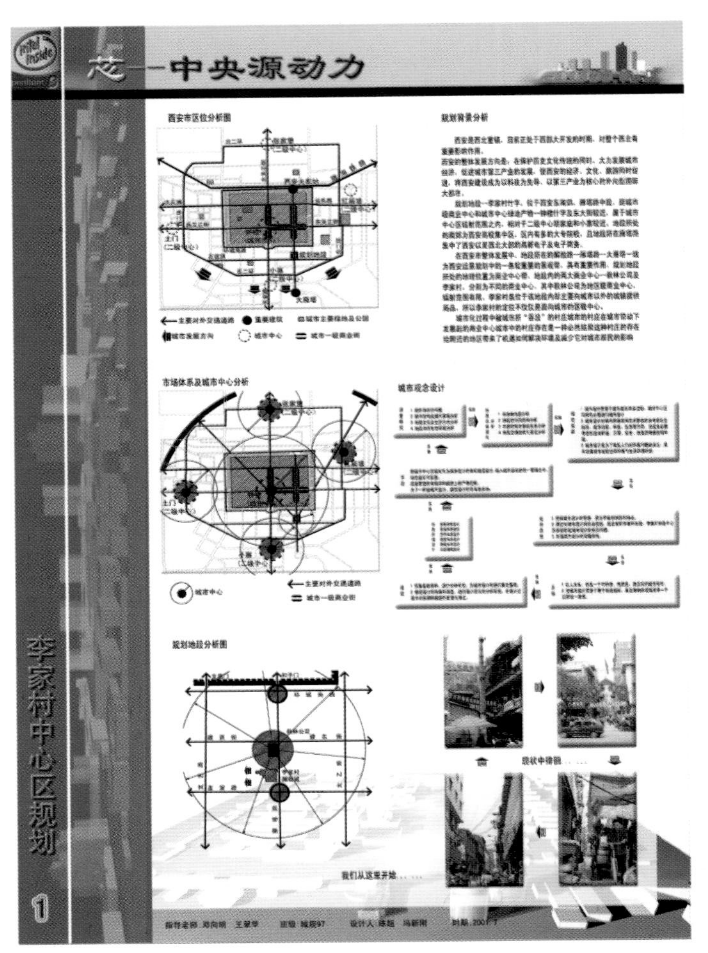

学校 西安建筑科技大学
分类 城市中心区规划
学生 陈 超、冯新刚（四年级）
指导教师 邓向明、王翠萍、岳邦瑞

教师点评

规划地段地处城市三级生活中心，面临的最大挑战是在现代大城市更新与发展过程中，如何面对规划区内的"城中村"现象。方案对地段内外环境作了较为充分的分析研究，进一步完善了地段的公共服务系统和环境设施，全面提升了城市公共生活的品质，并提出以IT产业功能区为更新手段来激发地段潜力，带动地段社会、经济和环境的整体发展。方案在环境详细设计方面尚不够深入。

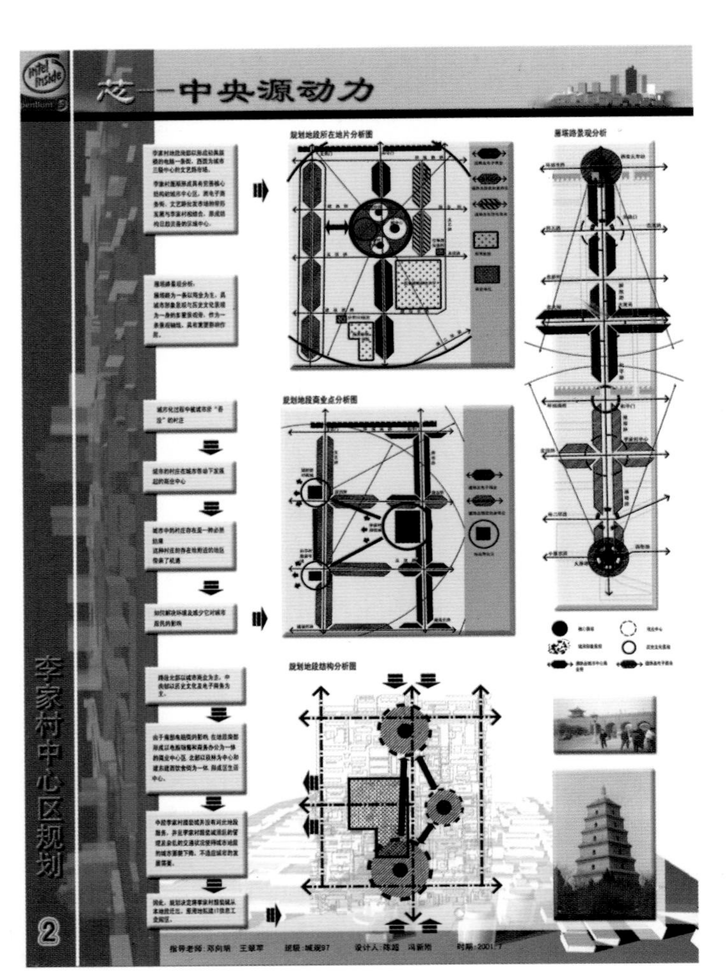

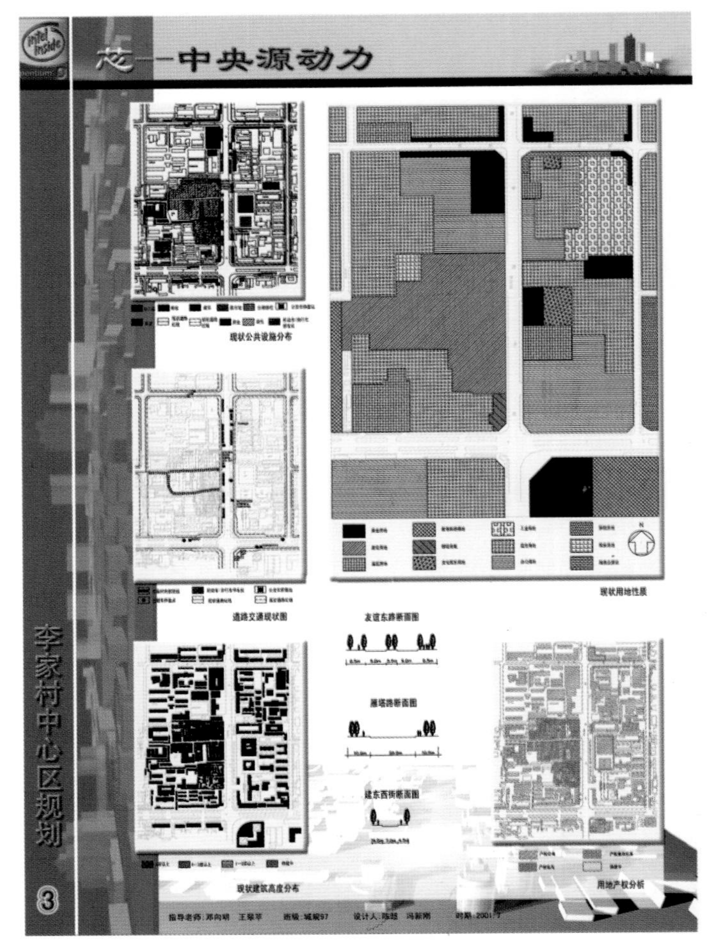

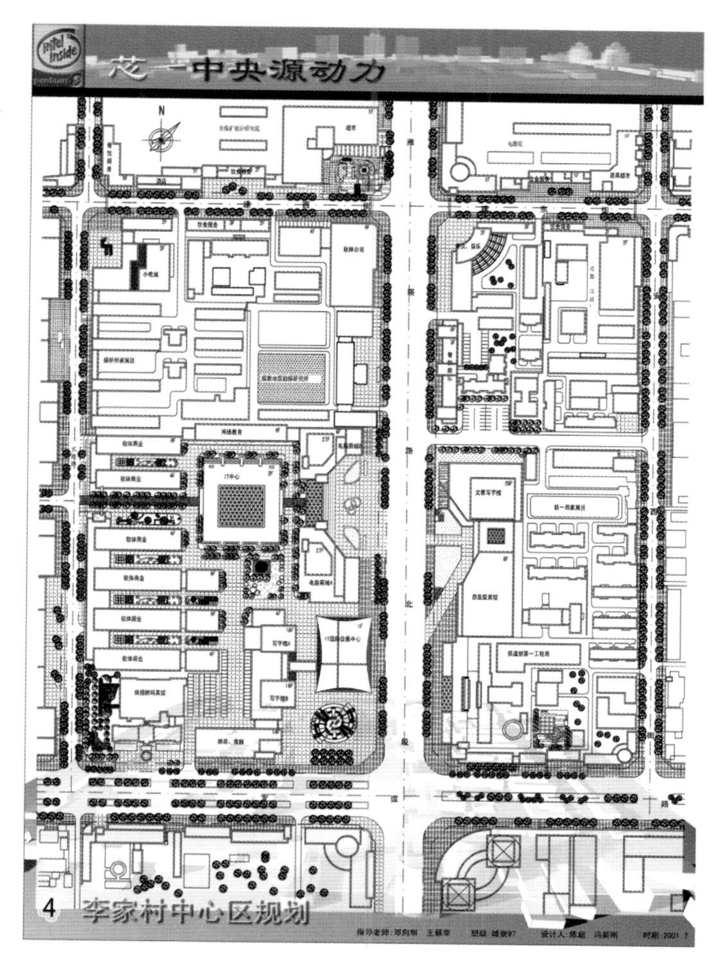
芯——中央源动力
4 李家村中心区规划
指导老师:邓向明 王翠萍 班级:城规97 设计人:陈超 冯新刚

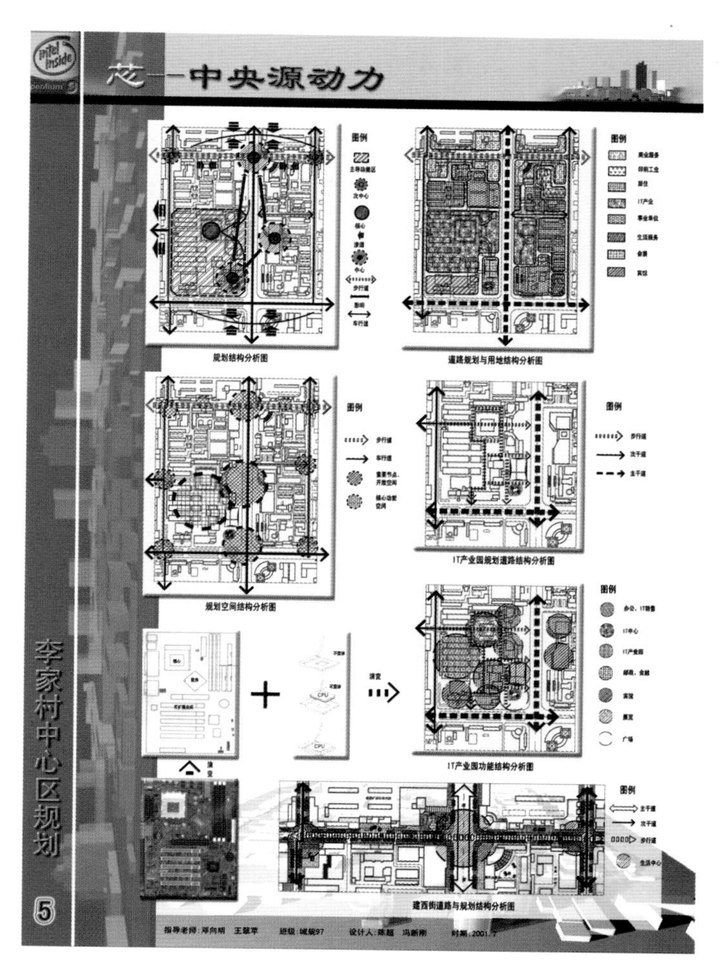
芯——中央源动力
李家村中心区规划
规划结构分析图
道路规划与用地结构分析图
规划空间结构分析图
IT产业园规划道路结构分析图
IT产业园功能结构分析图
建西街道路与规划结构分析图
5
指导老师:邓向明 王翠萍 班级:城规97 设计人:陈超 冯新刚

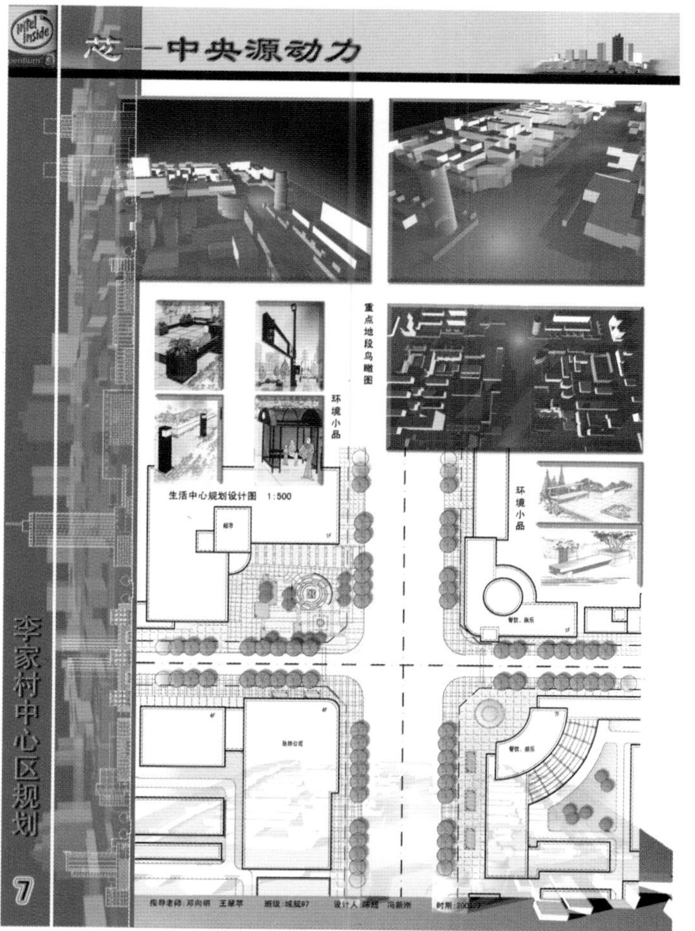
芯——中央源动力
李家村中心区规划
重点地段鸟瞰图
环境小品
生活中心规划设计图 1:500
7
指导老师:邓向明 王翠萍 班级:城规97 设计人:陈超 冯新刚

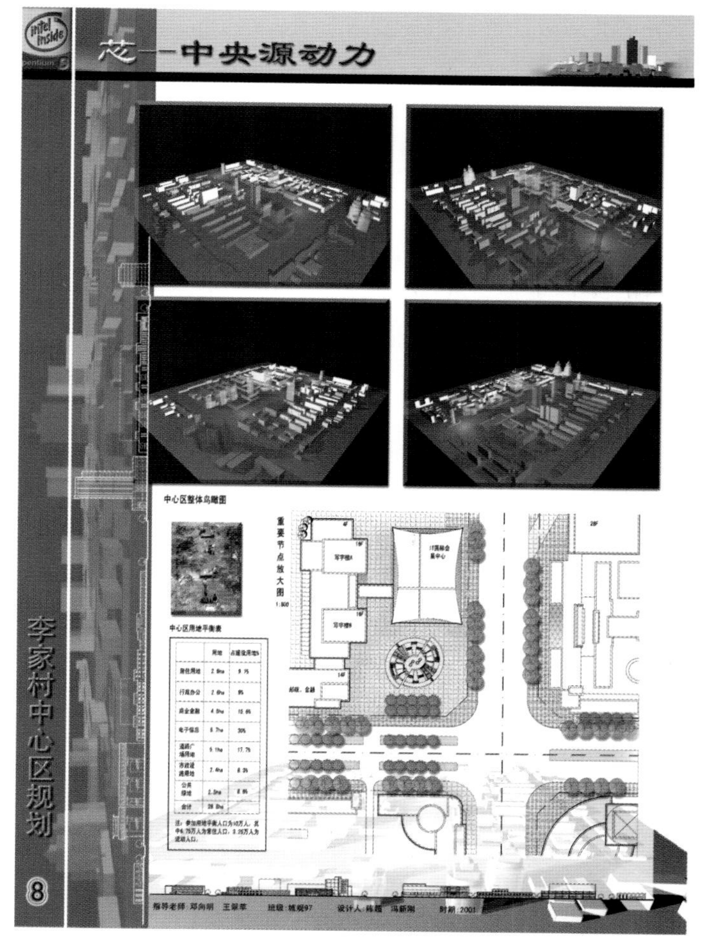
芯——中央源动力
李家村中心区规划
中心区整体鸟瞰图
重要节点放大图
中心区用地平衡表
8
指导老师:邓向明 王翠萍 班级:城规97 设计人:陈超 冯新刚

西安“T”区中心区规划设计 -1

学校 西安建筑科技大学
分类 城市中心区规划
学生 金庆庆、刘海明(四年级)
指导教师 李 昊、邓向明

教师点评

该作业思路清晰，概念准确，表达效果良好，具有一定的创新性。规划方案从城市层面入手，首先分析城市公共生活空间系统的整体构架，在此基础上确定了规划地段公共生活空间的服务对象和范围。通过现场踏勘和资料收集分析研究地段社会、文化、经济和空间环境等背景特征以及居民的日常生活行为与方式，充分挖掘地段公共生活空间发展的潜力和可能性，明确提出了公共空间设计的基本概念，并对公共空间环境进行了深入的详细设计。

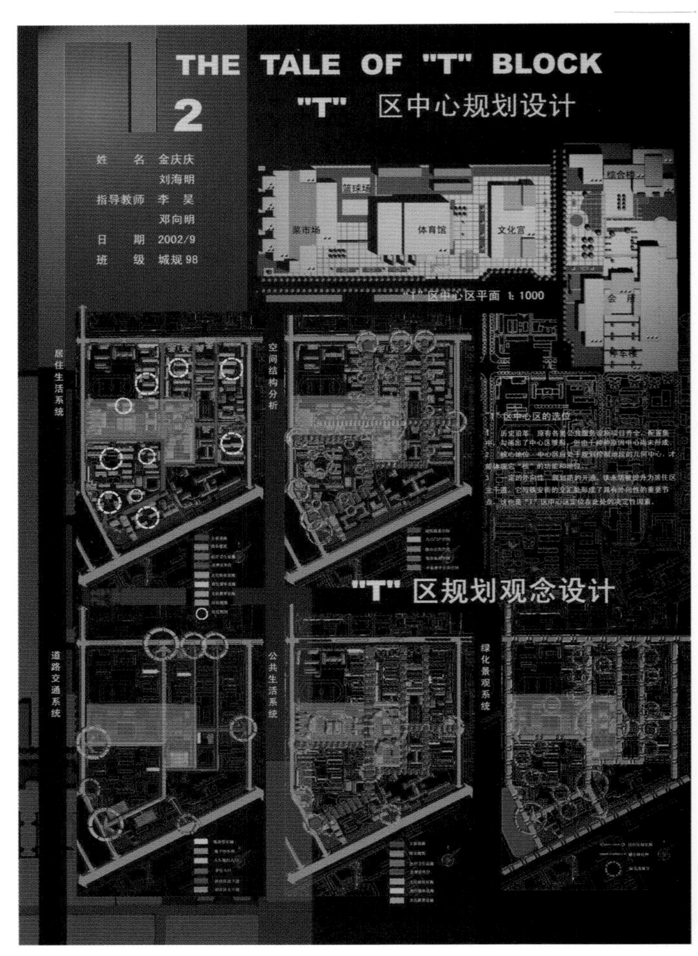

THE TALE OF "T" BLOCK
3
"T" 区中心规划设计
姓 名 金庆庆
刘海明
指导教师 李 昊
邓向明
日 期 2002/9
班 级 城规 98
技术经济指标：
中心区技术经济指标
用地平衡表
中心区鸟瞰
总平面图 1:2000

THE TALE OF "T" BLOCK
5
"T" 区中心规划设计
姓 名 金庆庆
刘海明
指导教师 李 昊
邓向明
日 期 2002/9
班 级 城规 98
A 点透视
B 点透视
C 点透视
节点三鸟瞰
节点二、三设计说明：
节点二鸟瞰
节点二、三平面图 1：1000

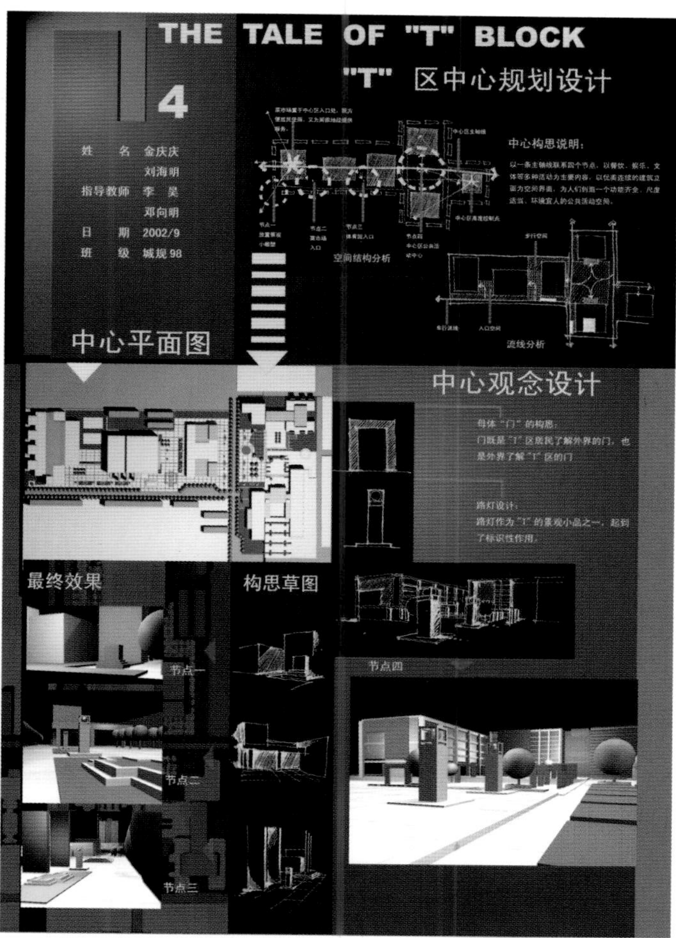
THE TALE OF "T" BLOCK
4
"T" 区中心规划设计
姓 名 金庆庆
刘海明
指导教师 李 昊
邓向明
日 期 2002/9
班 级 城规 98
中心构思说明：
空间结构分析
流线分析
中心平面图
中心观念设计
最终效果
构思草图
节点一
节点二
节点三
节点四

THE TALE OF "T" BLOCK
6
"T" 区中心规划设计
姓 名 金庆庆
刘海明
指导教师 李 昊
邓向明
日 期 2002/9
班 级 城规 98
中心鸟瞰
节点四平面图及透视
节点四设计说明
社区中心
节点四平面图

西安“T”区中心区规划设计 -2

学校 西安建筑科技大学
分类 城市中心区规划
学生 刘 洋、周 鹏（四年级）
指导教师 邓向明、李 昊

教师点评

该方案对地段现状环境做了大量的调查研究，对现状问题的分析和总结比较客观，并提出了明确的规划目标、原则和对策，可以看出作者对社区生活的认识较为深入。方案通过对社区中心公共服务设施的整合和合理布局，有效地改善了社区中心的空间环境质量，为居民提供了较为理想的生活场所和活动空间。但方案在充分利用社区周边有利条件等方面尚可结合得更紧密些。

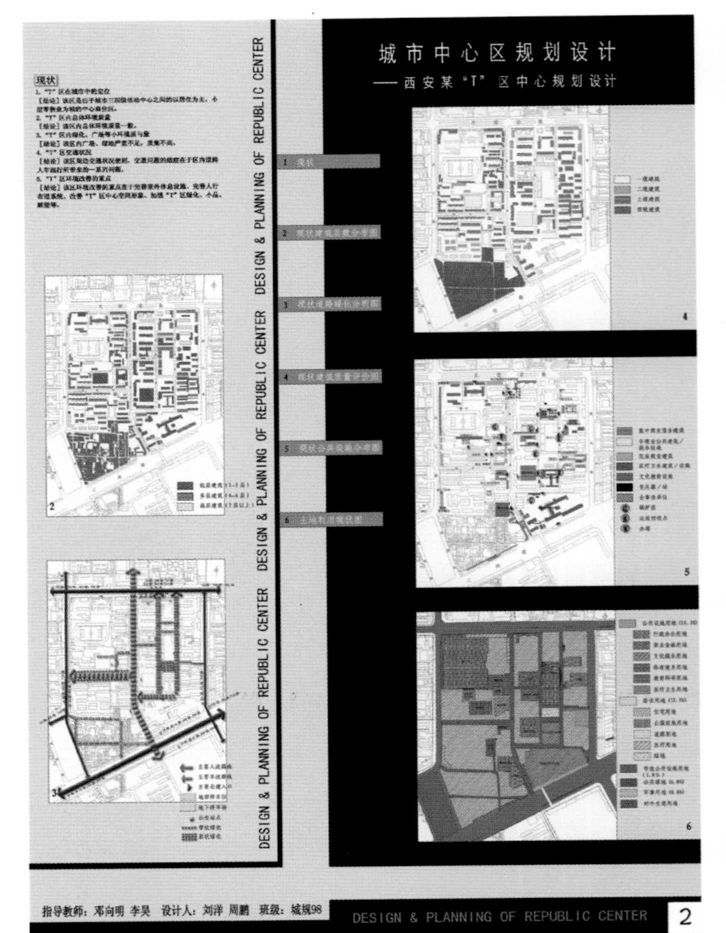

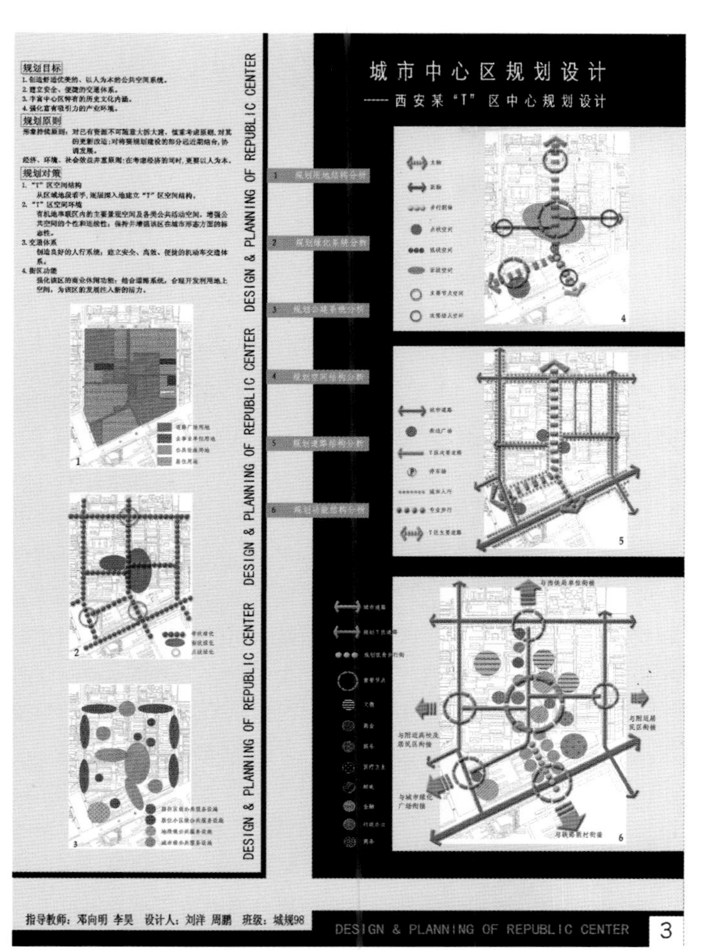
城市中心区规划设计
—— 西安某"T"区中心规划设计
规划目标
规划原则
规划对策
DESIGN & PLANNING OF REPUBLIC CENTER
指导教师：邓向明 李昊 设计人：刘洋 周鹏 班级：城规98
DESIGN & PLANNING OF REPUBLIC CENTER
3

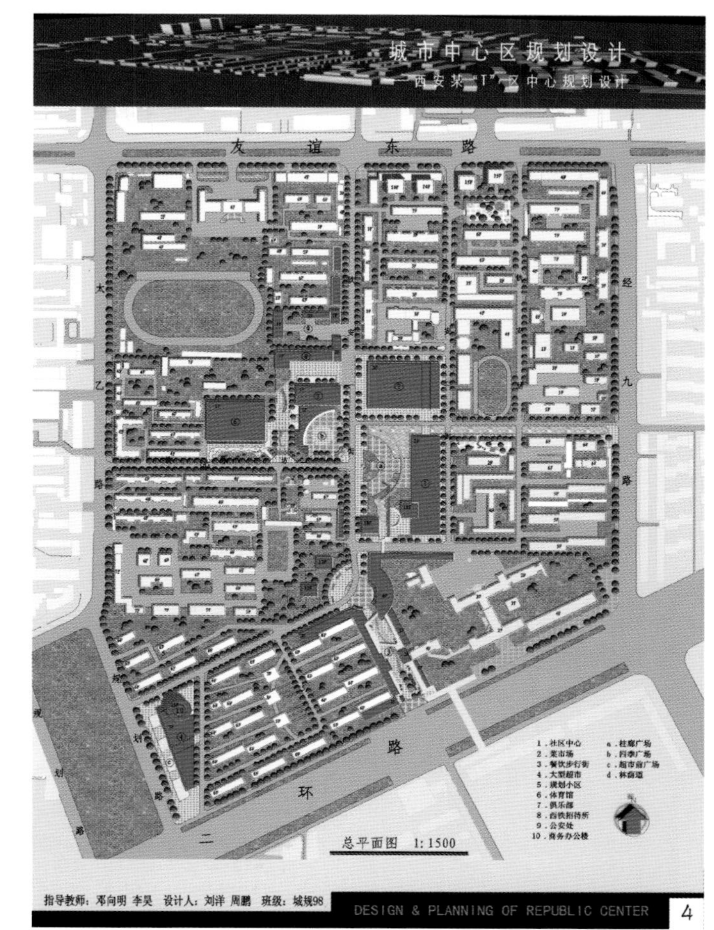
城市中心区规划设计
—— 西安某"T"区中心规划设计
友谊东路
太乙路
经九路
二环路
总平面图 1:1500
指导教师：邓向明 李昊 设计人：刘洋 周鹏 班级：城规98
DESIGN & PLANNING OF REPUBLIC CENTER
4

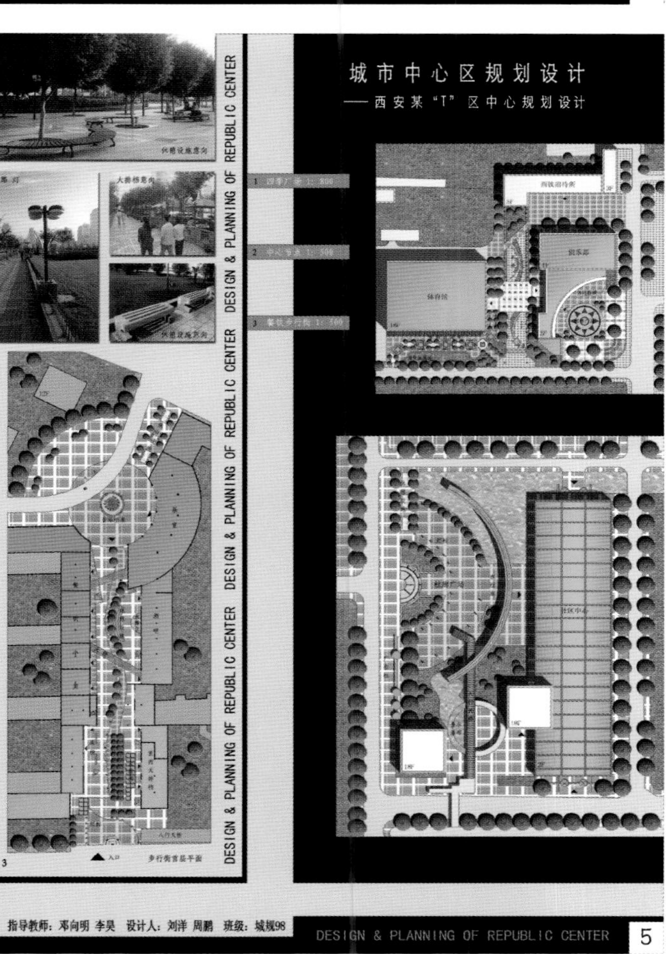
城市中心区规划设计
—— 西安某"T"区中心规划设计
DESIGN & PLANNING OF REPUBLIC CENTER
指导教师：邓向明 李昊 设计人：刘洋 周鹏 班级：城规98
DESIGN & PLANNING OF REPUBLIC CENTER
5

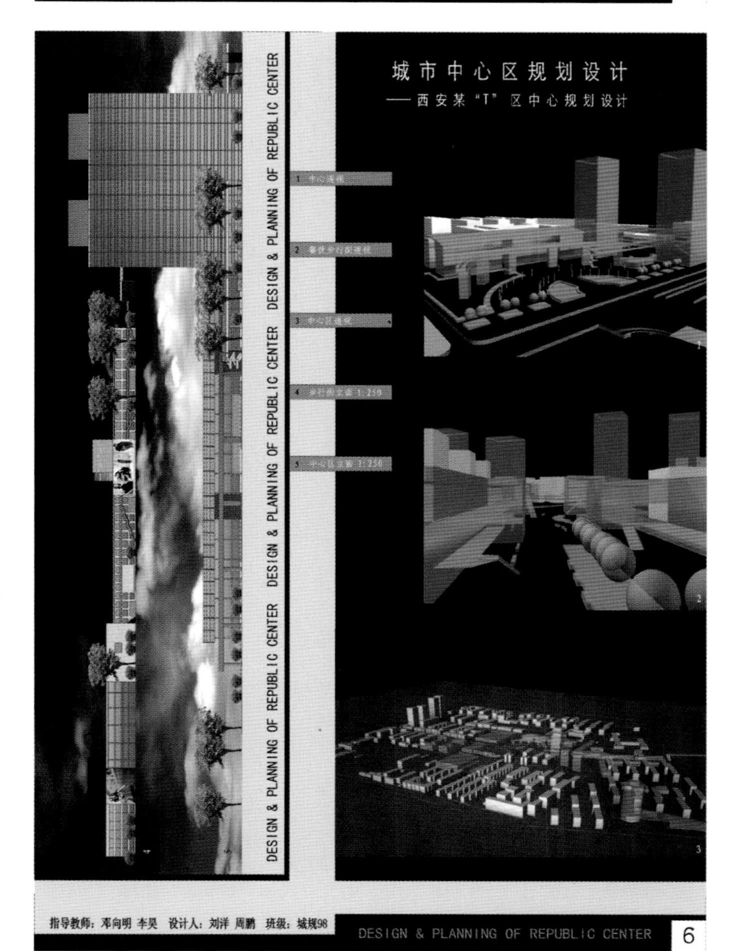
城市中心区规划设计
—— 西安某"T"区中心规划设计
DESIGN & PLANNING OF REPUBLIC CENTER
指导教师：邓向明 李昊 设计人：刘洋 周鹏 班级：城规98
DESIGN & PLANNING OF REPUBLIC CENTER
6

固原城市总体规划

学校 西安建筑科技大学
分类 城市总体规划
学生 四年级
指导教师 惠 劼、迟志武、邓向明、王 芳

教师点评

固原市是宁夏回族自治区南部地区中心城市，主要农副产品加工基地，宁夏南部地区政治、经济、科教文化中心和重要经济增长极，省际区域旅游、商贸、综合服务中心。目前存在的主要问题有以下几点：其一，城市布局较为松散，土地利用不够紧凑；其二，城市建设未有充分利用自然环境形成特色；其三，城市内部缺少城市广场及公共绿地和居民日常活动场所，各类市政设施陈旧有待逐步完善。

根据固原社会经济发展情况和人口规模预测，2005年末固原城市总人口控制在14万，2020年总人口控制在22万，规划建设用地面积为 23.79km^2。

规划根据周边地区及所在地区的城市与社会发展现状和特点，将固原城市的建设发展纳入一个大的区域范围来看待。运用分期规划的方法与理论，确定城市动态发展的合理规模与空间布局，注重对县城及其周围生态环境的改善，使人工环境与自然环境紧密结合。结合历史遗址、文物古迹、自然风光等对宗教环境及建筑进行旅游开发，以强化城市的少数民族特色。

（注：在此学生作业基础上完成的实际规划项目《固原城市总体规划》，已通过宁夏回族自治区建设厅组织的评审，并荣获2001年度“陕西省城市规划设计项目评优”一等奖。）

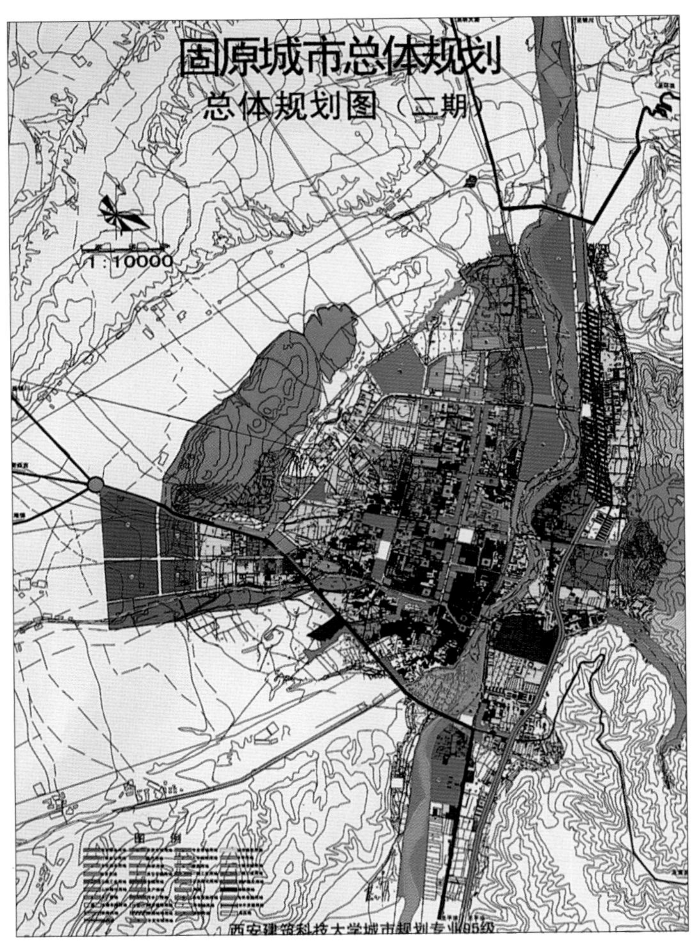

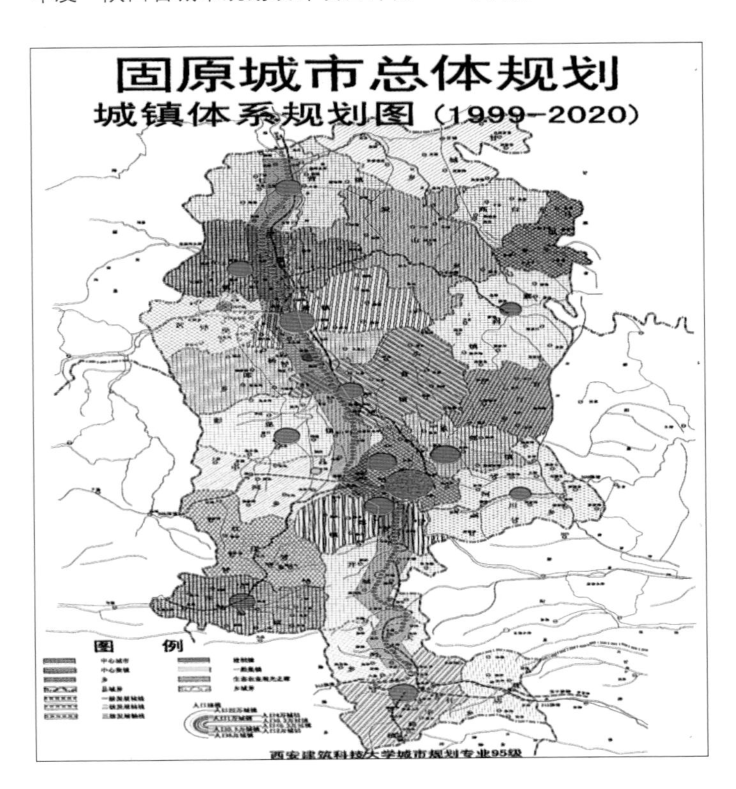

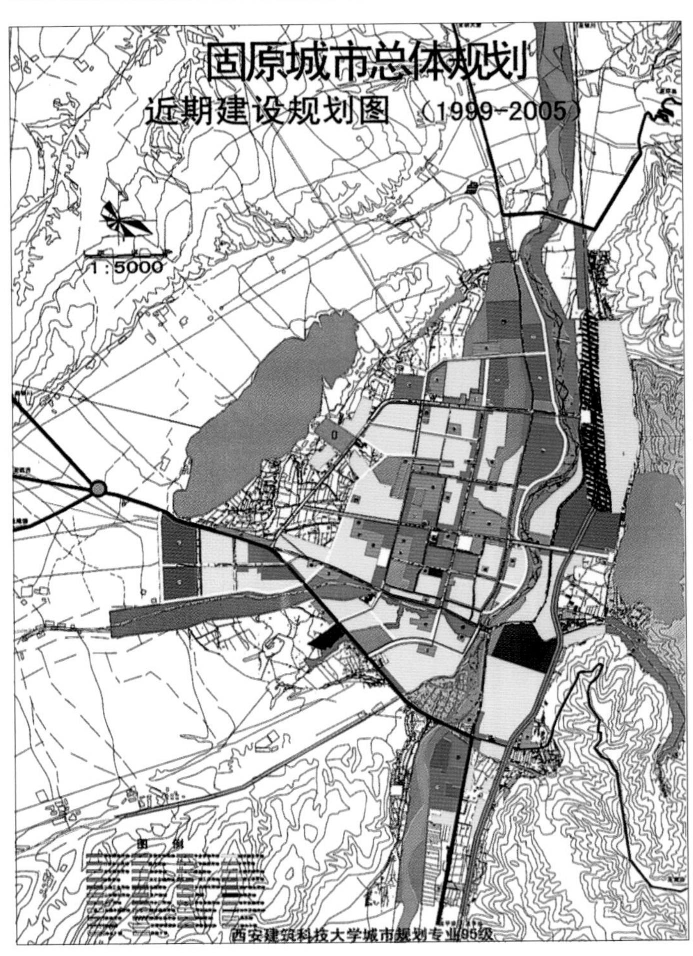

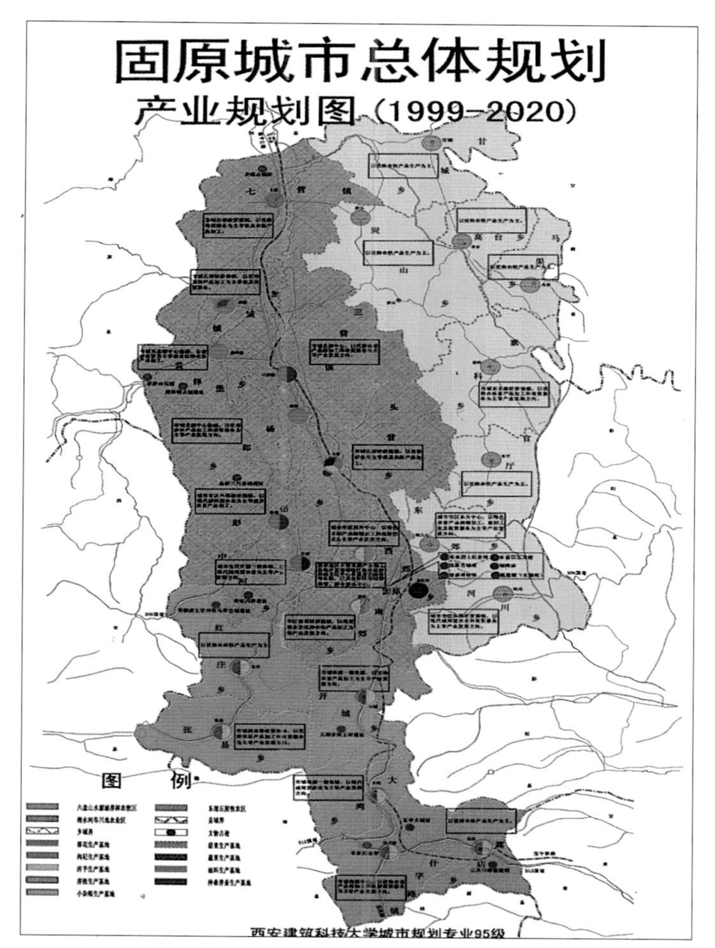
固原城市总体规划
产业规划图（1999-2020）
图 例
西安建筑科技大学城市规划专业95级

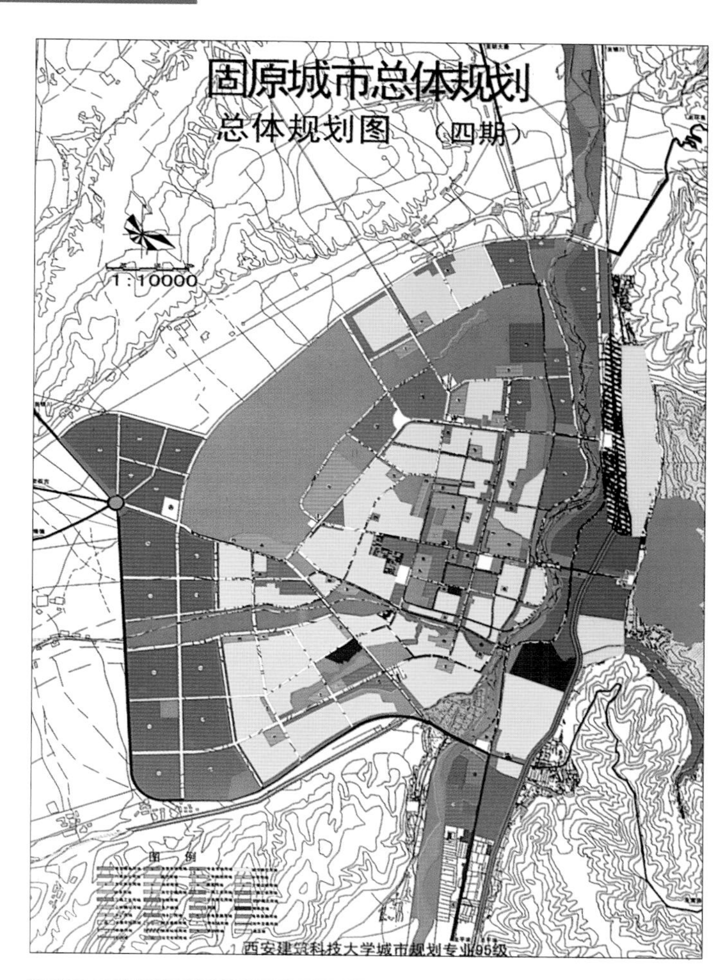
固原城市总体规划
总体规划图 （四期）
1:10000
图 例
西安建筑科技大学城市规划专业95级

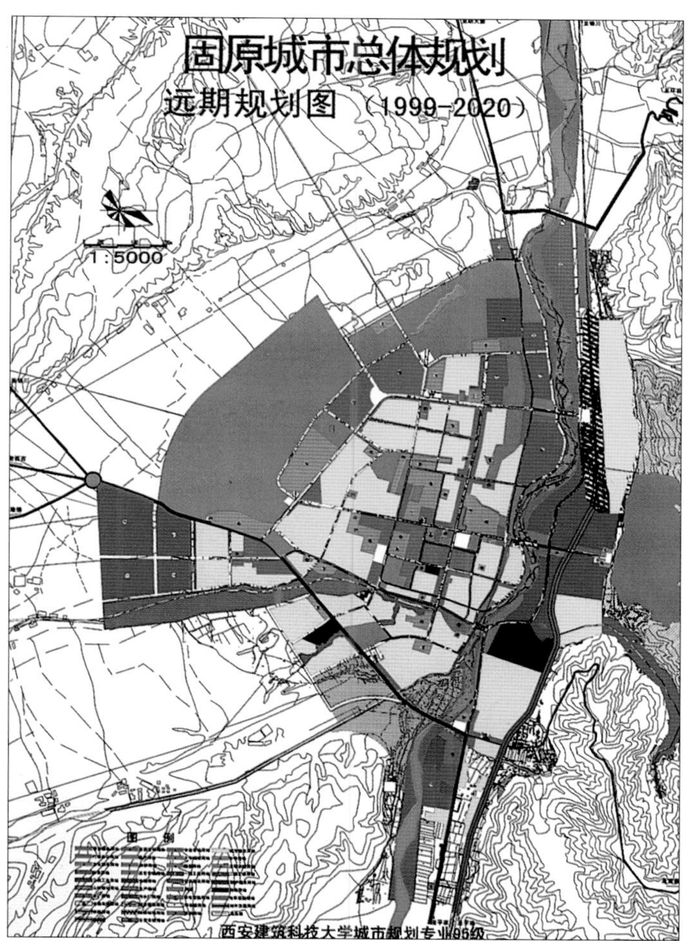
固原城市总体规划
远期规划图 （1999-2020）
1:5000
图 例
西安建筑科技大学城市规划专业95级

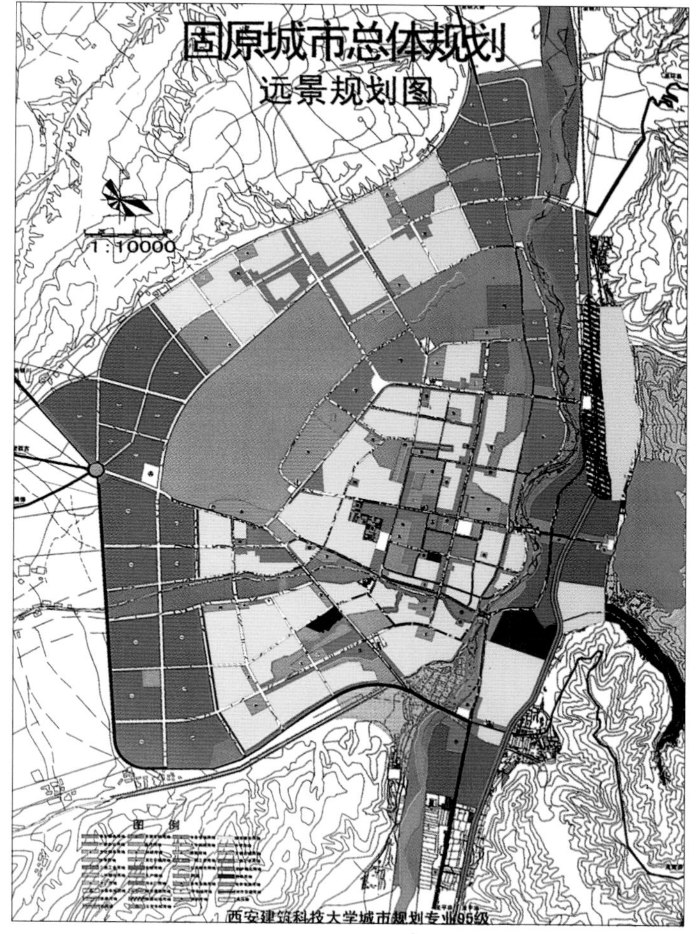
固原城市总体规划
远景规划图
1:10000
图 例
西安建筑科技大学城市规划专业95级

隆德县城总体规划

学校 西安建筑科技大学
分类 城市总体规划
学生 四年级
指导教师 黄明华、张 峰、迟志武、邓向明

教师点评

隆德县位于宁夏固原地区南部，宁、甘两省区交界处，是地区的政治、经济、文化中心城市。该县城用地较为局促，工业区不成规模，呈离散布局，水资源较为缺乏，城市公共绿地极少，城市空间单一，缺乏市民活动场所，市政设施系统也不够完善。

结合该地社会经济与自然地理环境条件，确定县城以商贸流通和节水环保型的加工业为主导产业。依环境容量、资源容量和城市发展的综合因素确定城市规模，预测城市人口2005年为3.0万，2020年为6.0万，规划建设用地面积6.05km^2。

规划尊重自然及历史形成的格局，合理布置城市各功能区，珍惜土地资源，提高土地利用率，保护生态环境，保持城市的自然景观，挖掘并创造深厚的人文景观。协调城市环境、城市用地以及基础设施建设的关系。促成该地区的地域旅游服务功能，使其发展成为具有鲜明地方文化特色的中心城镇。

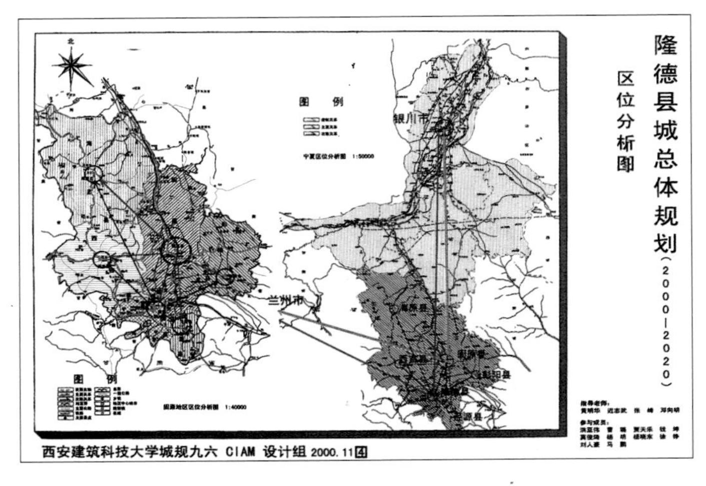

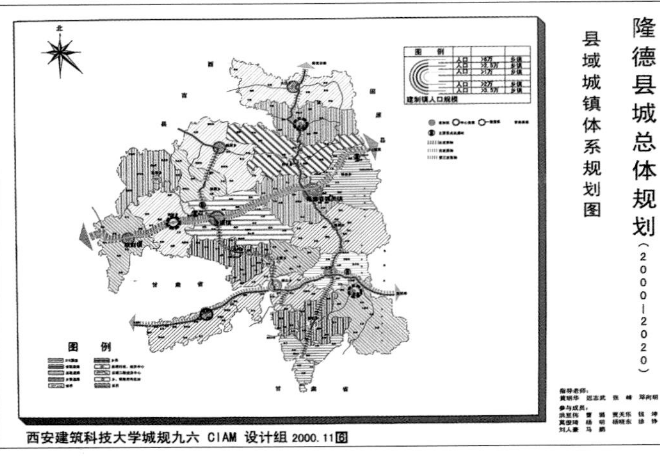

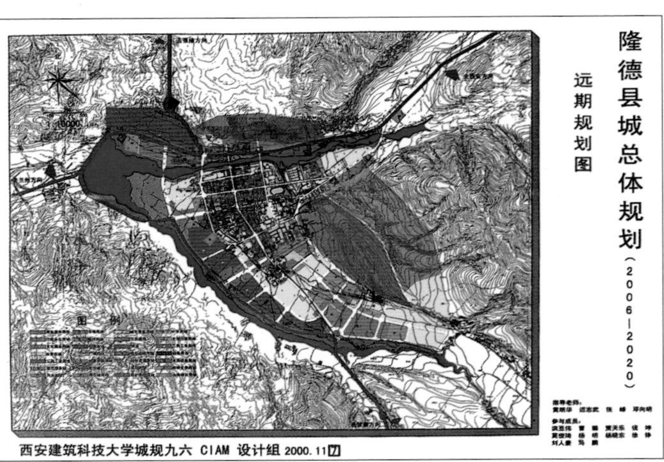

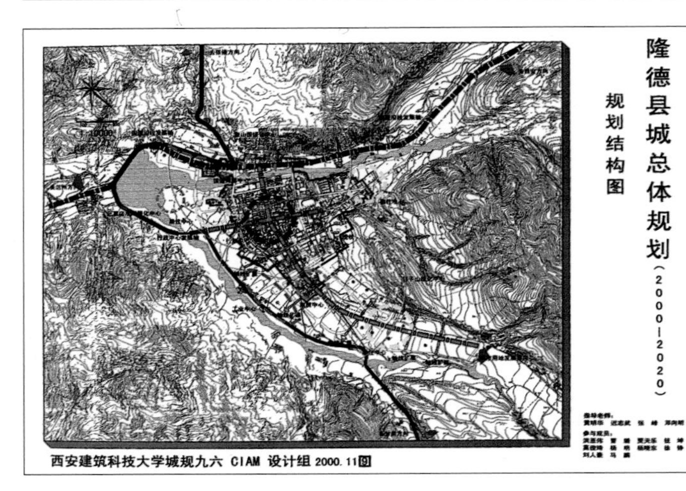

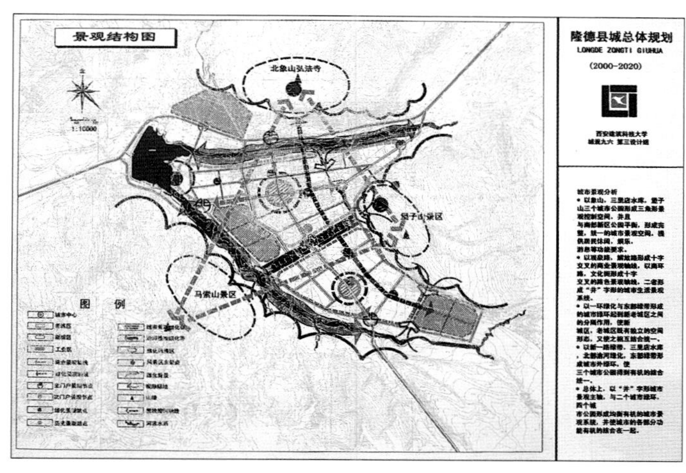
景观结构图
隆德县城总体规划
LONGDE ZONGTI GUIHUA
(2000-2020)
北象山弘法寺
马索山景区
1:10000
图例

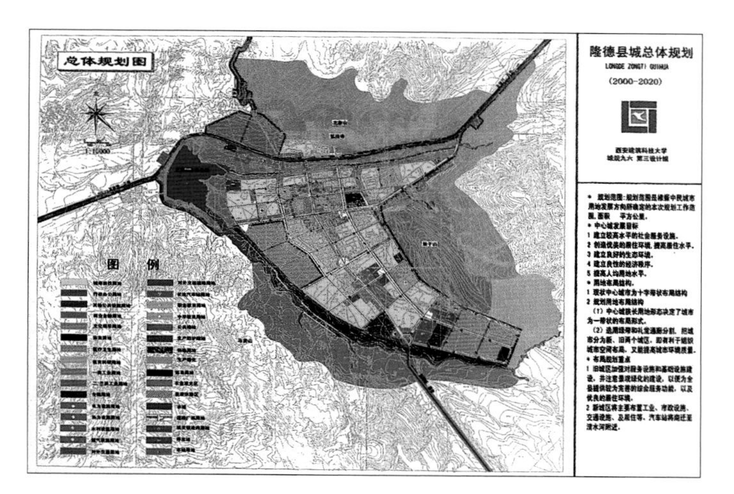
总体规划图
隆德县城总体规划
LONGDE ZONGTI GUIHUA
(2000-2020)
1:10000
图例

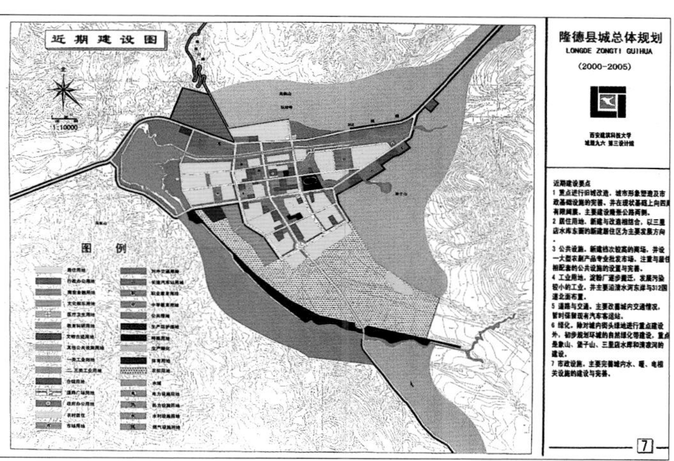
近期建设图
隆德县城总体规划
LONGDE ZONGTI GUIHUA
(2000-2005)
1:10000
图例
7

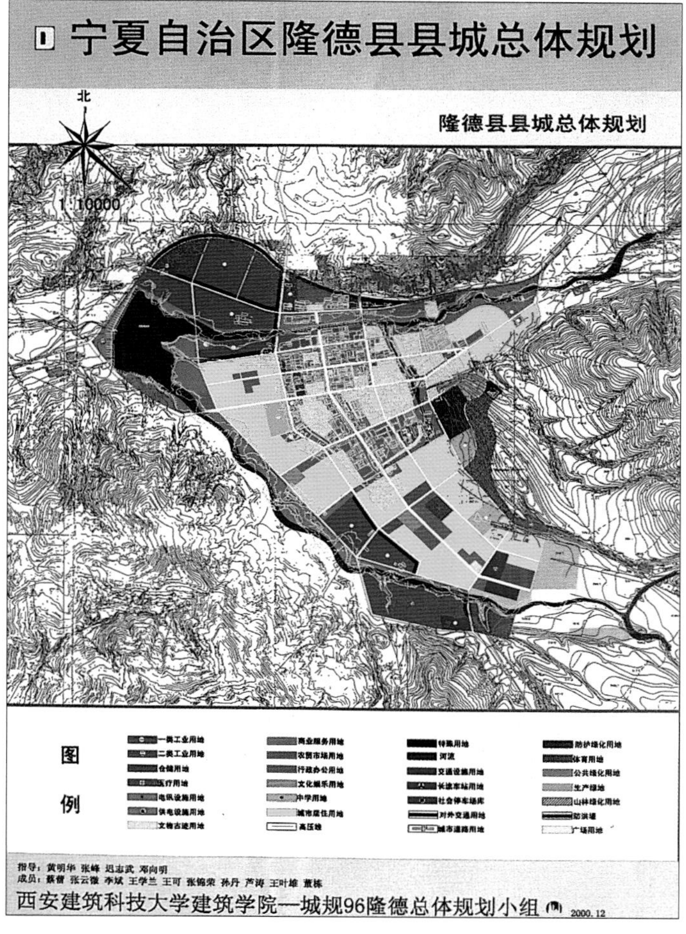
宁夏自治区隆德县县城总体规划
隆德县县城总体规划
北
1:10000
图例
一类工业用地
二类工业用地
仓储用地
医疗用地
电讯设施用地
供电设施用地
文物古迹用地
商业服务用地
农贸市场用地
行政办公用地
文化娱乐用地
中学用地
城市居住用地
高压线
特殊用地
河流
交通设施用地
长途车站用地
社会停车场库
对外交通用地
城市道路用地
防护绿化用地
体育用地
公共绿化用地
生产绿地
山林绿化用地
防洪堤
广场用地
指导：黄明华 张峰 迟志武 邓向明
西安建筑科技大学建筑学院—城规96隆德总体规划小组
2000.12

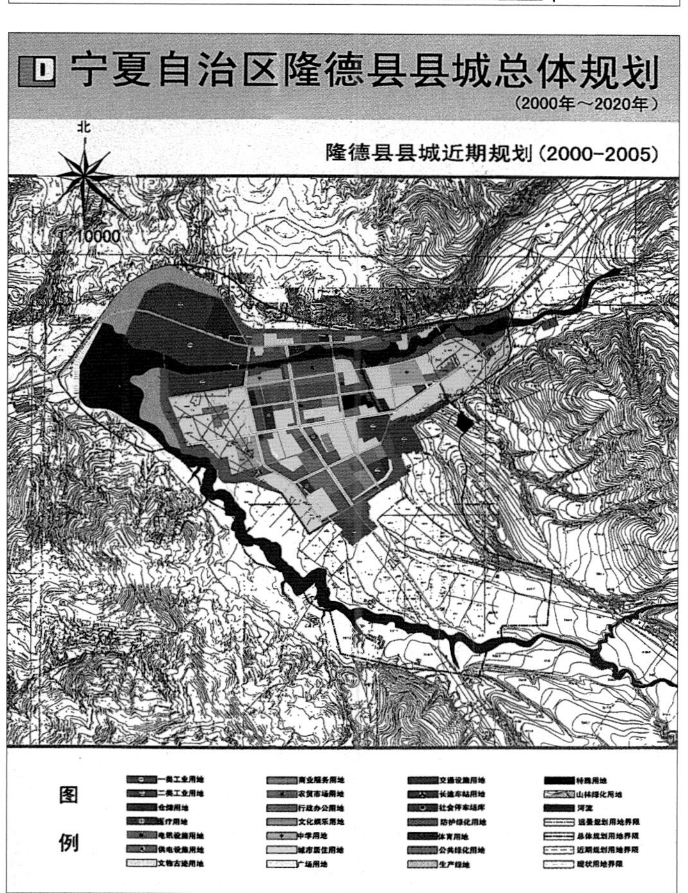
宁夏自治区隆德县县城总体规划
（2000年～2020年）
隆德县县城近期规划（2000-2005）
北
1:10000
图例
一类工业用地
二类工业用地
仓储用地
医疗用地
电讯设施用地
供电设施用地
文物古迹用地
商业服务用地
农贸市场用地
行政办公用地
文化娱乐用地
中学用地
城市居住用地
广场用地
交通设施用地
长途车站用地
社会停车场库
防护绿化用地
体育用地
公共绿化用地
生产绿地
特殊用地
山林绿化用地
河流
指导：黄明华 张峰 迟志武 邓向明
7
西安建筑科技大学建筑学院—城规96隆德总体规划小组
2000.12

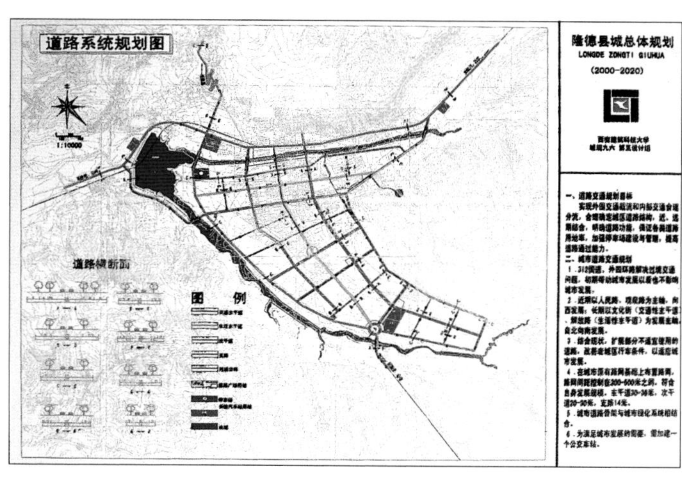
道路系统规划图
隆德县城总体规划
LONGDE ZONGTI GUIHUA
(2000-2020)
1:10000
道路横断面
图例